“十三五”职业教育系列教材

安装工程施工组织与项目管理

袁　勇　李卫华　冀翠莲　编著

中国电力出版社
CHINA ELECTRIC POWER PRESS

内 容 提 要

本书是“十三五”职业教育系列教材，根据新规范、新技术，采用任务驱动的方式编写而成，共两个项目八个任务，详细介绍了安装工程施工组织设计的编制方式和安装工程项目管理的相关内容。具体涵盖施工质量管理、施工进度管理、施工成本管理、施工安全与现场管理、施工合同管理和施工信息管理等，并附有翔实的案例。全书图文并茂、语言精练、通俗易懂，由浅入深、循序渐进，充分体现应用性、实用性的特点。

本书可作为职业院校建筑设备类、市政工程类、土建施工类、工程管理类等专业教材，也可作为从事建筑设备安装工程的技术人员和管理人员的学习参考书。

图书在版编目（CIP）数据

安装工程施工组织与项目管理/袁勇，李卫华，冀翠莲编著．—北京：中国电力出版社，2018.11（2024.2 重印）

“十三五”职业教育规划教材

ISBN 978－7－5198－2302－3

Ⅰ.①安…　Ⅱ.①袁…②李…③冀…　Ⅲ.①建筑安装－施工组织－高等职业教育－教材②建筑安装－项目管理－高等职业教育－教材　Ⅳ.①TU758

中国版本图书馆 CIP 数据核字（2018）第 174789 号

出版发行：中国电力出版社
地　　址：北京市东城区北京站西街 19 号（邮政编码 100005）
网　　址：http://www.cepp.sgcc.com.cn
责任编辑：熊荣华（010－63412543　124372496@qq.com）
责任校对：黄　蓓　郝军燕
装帧设计：张俊霞
责任印制：钱兴根

印　　刷：廊坊市文峰档案印务有限公司
版　　次：2018 年 11 月第一版
印　　次：2024 年 2 月北京第五次印刷
开　　本：787 毫米×1092 毫米　16 开本
印　　张：11.50
字　　数：283 千字
定　　价：36.00 元

前　言

本书在编写过程中着力体现高等职业教育的性质、任务和培养目标，并使其符合职业教育的课程教学基本要求和有关岗位资格及技术等级要求，符合职业教育的特点和规律，具有明显的职业教育特色。

安装工程施工组织与项目管理是给排水工程、设备安装工程等专业的核心课程，它重点是强化实践应用能力，培养应用型人才。

本书根据新规范、新技术，详细介绍了安装工程施工组织设计的编制方式和项目管理的相关内容，并附有翔实的案例。全书图文并茂、语言精练、通俗易懂，由浅入深、循序渐进，充分体现了应用性、实用性的原则。

本书依据“任务驱动”的教学方式编撰而成，共分为两个项目，即安装工程施工组织设计和安装工程项目管理，八个任务，即安装工程概述、编制安装工程施工组织设计、施工质量管理、施工进度管理、施工成本管理、施工安全与现场管理、施工合同管理和施工信息管理。

本书由山东城市建设职业学院袁勇、李卫华、冀翠莲共同编写。其中，任务三、任务五由袁勇编写。任务一、任务二、任务四由李卫华编写；任务六～任务八由冀翠莲编写。

编者
2018 年 9 月

目　录

项目一　安装工程施工组织设计

任务一　安装工程概述

1.1　建设工程项目基本知识

1.1.1　建设工程项目的含义

建设工程项目（又称建设项目、工程建设项目）是为完成依法立项的新建、改建、扩建的各类工程（土木工程、建筑工程及安装工程等）而进行的、有起止日期的、达到规定要求的一组相互关联的受控活动组成的特定过程，包括策划、勘察、设计、采购、施工、试运行、竣工验收和移交等。

建设工程是指为人类生活、生产提供物质技术基础的各类建筑物和工程设施的统称。按照自然属性可分为建筑工程、土木工程和机电工程三类，涵盖房屋建筑工程、铁路工程、公路工程、水利工程、市政工程、煤炭矿山工程、水运工程、海洋工程、民航工程、商业与物质工程、农业工程、林业工程、粮食工程、石油天然气工程、海洋石油工程、火电工程、水电工程、核工业工程、建材工程、冶金工程、有色金属工程、石化工程、化工工程、医药工程、机械工程、航天与航空工程、兵器与船舶工程、轻工工程、纺织工程、电子与通信工程和广播电影电视工程等。

1.1.2　建设项目特征

建设项目与其他项目一样，作为被管理的对象，具有以下主要特征：

1. 单件性或一次性

这是建设项目的最主要特征。所谓单件性或一次性，是指就任务本身和最终成果而言，没有与这项任务完全相同的另一项任务。例如建设一项工程，需要单件报批、单件设计、单件施工和单独地进行工程造价结算，它不同于其他工业产品的批量性，也不同于其他生产过程的重复性。

2. 具有一定的约束条件

凡是建设项目都有一定的约束条件，建设项目只有满足约束条件才能获得成功。因此，约束条件是项目目标完成的前提。建设项目的主要约束条件为限定的质量、限定的工期和限定的造价，通常也称这三个约束条件为工程项目管理的三大目标。

3. 具有寿命周期

建设项目的单件性和项目过程的一次性决定了每个工程建设项目都具有寿命周期。任何项目都有其产生时间、发展时间和结束时间，在不同的阶段都有特定的任务、程序和工作内容。掌握和了解项目的寿命周期，就可以有效地对项目实施科学的管理和控制。建设项目的寿命周期包括项目建议书、可行性研究、项目决策、设计、招标投标、施工和竣工验收等过程。对工程造价的管理和控制，就要对项目全过程的工程造价进行管理和控制，也是对整个建设项目寿命周期的管理。

4. 投资额巨大、建设周期长

建设项目不仅实物形体庞大，而且造价数额高昂。建设项目消耗资源多，涉及项目参与各方的重大经济利益，对国民经济的影响较大。同时工程建设周期一般较长，受到各种外部因素及环境的影响和制约，这更增加了工程项目管理及工程造价控制的难度。

1.1.3 建设项目的组成

根据建设项目的组成内容和层次不同，按照分解管理的需要从大至小依次可分为建设项目、单项工程、单位工程、分部工程和分项工程。

1. 建设项目

建设项目是指按一个总体规划或设计进行建设的，由一个或若干个互有内在联系的单项工程组成的工程总和。

工程建设项目的总体规划或设计是对拟建工程的建设规模、主要建筑物构筑物、交通运输路网、各种场地、绿化设施等进行合理规划与布置所做的文字说明和图纸文件。如新建一座工厂，它应该包括厂房车间、办公大楼、食堂、库房、烟囱、水塔等建筑物、构筑物以及它们之间相联系的道路；又如新建一所学校，它应该包括办公行政楼、一栋或几栋教学大楼、实验楼、图书馆、学生宿舍等建筑物。这些建筑物或构筑物都应包括在一个总体规划或设计之中，并反映它们之间的内在联系和区别，我们将其称为一个建设项目或工程建设项目。

2. 单项工程

单项工程是指具有独立的设计文件，建成后能够独立发挥生产能力或使用功能的工程项目。

单项工程是建设项目的组成部分，一个建设项目可以包括多个单项工程，也可以仅有一个单项工程。工业建筑中一座工厂的各个生产车间、办公大楼、食堂、库房、烟囱、水塔等，非工业建筑中一所学校的教学大楼、图书馆、实验室、学生宿舍等都是具体的单项工程。

单项工程是具有独立存在意义的一个完整工程，由多个单位工程所组成。

3. 单位工程

单位工程是指具有独立的设计文件，能够独立组织施工，但不能独立发挥生产能力或使用功能的工程项目。

单位工程是单项工程的组成部分。在工业与民用建筑中，如一幢教学大楼或写字楼，总是可以划分为建筑工程、装饰工程、安装工程等，它们分别是单项工程所包含的不同性质的单位工程。

4. 分部工程

分部工程是单位工程的组成部分，是指按结构部位、路段长度及施工特点或施工任务将单位工程划分出来的若干个项目单元。

地基基础工程、主体工程、屋面工程等就是建筑工程（单位工程）的分部工程。楼地面工程、抹灰工程、门窗工程、吊顶工程、轻质隔墙工程、饰面板工程、玻璃幕墙工程、涂饰工程、裱糊与软包工程等就是装饰工程（单位工程）的分部工程。电气工程、采暖工程、给排水工程、通风空调工程等就是安装工程（单位工程）的分部工程。

在每一个分部工程中，因为构造、使用材料规格或施工方法等不同，完成同一计量单位的工程所需要消耗的人工、材料和机械台班数量及其价值的差别也很大，因此，还需要把分部工程进一步划分为分项工程。

5. 分项工程

分项工程是分部工程的组成部分，是指按不同施工方法、材料、工序及路段长度等将分部工程划分出来的若干个项目单元。

分项工程是可以通过较为简单的施工过程生产出来，并可用适当的计量单位测算或计算其消耗量和单价的建筑或安装单元。例如采暖工程的管道、阀门、散热器等。分项工程不是单项工程那样的完整产品，一般来说，它的独立存在是没有意义的，它只是单项工程组成部分中一种基本的构成要素，是为了确定建设工程造价和计算人工、材料、机械等消耗量而划分出来的一种基本项目单元，它既是工程质量形成的直接过程，又是建设项目的基本计价单元。

综上所述，一个建设项目由一个或几个单项工程组成，一个单项工程由一个或几个单位工程组成，一个单位工程又由若干个分部工程组成，一个分部工程又可划分为若干个分项工程。分项工程是建筑工程计量与计价的最基本部分。了解建设项目的组成，既是工程施工与建造的基本要求，也是进行工程造价的组成单元，作为从事工程管理的工程技术人员，分清和掌握建设项目的组成显得尤为重要。

1.1.4　建设项目的建设程序及相关内容

1. 建设项目的建设程序

(1) 工程建设前期阶段，包括项目建议书、可行性研究和立项。

(2) 工程建设准备阶段，包括报建，委托规划、设计，获取土地使用权，拆迁、安置以及工程发包与承包。

(3) 工程建设实施阶段，包括工程建设项目施工准备管理和工程建设项目组织施工阶段的管理。

(4) 工程竣工验收备案与保修阶段，包括工程竣工验收及备案，工程保修。

2. 建设项目的相关内容及办理单位（见表 1-1）

表 1-1　建设项目的相关内容及办理单位

序号	建设项目内容	相关办理单位	序号	建设项目内容	相关办理单位
1	投资许可证	发改委	9	建设工程规划许可证	规划局
2	项目建议书	发改委	10	建设用地规划许可证	规划局
3	办理选址意见书	规划局	11	交纳建设费用	财政
4	可行性研究报告	发改委	12	环境影响评价文件报审	环保局
5	立项	发改委	13	地震安全性评价	地震局
6	用地预审报审	规划局	14	确定勘察设计队伍	招标办
7	申请土地开发使用权	国土房管局	15	初步设计、施工图设计	建设局
8	拆迁、安置	国土房管局	16	工程报建备案	建设局

续表

序号	建设项目内容	相关办理单位	序号	建设项目内容	相关办理单位
17	报开工报告年度计划申请文件	发改委	23	确定材料、设备供应商	招标办
18	消防、人防、园林气象、市政配套手续	各相关部门	24	质量监督	质检站
19	确定施工队伍	招标办	25	安全监督	安监站
20	确定监理队伍	招标办	26	竣工验收及保修	建设局
21	施工许可证	建设局	27	建设资金审计	审计局
22	施工放验线	规划局			

1.2 安装工程基本知识

1.2.1 安装工程的内容

安装工程（或设备安装工程）一般专指建设项目中与（工艺）设备、（工艺）管道等有关的安装及其辅助装置的装设，包括工艺设备安装与建筑设备安装。其中，建筑设备安装工程是建筑工程重要的组成部分，包括建筑给水排水及采暖、通风与空调、建筑电气、智能建筑、电梯等。本书内容主要以建筑设备安装为主。

（1）建筑给水排水及采暖工程。其子分部、分项工程划分见表 1-2。

表 1-2　　建筑给水排水及采暖分部工程的子分部、分项工程的划分

分部工程	子分部工程	分　项　工　程
建筑给水、排水及采暖工程	室内给水系统	给水管道及配件安装、室内消火栓喷淋系统安装、给水设备安装、管道防腐、绝热
	室内排水系统	排水管道及配件安装，辅助设备安装、防腐、绝热
	室内热水供应系统	管道及配件安装、辅助设备安装、防腐、绝热
	卫生器具安装	卫生器具安装、卫生器具给水配件安装、卫生器具排水管道安装
	室内采暖系统	管道及配件安装、辅助设备及散热器安装、金属辐射板安装、低温热水地板辐射采暖系统安装、系统水压试验及调试、防腐、绝热
	室外给水管网	给水管道安装、消防水泵接合器及室外消火栓安装、管沟及井室
	室外排水管网	排水管道安装、排水管沟与井池
	室外供热管网	管道及配件安装、系统水压试验及调试、防腐、绝热
	建筑中水系统及游泳池系统	建筑中水系统管道及辅助设备安装、游泳池水系统安装
	供热锅炉及辅助设备安装	锅炉安装、辅助设备及管道安装、安全附件安装、烘炉、煮炉和试运行、换热站安装、防腐、绝热

（2）通风与空调工程。当其作为分部工程施工时，其子分部与分项工程的划分见表 1-3，当通风与空调工程作为单位工程独立验收时，其子分部工程上升为分部，分项工程的划分不变。

表 1-3　通风与空调分部工程的子分部、分项工程的划分

分部工程	子分部工程	分项工程
通风与空调工程	送风系统	风管与配件制作，部件制作，风管系统安装，风机与空气处理设备安装，风管与设备防腐，旋流风口、岗位送风口、织物（布）风管安装，系统调试
	排风系统	风管与配件制作，部件制作，风管系统安装，风机与空气处理设备安装，风管与设备防腐，吸风罩及其他空气处理设备安装，厨房、卫生间排风系统安装，系统调试
	防排烟系统	风管与配件制作，部件制作，风管系统安装，风机与空气处理设备安装，风管与设备防腐，排烟风阀（口）、常闭正压风口、防火风管安装，系统调试
	除尘系统	风管与配件制作，部件制作，风管系统安装，风机与空气处理设备安装，风管与设备防腐，除尘器与排污设备安装，吸尘罩安装，高温风管绝热，系统调试
	舒适性空调风系统	风管与配件制作，部件制作，风管系统安装，风机与组合式空调机组安装，消声器、静电除尘器、换热器、紫外线灭菌器等设备安装，风机盘管、定风量与变风量送风装置、射流风口等末端设备安装、风管与设备绝热，系统调试
	恒温恒湿空调风系统	风管与配件制作，部件制作，风管系统安装，风机与组合式空调机组安装，电加热器、加湿器等设备安装，精密空调机组安装、风管与设备绝热，系统调试
	净化空调风系统	风管与配件制作，部件制作，风管系统安装，风机与净化空调机组安装，消声器、换热器等设备安装，中、高效过滤器及风机过滤器机组等末端设备安装，风管与设备绝热，洁净度测试，系统调试
	地下人防通风系统	风管与配件制作，部件制作，风管系统安装，管道快速接口安装，风机与滤尘设备安装，风管与设备防腐，系统调试
	真空吸尘系统	风管与配件制作，部件制作，风管系统安装，风机与空气处理设备安装，过滤吸收器、防爆波活门、防爆超压排气活门等专用设备安装，风管与设备防腐，系统压力试验及调试
	空调（冷、热）水系统	管道系统及部件安装，水泵及附属设备安装，管道冲洗及管内防腐，板式换热器、辐射板及辐射供冷（暖）地埋管安装，热泵机组安装，管道、设备防腐与绝热，系统压力试验及调试
	冷却水系统	管道系统及部件安装，水泵及附属设备安装，管道冲洗及管内防腐，冷却塔与水处理设备安装，防冻伴热设备安装，管道、设备防腐与绝热，系统压力试验及调试
	冷凝水系统	管道系统及部件安装，水泵及附属设备安装，管道、设备防腐与绝热，管道冲洗，系统灌水渗漏及排放试验
	土壤源热泵换热系统	管道系统及部件安装，水泵及附属设备安装，管道冲洗，埋地换热系统与管网安装，管道、设备防腐与绝热，系统压力试验及调试
	水源热泵换热系统	管道系统及部件安装，水泵及附属设备安装，管道冲洗，地表水源换热管与管网安装，除垢设备安装，管道、设备防腐与绝热，系统压力试验及调试
	蓄能（水、冰）系统	管道系统及部件安装，水泵及附属设备安装，管道冲洗及管内防腐，蓄水罐与蓄冰槽、罐安装，管道、设备防腐与绝热，系统压力试验及调试

续表

分部工程	子分部工程	分　项　工　程
通风与空调工程	压缩式制冷（热）设备系统	制冷机组及附属设备安装，制冷剂管道及附件安装，制冷剂灌注，管道、设备防腐与绝热，系统压力试验及调试
	吸收式制冷设备系统	制冷机组及附属设备安装，系统真空试验，溴化锂溶液加灌，蒸汽管道系统安装，燃气或燃油设备安装，管道、设备防腐与绝热，系统压力试验及调试
	多联机（热泵）空调系统	室外机组安装，室内机组安装，制冷剂管路连接及控制开关安装，风管安装，冷凝水管道安装，制冷剂灌注，系统压力试验及调试
	太阳能供暖空调系统	太阳能集热器安装，其他辅助热源、换热设备安装，蓄能水箱、管道及配件安装，低温热水地板辐射采暖系统安装，管道、设备防腐与绝热，系统压力试验及调试
	设备自控系统	温度、压力与流量传感器安装，执行机构安装调试，防排烟系统功能测试，自动控制及系统智能控制软件调试

（3）建筑电气分部工程。其子分部、分项工程划分见表1-4。

表1-4　建筑电气分部工程的子分部、分项工程的划分

分部工程	子分部工程	分　项　工　程
建筑电气	室外电气	架空线路及杆上电气设备安装，变压器、箱式变电所安装，成套配电柜、控制柜（屏、台）和动力、照明配电箱（盘）及控制柜安装，电线，电缆导管和线槽敷设，电线、电缆穿管和线槽敷设，电缆头制作、导线连接和线路电气试验，建筑物外部装饰灯具、航空障碍标志灯和庭院路灯安装，建筑照明通电试运行，接地装置安装
	变配电室	变压器、箱式变电所安装，成套配电柜、控制柜（屏、台）和动力、照明配电箱（盘）及控制柜安装，裸母线、封闭母线、插接式母线安装，电缆沟内和电缆竖井内电缆敷设，电缆头制作、导线连接和线路电气试验，接地装置安装，避雷引下线和变配电室接地干线敷设
	供电干线	裸母线、封闭母线、插接式母线安装，桥架安装和桥架内电缆敷设，电缆沟内和电缆竖井电缆敷设，电线、电缆导管和线槽敷设，电线、电缆穿管和线槽敷线，电缆头制作、导线连接和线路电气试验
	电气动力	成套配电柜、控制柜（屏、台）和动力、照明配电箱（盘）及控制柜安装，低压电动机、电加热器及电动执行机构检查、接线，低压气动力设备检测、试验和空载试运行，桥架安装和桥架内电缆敷设，电线、电缆导管和线槽敷设，电线、电缆穿管和线槽敷线，电缆头制作、导线连接和线路电气试验，插座、开关、风扇安装
	电气照明安装	成套配电柜、控制柜（屏、台）和动力、照明配电箱（盘）安装，电线、电缆导管和线槽敷设，电线、电缆导管和线槽敷设，电线、电缆导管和线槽敷线，槽板配线，钢索配线，电缆头制作，导线连接和线路气试验，普通灯具安装，专用灯具安装，插座、开关、风扇安装，建筑照明通电试运行
	备用和不间断电源安装	成套配电柜、控制柜（屏、台）和动力、照明配电箱（盘）安装，柴油发电机安装，不间断电源的其他功能单元安装，裸母线、封闭母线、插接式母线安装，电线、电缆导管和线槽敷设，电线、电缆导管和线槽敷线，电缆头制作，导线连接和线路气试验，接地装置安装
	防雷接地安装	接地装置安装，避雷引下线和变配电室接地干线敷设，建筑物等电位连接，接闪器安装

(4) 智能建筑分部工程。其子分部、分项工程的划分见表1-5。

表1-5　智能建筑分部工程的子分部、分项工程的划分

分部工程	子分部工程	分项工程
智能建筑	通信网络系统	通信系统，卫星及有线电视系统，公共广播系统
	办公自动化系统	计算机网络系统，信息平台及办公自动化应用软件，网络安全系统
	建筑设备监控系统	空调与通风系统，变配电系统，照明系统，给排水系统，热源和热交换系统，冷冻和冷却系统，电梯和自动扶梯系统，中央管理工作站与操作分站，子系统通信接口
	火灾报警及消防联动系统	火灾和可燃气体探测系统，火灾报警控制系统，消防联动系统
	安全防范系统	电视监控系统，入侵报警系统，巡更系统，出入口控制（门禁）系统，停车管理系统
	综合布线系统	缆线敷设和终接，机柜、机架、配线架的安装，信息插座和光缆芯线终端的安装
	智能化集成系统	集成系统网络，实时数据库，信息安全，功能接口
	电源与接地	智能建筑电源，防雷及接地
	环境	空间环境，室内空调环境，视觉照明环境，电磁环境
	住宅（小区）智能化系统	火灾自动报警及消防动系统，安全防范系统（含视频监控系统，入侵报警系统，巡更系统、门禁系统、楼宇对讲系统、停车管理系统），物业管理系统（多表现场计量及与远程传输系统、建筑设备监控系统、公共广播系统、小区建筑设备监控系统、物业办公自动化系统），智能家庭信息平台

(5) 电梯分部工程。其子分部、分项工程的划分见表1-6。

表1-6　电梯分部工程的子分部、分项工程的划分

分部工程	子分部工程	分项工程
电梯	电力驱动的曳引式或强制式电梯安装	设备进场验收，土建交接检验，驱动主机，导轨，门系统，轿厢，对重（平衡重），安全部件，悬挂装置，随行电缆，补偿装置，电气装置，整机安装验收
	液压电梯安装	设备进场验收，土建交接检验，驱动主机，导轨，门系统，轿厢，对重（平衡重），安全部件，悬挂装置，随行电缆，补偿装置，整机安装验收
	自动扶梯、自动人行道安装	设备进场验收，土建交接检验，整机安装验收

1.2.2　安装工程的施工特点

建筑物和构筑物功能的扩展和提高主要体现在设备安装工程，缺少设备安装工程，任何一个现代建筑工程项目均不能形成具有使用价值和生产能力的产品。随着人民生活水平的不断提高，高层和高级民用建筑大量涌现，采用的现代设备不断增多，安装工程造价越来越高，在整个基建投资中的比重正迅速增长。

安装工程施工离不开建筑工程施工的配合，建筑工程施工进行到一定条件时，才能进行安装工程施工。对于一般的民用建筑，建筑工程的施工组织是主线，安装工程施工组织是辅线，两者应以建筑工程施工组织为核心，协调配合。而对于工业设备安装工程来讲，则要依据生产工艺流程、各类动力系统和工艺管道的投产运行来组织施工。安装工程施工组织处于主线地位，建筑工程施工组织处于辅线地位。安装工程施工组织要具有全局性、主导性，建筑工程施工组织应配合安装工程施工组织。

安装工程与建筑工程关系十分密切，其施工特点是基本相似的。

（1）施工对象是固定的，生产手段和劳动力是流动的，而安装工程更为分散，作为建筑产品的各种建筑物及构筑物都是在指定的地点建成后不能移动，只能在建设的地方长期使用。而管道、电气和设备有的是安装于建筑物和构筑物内部，如高层建筑专门设有技术设备层，专供安装各个功能系统所使用的各种装置和管道、线路等；又如石油化工设备，大都安装在露天的基础上，都是在特定的地点和位置上安装。生产手段和劳动力，只能在一个地点完成安装任务后，又转移到另一个地点从事安装工作。而管道、电气和设备安装工程比建筑工程相对更为分散，流动性更大。

（2）安装工程比建筑工程施工周期短，专业工种多，工程批量小。安装工程由于施工周期短、流动性大、工人与施工所用机具设备转移频繁，这必然增加了非生产时间。专业工种更多，工程批量更小，不仅增加施工组织的困难，并导致管理费用的增加。

（3）露天作业多，受气候影响大。室外管道、电气线路安装和某些大、中型设备运到施工现场需要组拼检测然后进行吊装，而露天作业极易受到风、雪、雨、雾等气候变化的影响。在制订施工方案和安排进度时，必须从工程所在地区的气象站了解准确的气象预报资料，妥善组织施工。

（4）安装工程的标准化和定型化程度较低。基于以上原因，当前安装工程的标准化和定型化程度远低于建筑工程；对安装产品应进行商品化、工厂化和预制化生产，同时由于施工所用设备机具等利用率较低，所以应进一步研究提高机械化施工水平。

（5）安装工程精心组织精心施工。随着科学技术的进步与完善，相对于建筑工程，安装工程采用的新技术、新工艺和新设备日益增多，首先要经过安装调试，把它形成实际的生产能力，然后交付投产使用，要求精心组织，精心施工。

（6）对从事安装工作的技术人员要求高。从事安装工作的技术人员，必须具备广泛的、涉及多种学科的基本知识，需要更多的精力和时间去研究掌握新技术和新工艺的应用。在组织现代化设备安装工程前，技术培训工作应及早列入施工准备计划中。

1.2.3 安装工程的施工程序

施工程序是指工程项目整个施工阶段必须遵循的先后次序，它是经多年施工实践而发现的客观规律。一般是指从落实施工任务直到交工验收为止所包括的主要阶段的先后次序。通常可分为如下几个阶段：落实施工任务阶段、施工准备阶段、组织施工阶段和竣工验收阶段。

1. 落实施工任务，签订施工合同

建筑安装施工企业承接施工任务的方式是通过参加社会公开的招投标活动，如果中标可以获得施工任务。中标后，施工单位必须同业主签订施工合同。签订了施工合同的施工项目，才算落实了的施工任务。施工合同是业主与施工单位根据《合同法》以及有关规定而签订的具有法律效力的文件。双方必须严格履行合同，任何一方不履行合同，给对方造成的经济损失，都要负法律责任，并进行赔偿。

2. 全面统筹安排，落实施工准备工作，提出开工报告

施工企业与业主签订施工合同后，根据合同内容，在调查分析现场及设计资料的基础上，拟订施工准备工作计划，组织施工先遣人员进入现场，与业主密切配合，做好与施工有关的各项全局性施工准备工作，为建设项目全面正式开工创造条件。

施工准备工作是建设项目施工顺利进行的根本保证。当一个施工项目按规定完成施工准备后，即可向主管部门提出开工报告。

施工准备工作主要内容有：

（1）调查研究与收集资料。建筑设备安装工程的施工受当地自然条件、技术经济条件的影响较大，在施工前，必须做好调查研究，主要包括建设地区自然条件、交通运输、机械设备和材料、劳动力与生活条件等方面的调查。

（2）组织准备。应根据建设项目的规模、特点和复杂程度，确定项目部规模和项目部组成人员。施工班组应考虑专业、工种的配合，以合理精干为原则。按照开工日期和劳动力需要量计划，组织劳动力进场。开工前，必须对施工人员进行必要的培训和安全教育。

（3）技术准备。

1）熟悉和会审施工图纸。施工前，应认真熟悉施工图纸，在了解设计意图、技术要求的情况下，建设单位组织施工单位、设计单位进行图纸会审，形成设计图纸会审记录。

2）编制施工组织设计。施工组织设计是指导施工全过程的经济、技术文件，施工前，应编制好施工组织设计，为组织和指导施工做好准备。

3）编制施工预算。施工预算是施工单位根据施工图纸、施工组织设计、施工定额（企业定额），以及市场人工、材料、机械行情等内容编制的，是施工企业内部控制施工成本、编制资金使用计划的依据。

4）技术交底。技术交底是开工前由各级负责人将有关施工的各项技术要求逐级向下传达，直至班组一线的技术活动。通过技术交底，使参与施工的技术人员及工人熟悉设计意图、施工进度、施工技术要点等，保证施工顺利进行。

（4）施工现场准备。施工现场是参加施工的全体人员为优质、安全、低成本和高速度完成施工任务而进行工作的活动空间；施工现场准备工作是为拟建工程施工创造有利的施工条件和物质保证的基础。其主要内容包括：拆除障碍物，搞好三通一平；施工场地的控制网测量与放线；搭设临时设施；安装调试施工机具，做好建筑材料、构配件等的存放工作；冬、雨季施工安排等。

（5）施工物资准备。主要包括材料的准备，配件和制品的加工准备，安装机具的准备，生产工艺设备的准备等。

3. 组织全面施工

组织拟建工程的全面施工是建筑施工全过程中最重要的阶段。它必须在开工报告批准后才能开始。它是把设计者的意图，业主的期望变成现实的建筑产品的加工制作过程，必须严格按照设计图纸的要求，采用施工组织设计规定的方法和措施，完成全部的分部、分项工程施工任务。这个过程决定了施工工期、产品的质量和成本以及建筑施工企业的经济效益。因此，在施工中要跟踪检查，进行进度、质量、成本和安全控制，保证达到预期的目的。

（1）按计划组织综合施工。工程施工是项综合性很强的复杂施工过程。要使各专业各工种相互配合顺利，就要严格按照施工组织设计施工，并根据现场实际情况不断调整计划。为了达到上述目的有以下要求：

1）提高计划可靠性，编制的施工组织设计应适当留有余地。

2）合理组织指挥，抓关键，保重点，力争施工连续、均衡。

3）健全岗位责任制。

4）做好物资和技术的保障工作。

（2）施工过程的全面控制。主要是对施工过程的检查和调节。①施工过程的检查：包括对进度、质量、安全、技术的检查。②施工调度工作：对施工过程，根据施工现场情况，不断组织新的平衡，维护正常的施工顺序。③专业业务分析：包括质量分析、材料消耗分析、机械使用情况分析、成本分析、安全施工分析等。④施工总平面图管理：根据施工进度计划及工程的形象进度，对施工总平面图进行动态管理。

（3）组织施工的原则。

1）遵守法定的建设程序。由于建设项目联系面广，内外配合的环节多，必须严格遵守法定的建设程序，要有步骤、有秩序地进行。

2）采用先进技术。随着科学技术的飞速发展，建筑工业新技术、新工艺发展迅猛，如有条件，要优先考虑采用新工艺、新技术、新设备，以“三化”（工程设计标准化、现场施工机械化、构配件生产工厂化）为重点，以“三高一低”为目标，走工业化的道路。

3）组织均衡施工。在施工中要按计划组织施工，避免先松后紧，突击赶工的现象，避免施工间断。

4）确保工程质量。施工单位的目的就是满足人们日益增长的物质文化需要，提供舒适的生活环境，工程质量是首要前提，应避免片面追求本单位的经济利益而忽视工程质量的弊病。

5）注意安全生产。“百年大计，安全第一”，施工中应设专门安全监督员，以确保安全生产。

6）讲究经济效益。随着社会主义市场经济的深入发展，企业的经济效益，决定着企业的生存与发展，所以组织施工的一个基本原则，就是以最小的代价，换取最大的效益。为实行这一目的，靠偷工减料是不行的，应加强企业的内部管理，通过管理促效益。

7）组织文明施工。文明施工体现了企业施工组织管理的水平，这就要求在施工过程中不仅要环境整洁，道路畅通，还要整个施工过程中，各工种、各环节的配合是科学的、合理的、有条不紊的。并且施工安全、环境保护有保障。

4. 竣工验收，交付使用

竣工验收是对基本建设成果和投资效益的总检查。

（1）验收依据，包括：

1）项目建议书和有关文件；

2）工程合同或协议；

3）施工图纸及说明书；

4）施工技术验收规范，质量评定标准。

（2）验收标准，包括：

1）国家及地方规定的质量验收标准；

2）技术档案资料齐全；

3）现场环境整洁；

4）生产调试达到设计标准。

（3）交工验收的技术档案资料。主要包括竣工图、材料合格证、隐蔽工程检验记录、工程定位测量记录、质量安全事故处理报告等。

1.3 施工组织设计概述

1.3.1 施工组织设计的含义

施工组织设计是指工程项目在开工前，根据设计文件及业主和监理工程师的要求，以及主客观条件，对拟建工程项目施工的全过程在人力和物力、时间和空间、技术和组织等方面所进行的一系列筹划和安排。它是指导拟建工程项目进行施工准备和正常施工的基本技术经济文件，是建设项目施工组织管理工作的核心和灵魂。

它的任务要对具体的拟建工程的施工准备工作和整个的施工过程，在人力和物力、时间和空间、技术和组织上，做出一个全面而合理，符合好、快、省、安全要求的计划安排。

1.3.2 施工组织设计的作用

施工组织设计作为指导拟建工程项目的全局性文件，应尽量适应施工安装过程的复杂性和具体施工项目的特殊性，并且尽可能保持施工生产的连续性、均衡性和协调性，以实现生产活动的最终经济效果。

建设工程施工需要时间（工期），占用空间（场地），消耗资源（人工、材料、机具等），需要资金（造价），选择施工方法，确定施工方案等。

安装工程施工又有它自身的客观规律性，防止颠倒工序，避免相互影响和重复劳动。一般应先土建，后安装；先地下，后地上；先高空，后地面。对于设备安装工程，应先安装设备，后进行管道、电气安装。对于设备安装，应先安装重、大、关键设备，后安装一般设备。管道安装工程应按先干管后支管，先大管后小管，先里面后外面的顺序进行施工。因此，安装工程施工需要具备哪些基本条件，如何按照施工的客观规律来考虑工期的安排、场地的布置、资源的消耗等，就成为安装工程施工组织设计必须认真解决的问题。

安装工程施工应遵循工程建设的客观规律，充分考虑工程施工的特点，运用先进的科学方法和手段组织施工，合理安排施工中的各种要素，使工程建设费用低、效率高、质量好，保证按期完成施工任务，实现有组织、有计划、有秩序地施工，以期达到整个工程施工的最佳效果。即根据工程特点、自然条件、资源供应情况、工期要求等，做出切实可行的施工组织计划，并提出确保工程质量和安全施工的有效技术措施，这就是施工组织设计的任务。编制施工组织设计，本身就是施工准备工作的一项重要内容。也就是说，安装施工从准备工作开始，施工组织设计起着指导施工准备工作、全面布置施工活动、控制施工进度、进行劳动力和机械调配的作用，同时对施工活动内部各环节的相互关系和与外部的联系，确保正常的施工秩序起着有效的协调作用。总之，安装施工组织设计对于能否优质、高效、按时、低耗地完成安装工程施工任务起着决定性的作用。

施工组织设计是指导项目投标、施工准备和组织施工的全面性的技术经济文件，是指导现场施工的纲领。编制和实施施工组织设计是我国建筑施工企业一项重要的技术管理制度，它使施工项目的准备和施工管理具有合理性和科学性。它有以下作用：

1. 指导项目投标

对于标前施工组织设计，它是投标文件的一个重要组成部分。其作用为投标服务，为工程造价的编制提供依据，向业主提供对要投标项目的整体策划及技术组织工作，为最终中标打下基础。

2. 统一规划和协调复杂的施工活动

做任何事情之前都不能没有通盘的考虑，不能没有计划，否则不可能达到预定的目的。施工的特点综合表现为复杂性，如果施工前不对施工活动的各种条件、各种生产要素和施工过程进行精心安排，周密计划，那么复杂的施工活动就没有统一行动的依据，就必然会陷入毫无头绪的混乱状态。所以要完成施工任务，达到预定的目的，一定要预先制订好相应的计划，并且切实执行。对于施工单位来说，就是要编制生产计划；对于一个拟建工程来说，就是要进行施工组织设计。有了施工组织设计这种计划安排，复杂的施工活动就有了统一行动的依据，我们就可以据此统筹全局，协调方方面面的工作，保证施工活动有条不紊地进行，顺利完成合同规定的施工任务。

3. 对拟建工程施工全过程进行科学管理

施工全过程是在施工组织设计的指导下进行的。首先，在接受施工任务并得到初步设计以后，就可以开始编制建设项目的施工组织规划设计。施工组织规划设计经主管部门批准以后，再进行全场性施工的具体实施准备。随着施工图的出图，按照各工程项目的施工顺序，逐一制订各单位工程的施工组织设计，然后根据各个单位工程施工组织设计，指导实施具体施工的各项准备工作和施工活动。在施工工程的实施过程中，要根据施工组织设计的计划安排，组织现场施工活动，进行各种施工生产要素的落实与管理，进行施工进度、质量、成本、技术与安全的管理等，所以施工组织设计是对拟建工程施工全过程进行科学管理的重要手段。

4. 使施工人员心中有数，工作处于主动地位

施工组织设计根据工程特点和施工的各种具体条件科学地拟定了施工方案，确定了施工顺序、施工方法和技术组织措施，拟定了施工的进度；施工人员可以根据相应的施工方法，在进度计划的控制下，有条不紊地组织施工，保证拟建工程按照合同的要求完成。

通过施工组织设计，我们可以对每一拟建工程，在开工之前就了解它们所需要的材料、机具和人力，并根据进度计划拟订先后使用的顺序，确定合理的劳动组织和施工材料、机具等在施工现场的合理布置，使施工顺利地进行，还可以使我们合理地安排临时设施，保证物资保管和生产与生活的需要。

通过施工组织设计，可以使我们大体估计到施工中可能发生的各种情况，从而预先做好各项准备工作，清除施工中的障碍，并充分利用各种有利的条件，对施工的各项问题予以最合理、最经济的解决。

通过施工组织设计，可以使我们把工程的设计和施工、技术和经济、前方和后方有机地结合起来，把整个施工单位的施工安排和具体工程的施工组织得更好，使施工中的各单位、各部门、各阶段、各建筑物之间的关系更明确和协调起来。

总之，通过施工组织设计，也就把施工生产合理地组织起来了，规定了有关施工活动的

基本内容，保证了具体工程的施工得以顺利进行和完成施工任务。因此，施工组织设计的编制是具体工程施工准备阶段中各项工作的核心，在施工组织与管理工作中占有十分重要的地位。

一个工程如果施工组织设计编制得好，能反映客观实际，能符合国家的全面要求，并且认真地贯彻执行了，施工就可以有条不紊地进行，使施工组织与管理工作经常处于主动地位，取得好、快、省、安全的效果。若没有施工组织设计或者施工组织设计脱离实际或者虽有质量优良的施工组织设计而未得到很好的贯彻执行，就很难正确地组织具体工程的施工，使工作经常处于被动状态，造成不良的后果，难以完成施工任务及其预定目标。

1.3.3　施工组织设计的分类

1. 根据编制的时间和目的分类

以投标时间为节点，施工组织设计可分为标前施工组织设计和标后施工组织设计。

标前施工组织设计是在投标前编制的施工项目管理规划，在投标阶段通常称为技术标，它不仅包含技术方面的内容，同时也涵盖了施工管理和造价控制方面的内容，是一个综合性的文件，以取得工程任务为目的。它也是中标后承包单位进行合同谈判、提出要约和承诺的依据。

标后施工组织设计是在工程项目中标后编制的，以标前施工组织设计和已签订的施工合同为依据，以要约和承诺的实现为目的，指导施工全过程的详细的实施性施工组织设计。两类施工组织设计之间有先后次序、单项制约关系，具体区别见表 1-7。

表 1-7　标前和标后施工组织设计的特点

种类	服务范围	编制时间	编织者	主要特征	追求目标
标前施工组织设计	投标与签约	投标前	经营管理层	规划性	中标、经济效益
标前施工组织设计	施工全过程	签约后、开工前	项目管理层	指导性、操作性	施工效率与效益

根据合同文件编制的施工组织设计又可划分为指导性施工组织设计、实施性施工组织设计和特殊工程施工组织设计。

（1）指导性施工组织设计。

指导性施工组织设计是指施工单位在参加工程投标时，根据工程招标文件的要求，结合本单位的具体情况，编制的施工组织设计。中标后，在施工开始之前，施工单位还要进行重新审查、修订或重新编制施工组织设计，这个阶段的施工组织设计称为指导性施工组织设计。

1）指导性施工组织设计的任务，包括：

①确定最合适的施工方法和施工程序，以保证在合同工期内完成或提前完成施工任务；

②及时而周密地做好施工准备工作、供应工作和服务工作；

③合理地组织劳动力和施工机具，使其需要量没有骤增骤减的现象，同时尽量发挥其工作效率；

④在施工场地内最合理地布置生产、生活、交通等一切设施，最大限度地节约临时用地，节省生产时间，同时方便生活；

⑤施工进度计划及劳动力、机具、材料供应计划，要详细到按月安排，以便于具体进行

组织供应工作。

指导性施工组织设计是编制施工预算的主要依据，是组织施工的总计划，所以，应使其尽可能符合客观实际，并随时根据客观情况的变化不断调整和修改。

2）指导性施工组织设计编制的要求。

①编制指导性施工组织设计要做到四个一致。投标人的施工组织设计必须满足业主的要求。工程招标文件对编制施工组织设计一般都有很细致的规定，不符合规定的、违背业主意图的投标书，被视为严重错误，按废标处理。为了避免这种情况的出现，编制指导性施工组织设计必须做到四个一致，即与招标文件的要求一致，与设计文件的要求一致，与现场实际情况一致，与评标办法一致。

②施工组织设计要能反映企业的综合实力，施工方案应科学合理、先进可行，措施得力可靠。投标施工组织设计的目的就是要让业主了解企业的组织和管理水平，反映企业的综合实力。施工组织设计中的施工方案、施工方法及各项保证措施，反映了一个企业施工能力的强弱，施工经验丰富与否，能否让业主放心。为此，参加编制人员应掌握技术、管理方面的信息，了解施工现场情况，熟悉和了解当今国内外的先进施工机械、施工方法、施工工艺和新材料等，掌握施工程序及施工方法，科学合理地编制施工进度、安排施工顺序、优化配置劳动力和机械设备，做到在保证合同工期的前提下，充分发挥资源作用。

③指导性施工组织设计要注重表达方式的选择，做到图文并茂。在标书中的施工组织设计一定要有其独到的表达方式。如果太冗长、重点不突出，提纲紊乱、不一致，逻辑性不强，那么施工方法再先进，方案再科学，评委也不会给高分。

④施工组织设计按程序审核和校对，消除低级错误（不应该出现的错误）。指导性施工组织设计的编制是一个紧张的过程，人们的注意力容易偏重在自己工作的狭窄方面，形成定式思维，对低级错误视而不见。消除低级错误的方法之一是依靠编制人员的细心和经验，按照程序自行检查校对。方法之二是要坚持换手检查和校对，很多低级错误换人检查很容易发现，换手检查效果非常明显。一般容易犯的低级错误有：关键名词采用口语化、简略化，不按招标文件写；开工、竣工时间与招标文件有差异，施工进度前后不一致（尤其是修改工期后，总有一部分工期遗漏改正）；摘抄其他标书时地名、工程名称，不能完全改过来，多人编写的标书前后不一致。

（2）实施性施工组织设计。

工程中标后，对于单位工程和分部工程，应在指导性施工组织设计的基础上分别编制实施性的施工组织设计。

实施性施工组织设计的任务是：

1）它是用来直接指挥施工的计划，因此应具体制订出按工作日程安排的施工进度计划，这是它的核心内容。

2）根据施工进度计划，具体计算出劳动力、机具、材料等的日程需要量，并规定工作班组及机械在作业过程中的移动路线及日程。

3）在施工方法上，要结合具体情况考虑到工程细目的施工细节，具体到能按所定施工方法确定工序、劳动组织及机具配备。

4）工序的划分、劳动力的组织及机具的配备，既要适应施工方法的需要，还要考虑工作班组的组织结构和设备情况，要最有效地发挥班组的工作效率，便于实行分项承包和结算，还要切实保证工程质量和施工安全。

5）要考虑到当发生意外情况时留有调节计划的余地。如因故中途必须停止计划项目的施工时，要准备机动工程，调动原计划安排的班组继续工作，避免窝工。

实施性施工组织设计，必须具体、详细，以达到指导施工的目的，但应避免过于复杂、繁琐。

（3）特殊工程的施工组织设计。

在某些特定情况下，有时还需要编制特殊工程的施工组织设计，如：

1）某些特别重要和复杂，或者缺乏施工经验的分部、分项工程。为了保证其施工的工期和质量，有必要编制专门的施工组织设计。但是，编制这种特殊的施工组织设计，其开工与竣工的工期，要与总体施工组织设计一致。

2）对一些特殊条件下的施工，如严寒、雨季、沼泽地带和危险地区等，需要采取一些特殊的技术措施，有必要为之专门编制施工组织设计，以保证施工的顺利进行，以及质量要求和人员的安全。

3）某些施工时间较长的项目，即跨越几个年度的项目，在编制指导性施工组织设计或实施性施工组织设计时，不可能准确地预见到以后年度各种施工条件的变化，因而也不可能完全切实或详尽地进行施工安排。因此，需要对原定项目施工总设计在某一年进行进一步具体化或做相应的调整与修正。这时，就有必要编制年度的项目施工组织总设计，用以指导施工。

指导性项目施工组织设计是整个项目施工的龙头，是总体的规划。在这个指导文件规划下，再深入研究各个单位工程，从而制订实施性的施工组织设计和特殊的施工组织设计。在编制指导性施工组织设计时，可能对某些因素和条件未预见到，而这些因素或条件却是影响整个部署的。这就需要在编制了局部的施工设计组织后，有时还要对全局性的指导性施工组织设计做出必要的修正和调整。

2. 根据编制对象不同分类

施工组织设计是一个总的概念，根据拟建工程的设计施工阶段和规模的大小、结构特点和技术复杂程度及施工条件，应该相应地编制不同范围和深度的施工组织设计，由此，建筑安装工程的施工组织设计可分为总体施工组织设计、单位工程施工组织设计和分部分项工程施工组织设计三种。

（1）施工组织总设计。

施工组织总设计（也可称为总体施工组织设计）是针对由若干单位工程组成的群体工程或特大型项目为对象编制的，用以规划统筹这个工程项目施工全过程的技术、经济和组织活动。编制总体施工组织设计一般在工程中标之后开工之前，根据初步设计或扩大初步设计，在重新评价投标阶段施工组织设计，获得进一步的原始调查资料的基础上，由总承包单位的项目总工程师主持进行编制。

（2）单位工程施工组织设计。

单位工程施工组织设计是针对一个单位工程而编制的，用以指导或实施该单位工程施工全过程的技术、经济和组织活动。编制单位工程施工组织设计一般在拟建工程开工之前，根据施工图设计，由该单位工程的技术负责人组织人员进行编制，由施工单位技术负责人或技术负责人授权的技术人员审批。

（3）分部分项工程施工组织设计。

分部分项工程施工组织设计是针对某个分部或分项工程而编制的，用于具体实施施工全过程的各项施工活动，也称施工方案或专项工程施工组织设计。分部分项工程施工组织设计一般与单位工程施工组织设计的编制同时进行，并由单位工程的技术人员进行编制，由项目技术负责人审批。

三种施工组织设计之间存在以下关系：

总体施工组织设计是对整个工程项目的全局性战略部署，其内容和范围比较概括；单位工程施工组织设计是在总体施工组织设计的控制下，以总体施工组织设计为依据编制的，它针对具体的单位工程，将总体施工组织设计的有关内容具体化；分部分项工程施工组织设计是以总体施工组织设计和单位工程施工组织设计为依据编制的，它针对具体的分部分项工程，将单位工程施工组织设计的有关内容进一步具体化，是某一专项工程的施工组织设计。

如果要对以上三种施工组织设计作另外一种区分，则根据工程项目规模大小的不同，有时可将总体施工组织设计称为指导性施工组织设计，而将单位工程施工组织设计和分部分项工程施工组织设计称为实施性施工组织设计；或将总体施工组织设计和单位工程施工组织设计称为指导性施工组织设计，而将分部分项工程施工组织设计称为实施性施工组织设计。

复习思考题

1. 简述建设工程项目的含义。
2. 简述建设项目的组成。
3. 简述安装工程的内容。
4. 简述安装工程的施工特点。
5. 简述施工组织设计的分类。

任务二　编制安装工程施工组织设计

2.1　编制依据及程序

2.1.1　编制依据及要求

1. 编制依据

在编制施工组织设计之前，要做好充分的准备工作，为施工组织设计的编制提供可靠的第一手资料。

（1）合同文件及招标文件。

合同文件是承包工程项目的施工依据，也是编制施工组织设计的基本依据。对招标文件的内容要认真地研究，重点弄清以下几方面的内容：

1）承包范围。对承包项目进行全面了解，弄清各单项工程和单位工程的名称、专业内容、工程结构等。

2）开竣工日期。

3）工程造价及工程价款的支付、结算办法。

4）设计图纸供应。要明确甲方交付的日期和份数，以及设计变更通知办法。

5）物资供应分工。通过合同的分析，明确各类材料、主要机械设备、要安装设备等的供应分工和供应办法。由甲方负责的，要弄清何时能供应，以便制订需用量计划和节约措施，安排好施工计划。

6）合同及招标文件指定的技术规范和质量标准：了解指定的技术规范和质量标准，以便为制订技术措施提供依据。

以上是着重了解的内容，当然合同文件及招标文件还有其他的条款，也不容忽略，只有认真地研究，才能制订出全面、准确、合理的总设计规划。

（2）设计文件及施工组织总设计。

设计文件包括单位工程的全部施工图纸、会审记录及标准图集等有关设计资料。

如果编制的施工组织设计是建设项目的一部分，应把施工组织总设计中的总体施工部署及对本工程施工中的有关规定和要求作为编制依据。

（3）施工现场勘察资料。

在编制施工组织设计之前，要对施工现场环境作深入的实际调查。调查的主要内容有：

1）核对设计文件，了解拟施工工程的位置等。

2）收集施工地区内的自然条件资料，如地形、地质、水文资料。

3）了解施工地区内的既有房屋、通信电力设备、给排水管道、坟地及其他建筑情况，以便做出拆迁、改建计划。

4）调查施工区域的技术经济条件。

①当地水电的供应情况。可提供的能力，允许接入的条件等。

②地方资源供应情况和当地条件。如劳动力是否可利用；地方建材的供应能力、价格、

质量、运距、运费，以及当地可利用的加工修理能力等。

③了解交通运输条件。如铁路、公路、水运的情况，公路桥梁承载通过的最大能力。

（4）各种定额及造价资料。

编制施工组织设计前，应收集企业定额、施工项目当地有关的定额及造价资料等。工程造价文件应有详细的分部、分项工程量，必要时应有分层、分段或分部位的工程量。

（5）施工技术资料。

合同条款中规定的各种施工技术规范、施工操作规程、施工安全作业规程等，此外，还应收集施工新工艺、新方法，操作新技术以及新型材料、新型机具等资料。

（6）施工时可能调用的资源。

由于施工进度直接受到资源供应的限制，在编制实施性施工组织设计时，对资源的情况应有十分具体而确切的资料。施工时可能调用的资源包括劳动力数量及技术水平，施工机具的类型和数量，外购材料的来源及数量，以及各种资源的供应时间。

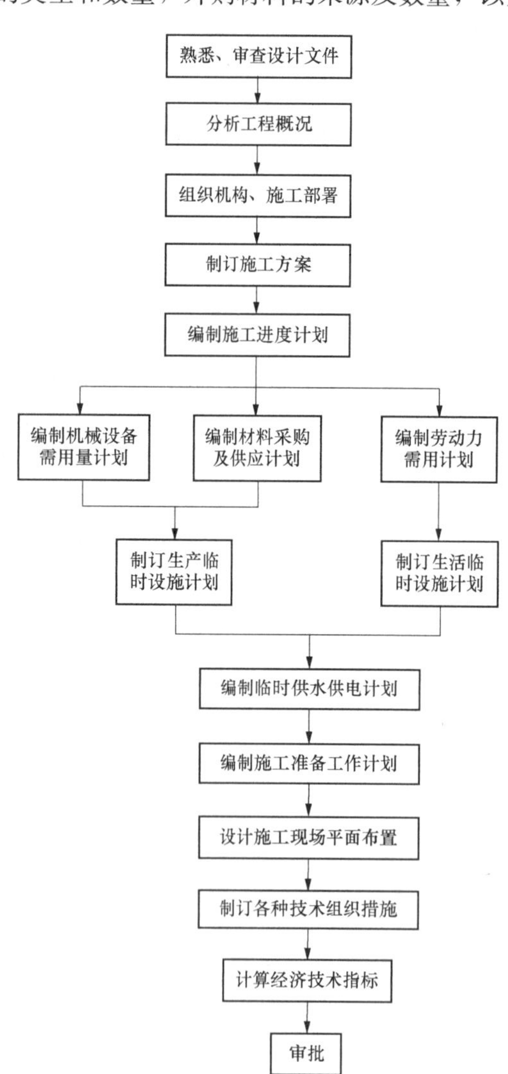

图 2-1 施工组织设计的编制程序

（7）其他资料。

其他资料是指与施工组织设计工作有关政策规定、环境保护条例、上级部门对施工的有关规定和工期要求等。

2. 编制要求

（1）项目技术负责人应组织有关施工技术人员、物资装备管理人员、工程质检人员学习并熟悉合同文件和设计文件，将编制任务分工落实，限时完成且应有考核措施。

（2）施工组织设计应有目录，并应在目录中注明各部分的编制者。

（3）尽量采用图表和示意图，做到图文并茂。

（4）应附有缩小比例的工程主要结构物平面图和立面图。

（5）若工程地质情况复杂，可附上必要的地质资料（或岩土力学性能试验报告）。

（6）多人合作编制的施工组织设计，必须由项目技术负责人统一审核，以免重复叙述或遗漏等。

（7）如果选择的施工方案与投标时的施工方案有较大差异，应将选择的施工方案征得监理工程师和业主的认可。

（8）施工组织设计应在要求的时间内完成。

2.1.2 编制程序

施工组织设计的编制程序如图 2-1 所示。

2.2　分析工程概况及施工条件

2.2.1　工程概况

1. 工程建设概况

工程建设概况主要包括拟建工程的工程名称、工程地点、性质、用途、规模、工程造价、资金来源等；开竣工日期；拟建工程的建设单位、设计单位、施工单位、监理单位；施工图纸情况；施工承包与分包情况；施工合同或招标文件对项目施工的重点要求；组织施工的指导思想等。

2. 专业设计概况

（1）建筑设计应依据建设单位提供的建筑设计文件进行描述，包括建筑面积、建筑高度、建筑功能、建筑特点、建筑耐火、防水及节能要求等，并应简单描述工程的主要装修做法。

（2）结构设计应依据建设单位提供的结构设计文件进行描述，包括结构形式、地基形式、结构安全等级、抗震设防类别、主要结构构件类型及要求等。

（3）设备安装专业设计应依据建设单位提供的各相关专业设计文件进行描述，包括给排水及供暖系统、通风与空调系统、建筑电气系统、楼宇智能化系统、电梯系统等各个专业系统的做法要求。

建筑设备安装工程设计特点主要说明可用表 2-1 形式说明。

表 2-1　　建筑设备安装工程设计概况一览表

<table>
<tr><td rowspan="3">建筑给水</td><td>冷水</td><td></td><td rowspan="3">建筑排水</td><td>污水</td><td></td></tr>
<tr><td>消防</td><td></td><td>雨水</td><td></td></tr>
<tr><td>热水</td><td></td><td>中水</td><td></td></tr>
<tr><td rowspan="6">建筑智能</td><td>电视</td><td></td><td rowspan="6">建筑电气</td><td>供配电</td><td></td></tr>
<tr><td>电话</td><td></td><td>电气照明</td><td></td></tr>
<tr><td>安全监控</td><td></td><td>控制</td><td></td></tr>
<tr><td>楼宇自控</td><td></td><td>接地</td><td></td></tr>
<tr><td>网络</td><td></td><td>防雷</td><td></td></tr>
<tr><td>综合布线</td><td></td><td></td><td></td></tr>
<tr><td colspan="2">供暖系统</td><td colspan="4"></td></tr>
<tr><td colspan="2">通风系统</td><td colspan="4"></td></tr>
<tr><td colspan="2">空调系统</td><td colspan="4"></td></tr>
<tr><td colspan="2">消防控制系统</td><td colspan="4"></td></tr>
<tr><td colspan="2">电梯系统</td><td colspan="4"></td></tr>
<tr><td colspan="2">燃气工程</td><td colspan="4"></td></tr>
</table>

1）给水工程。生活给水系统主要说明水源概况、系统划分和敷设方式、管材及连接方式、设备选用与安装；消火栓给水系统主要说明供水方式、设置消防水泵、水箱、水泵接合器的情况，给水管材、消火栓形式；自动喷水灭火系统主要说明供水压力、泵房内设备的设

置情况、管材、喷头的形式。

2）排水工程。排水系统主要说明排水体制、排水管道系统敷设方式、管材及连接方式。

3）电气工程。电气工程概况主要说明电源概况、电力负荷、电力照明线路敷设方式、配电线路导线的型号、配电柜和配电箱的安装方式、防雷的等级、防雷装置等。

4）暖通工程。暖通工程概况主要说明采暖设备、空调制冷设备、供回水温度、空调方式、水系统的形式、风管及水管的材料、保温材料及保温层厚度、防排烟的方式、防火分区的划分、送排风机的位置。

5）智能建筑工程。智能建筑工程概况主要说明所包括的子分部工程内容、子分部工程的功能、组成情况、机房或控制室的位置等。

2.2.2 工程施工条件

工程施工条件是施工组织设计的重要依据，是确定施工方案、选择施工方法、进行施工现场平面布置的重要因素。工程施工条件一般包括：施工地点特征、施工条件等。

1. 施工地点特征

主要说明：施工地点的地形、地貌；工程地质与水文地质条件；地下水位（包括最高地下水位、最低地下水位和常年地下水位）、水质；不同深度土质分析、冰冻时间与冻土层深度分析；环境温度与降雨量情况；冬雨季起止时间；主导风向、风力和地震烈度等特征。

2. 施工条件

主要说明：水、电、路及场地平整的“三通一平”情况；现场临时设施、施工场地周围环境等情况；当地的交通运输条件；预制构配件生产及供应情况；施工单位施工机械、设备、劳动力在本工程中的落实情况；施工企业技术和管理水平等。

2.3 施工部署

2.3.1 组织机构

1. 组织机构

根据设备安装工程施工管理的经验，结合项目的实施特点及施工合同，成立专业配套的项目经理部作为指挥的组织机构。项目经理部内设技术部、合同管理部、采购部、QA（Quality Assurance）/QC（Quality Control）部、HSE（Health、Safety、Environment）管理部、施工控制部等部门。组织机构可采用组织机构图表示，某安装工程项目组织机构如图 2-2 所示。

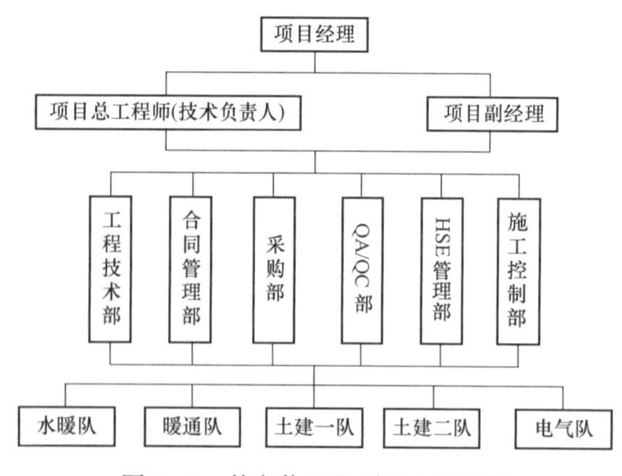

图 2-2 某安装工程项目组织机构

2. 部门职责

（1）项目经理：受公司法人代表的委托，负责工程项目的总体工作部署，是工程进度、成本控制、HSE 管理和质量目标的决策者，全面负责项目的各项工作，对业主和公司负责，是工程第一责任人。

（2）项目副经理：协助项目经理进行日常管理工作，负责施工进度、工程成本、质量管理、安全控制。负责施工计划的安排及现场劳动组织，及时与建设单位现场代表、现场监理汇报施工中的问题。

（3）总工程师（工程技术负责人）：负责全过程技术、质量管理工作，组织施工组织设计、施工方案编制审查等工作，组织有关人员处理解决重大技术问题。

（4）工程技术部：负责技术管理和技术文件控制资料整理工作。参与制订施工技术方案。负责技术方案、设计、施工标准的审查、贯彻工作。深入施工现场解决施工中的技术问题。做好施工技术文件、资料的编辑、整理工作。协助进行质量管理。

（5）合同管理部：负责合同管理工作，造价文件编制、竣工结算工作。

（6）采购部：负责施工用料的供应工作，编制物资供应计划。负责向业主提供材料的供货申请和现场验收以及自购材料的采办工作。

（7）QA（Quality Assurance）质量保证/QC（Quality Control）质量控制部：负责工程的质量管理和质量控制。编制质量管理文件，制订质量目标和控制措施。按标准规定检查各施工部位的质量，对不符合质量标准的提出整改意见并监督其整改。对出现重大问题的人员提出处理意见。向业主上报质量分析报告。配合监理和业主代表做好质量检验工作。编制和整理各种质量资料。

（8）HSE 管理部：负责现场的健康、安全、环保工作，确保实现 HSE 目标。制订 HSE 管理措施，并贯彻实施。深入现场检查 HSE 措施的执行情况，并进行指导。配发各种 HSE 用品，负责事故的处理、伤员的救护和现场及营地的安全保卫工作。

（9）施工控制部：负责编制施工计划，利用总体、月、周、日工作计划，对各施工队工作任务进行控制。负责向业主报送定期施工统计报表，负责工程施工全过程的人力、设备、物资的调配。指挥协调施工各环节的工作，掌握现场情况。组织日常生产运行，安排生产任务。负责工程施工中对外关系的协调工作。配合业主作好外协工作。负责办理进场施工的各种手续。处理和解决与当地有关部门和人员的关系。

2.3.2 施工安排

对于设备安装工程，可划分为施工准备阶段、管线预埋阶段、安装阶段、调试阶段、交工验收及工程保修阶段。按照所划分的阶段，明确各阶段的主要内容及安排。

（1）施工准备阶段安排：应编制工地管理制度和技术文件，布置临时设施，对施工人员的培训及教育，熟悉图纸及会审，做好安全技术质量交底，组织施工资源入场。

（2）管线预埋阶段安排：应加强与土建专业的协调沟通，加强预埋和预留件的跟踪管理。

（3）安装阶段安排：应组织内部施工流程，贯彻执行施工和技术管理措施，加强现代化信息管理工作。

（4）调试阶段安排：应编制调试方案，确保系统调试条件，严格执行工程调试步骤，确保实现调试效果，组织系统调试验收。

（5）交工验收及工程保修阶段安排：应组织各专业工程的联合调试工作，组建售后服务机构，竣工资料的整理与移交，组织工程验收与交接。

2.4 施工方案的制订

施工方案是根据设计图纸和说明书，决定采用哪种施工方法和机械设备，以何种施工顺序和作业组织形式来组织项目施工活动的计划。施工方案确定了，就基本上确定了整个工程施工的进度、劳动力和机械的需要量、工程的成本、现场的状况等。所以说施工方案的优劣，在很大程度上决定了施工组织设计质量的好坏和施工任务能否圆满完成。

施工方案包括施工方法与施工机械选择、施工顺序的合理安排以及作业组织形式和各种技术组织措施等内容。

2.4.1 选择施工方案的原则

（1）切实可行制订施工方案，首先必须从实际出发，一定要切合当前的实际情况，有实现的可能性。选定的方案在人力、物力、技术上所提出的要求，应该是当前已有条件或在一定的时期内有可能争取到的，否则，任何方案都是不可取的，这就要求在制订方案之前，要深入细致地做好调查研究工作，掌握主客观情况，进行反复的分析比较，才能做到切实可行。

（2）施工期限满足规定要求，保证工程特别是重点工程要按期或提前完成，迅速发挥投资的效益，是有重大经济意义的。因此，施工方案必须保证在竣工时间上符合规定的要求，并争取提前完成，这就要求在确定施工方案时，在施工组织上统筹安排，照顾均衡施工。在技术上尽可能运用先进的施工经验和技术，力争提高机械化和装配化的程度。

（3）确保工程质量和安全生产。“质量第一，安全生产”，在制订方案时，就要充分考虑到工程的质量和安全，在提出施工方案的同时，要提出保证工程质量和安全的技术组织措施，使方案完全符合技术规范与安全规程的要求。如果方案不能确保工程质量与安全生产，其他方面再好也是不可取的。

（4）施工费用最低。施工方案在满足其他条件的同时，还必须使方案经济合理，以增加生产盈利，这就要求在制订方案时，尽量采用降低施工费用的一切有效措施，从人力、材料、机具和间接费等方面找出节约的因素，发掘节约的潜力，使工料消耗和施工费用降低到最低限度。

以上几点是一个统一的整体，在制订施工方案时，应做通盘考虑，现代施工技术的进步，组织经验的积累，每个工程的施工都有不同的方法来完成，存在着多种可能的方案供我们选择。因此在确定施工方案时，要以上述几点作为衡量的标准，经多方面的分析比较，全面权衡，选出最优方案。

2.4.2 施工方法的选择

施工方法是施工方案的核心内容，它对工程的实施具有决定性的作用。确定施工方法应突出重点，凡是采用新技术、新工艺和对工程质量起关键作用的项目，以及工人在操作上还不够熟练的项目，应详细而具体，不仅要拟订进行这一项目的操作过程和方法，而且要提出质量要求，以及达到这些要求的技术措施。并要预见可能发生的问题，提出预防和解决这些问题的办法。对于一般性工程和常规施工方法则可适当简化，但要提出工程中的特殊要求。

1. 施工方法选择的依据

正确地选择施工方法是确定施工方案的关键。各个施工过程均可采用多种施工方法进行施工，而每一种施工方法都有其各自的优势和使用的局限性。我们的任务就是从若干可行的施工方法中选择最可行、最经济的施工方法。选择施工方法的依据主要有：

（1）工程特点。主要指工程项目的规模、构造、工艺要求、技术要求等方面。

（2）工期要求。要明确本工程的总工期和各分部、分项工程的工期是属于紧迫、正常和充裕三种情况的哪一种。

（3）施工组织条件。主要指气候等自然条件、施工单位的技术水平和管理水平，所需设备、材料、资金等供应的可能性。

（4）招标文件、合同书的要求。主要指招标文件或合同条件中对施工方法的要求。

（5）设计图纸，主要指根据设计图纸的要求，确定施工方法。

（6）施工方案的基本要求。主要是指根据制订施工方案的基本要求确定施工方法。对于任何工程项目都有多种施工方法可供选择，但究竟采用何种方法，将对施工方案的内容产生巨大的影响。

2. 施工方法的确定与机械选择的关系

施工方法一经确定，机械设备的选择就只能以满足它的要求为基本依据，施工组织也只能在此基础上进行。但是，在现代化的施工条件下，施工方法的确定，主要还是选择施工机械、机具的问题，这有时甚至成为最主要的问题。例如，顶管施工中工作坑施工，是选择冲抓式钻机还是旋转式钻机，钻机一旦确定，施工方法也就确定了。

确定施工方法，有时由于施工机具与材料等的限制，只能采用一种施工方案。可能此方案不一定是最佳的，但别无选择。这时就需要从这种方案出发，制订更好的施工顺序，以达到较好的经济性，弥补方案少而无选择余地之不足。

2.4.3　施工机械的选择和优化

施工机械对施工工艺、施工方法有直接的影响，施工机械化是现代化大生产的显著标志，对加快建设速度，提高工程质量，保证施工安全，节约工程成本起着至关重要的作用。因此选择施工机械成为确定施工方案的一个重要内容，应主要考虑下列问题：

（1）在选用施工机械时，应尽量选用施工单位现有机械，以减少资金的投入，充分发挥现有机械效率。若现有机械不能满足工程需要，则可考虑租赁或购买。

（2）机械类型应符合施工现场的条件。施工条件指施工场地的地质、地形、工程量大小和施工进度等，特别是工程量和施工进度计划，是合理选择机械的重要依据。一般说，为了保证施工进度和提高经济效益，工程量大应采用大型机械；工程量小则应采用中小型机械，但也不是绝对的。如一项大型土方工程，由于施工地区偏僻，道路、桥梁狭窄或载重量限制大型机械的通过，如果只是专门为了它的运输问题而修路、桥，显然是不经济的，因此应选用中型机械施工。

（3）在同一个工地上的施工机械的种类和型号应尽可能少。为了便于现场施工机械的管理及减少转移，对于工程量大的工程应采用专用机械；对于工程量小而分散的工程，则应尽量采用多用途的施工机械。

（4）要考虑所选机械的运行费用是否经济，避免大机小用。施工机械的选择应以能否满足施工的需要为目的。如本来土方量不大，却用了大型的土方机械，结果不到一星期就完工了，但大型机械的台班费、进出场的运输费、便道的修筑费以及折旧费等固定费用相当庞大，使运行费用过高，超过缩短工期所创造的价值。

（5）施工机械的合理组合。选择施工机械时，要考虑各种机械的合理组合，这样才能使选择的施工机械充分发挥效率。合理组合一是指主机与辅机在台数和生产能力上的相互适应；二是指作业线上的各种机械互相配套的组合。

1）主机与辅机的组合，一定要设法保证主机充分发挥作用的前提下，考虑辅机的台数和生产能力，如一台装载机配备几台货车，能使装载机与货车连续工作。

2）作业线上各种机械的配套组合。一种机械化施工作业线是由几种机械联合作业组合成一条龙施工才能具备整体生产能力。如果其中的某种机械的生产能力不适应作业线上的其他机械，或机械可靠性不好，都会使整条作业线的机械发挥不了作用。如在房建工程中的混凝土搅拌机、塔吊、吊斗的一条龙施工，就存在合理配套组合的问题。

（6）选择施工机械时应从全局出发统筹考虑。全局出发就是不仅考虑本项工程，而且考虑所承担的同一现场或附近现场其他工程的施工机械的使用。这就是说，从局部考虑去选择机械是不合理的，应从全局的角度进行考虑。

2.4.4 施工顺序的选择

施工顺序是指施工过程或分项工程之间施工的先后次序，它是编制施工方案的重要内容之一。施工顺序安排得好，可以加快施工进度，减少人工和机械的停歇时间，并能充分利用工作面，避免施工干扰，达到均衡、连续施工的目的。并能实现科学地组织施工，做到不增加资源，加快工期，降低施工成本。

1. 必须符合施工工艺的要求

建筑安装的各个施工过程之间存在着一定的工艺顺序关系。这种顺序关系随着建筑物的不同而变化，在确定施工顺序时，应注意分析各施工过程的工艺关系，施工顺序决不能违反这种关系。例如在道路工程中，基层的施工总要等土路基完成后才能进行，而面层则要待基层完成后才可以做。一般地说，建筑安装工程在施工顺序安排上，要做到先地下后地上，先深后浅，先干线后支线，先地下管线后筑路；在场地平整挖方区，应先平整场地后挖管线土方；在填方区，应由远及近先做管线后平整场地等。

2. 应与施工方法协调一致

施工顺序的安排与施工方法有关，采用不同的施工方法，其施工顺序也不同。如开槽埋管，采用撑板开挖，就应先挖土后撑板；如采用打钢板桩，则应先打钢板后挖土。

3. 必须考虑施工质量的要求。

安排施工顺序应考虑质量。如沥青混凝土路面施工中，一般在路基做好后，就先排砌侧平石，再做路面。这主要是使道路的路宽及标高能符合设计要求；但在水泥混凝土路面施工时，为了保证质量，就应先铺筑好水泥混凝土面层，再排砌侧石。

4. 安排施工顺序时应考虑经济和节约，降低施工成本

合理安排施工顺序，加速周转材料的周转次数，并尽量减少配备的数量。通过合理安排施工顺序可缩短施工期，减少管理费、人工费、机械台班费等，降低工程成本，给项目带来显著的经济效益。

5. 考虑当地的气候条件和水文要求

在安排施工顺序时，应考虑冬季、雨季、台风等气候的影响，特别是受气候影响大的分部工程应尤为注意。在南方施工时，应从雨季考虑施工顺序，可能因雨季而不能施工的应安排在雨季前进行。如土方工程不能安排在雨季施工。在严寒地区施工时，则应考虑冬季施工特点安排施工顺序。

6. 考虑施工安全要求

在安排施工顺序时，应力求各施工过程的搭接不致产生不安全因素，以避免安全事故的

发生。

2.4.5　技术组织措施的设计

技术组织措施是施工企业为完成施工任务，保证工程工期，提高工程质量，降低工程成本，在技术上和组织上所采取的措施。企业应该把编制技术组织措施作为提高技术水平，改善经营管理的重要工作认真抓好。通过编制技术组织措施，结合企业内部实际情况，很好地学习和推广同行业的先进技术和行之有效的组织管理经验。

1. 技术组织措施

技术组织措施主要包括以下几方面的内容：

（1）提高劳动生产率，提高机械化水平，加快施工进度方面的技术组织措施。例如，推广新技术、新工艺、新材料，改进施工机械设备的组织管理，提高机械的完好率、利用率，科学地进行劳动组合等方面的措施。

（2）提高工程质量，保证生产安全方面的技术组织措施。

（3）施工中的节约资源，包括节约材料、动力、燃料和降低运输费用的技术组织措施。

为了使编制技术组织措施工作经常化、制度化，企业应分段编制施工技术组织措施计划。

2. 工期保证措施

（1）施工准备抓早、抓紧。尽快做好施工准备工作，认真复核图纸，进一步完善施工组织设计，落实重大施工方案，积极配合业主及有关单位办理征地拆迁手续。主动疏通地方关系，取得地方政府及有关部门的支持，施工中遇到问题而影响进度时，要统筹安排，及时调整，确保总体工期。

（2）采用先进的管理方法（如网络计划技术等）对施工进度进行动态管理。以投标的施工组织进度和工期要求为依据，及时完善施工组织设计，落实施工方案，报监理工程师审批。根据施工情况变化，不断进行设计、优化，使工序衔接、劳动力组织、机具设备、工期安排等有利于施工生产。

（3）建立多级调度指挥系统，全面、及时掌握并迅速、准确地处理影响施工进度的各种问题。对工程交叉和施工干扰应加强指挥和协调，对重大关键问题超前研究，制订措施，及时调整工序，调动人、财、物、机，保证工程的连续性和均衡性。

（4）强化物资供应计划的管理。每月、旬提出资源使用计划和进场时间。

（5）控制工期的重点工程，优先保证资源供应，加强施工管理和控制。如现场昼夜值班制度，及时调配资源和协调工作等。

（6）安排好冬、雨季的施工。根据当地气象、水文资料，有预见性地调整各项工作的施工顺序，并做好预防工作，使工程能有序和不间断地进行。

（7）注意设计与现场校对，及时进行设计变更。工程项目施工过程常因地质的变化而引起设计变更，进而影响施工进度。为保证工期的要求，要协调各方面的关系，尽量减少对施工进度的影响。如积极地与监理联系，取得认可，再与设计单位联系，早点提出变更设计等。

（8）确保劳动力充足、高效。根据工程需要，配备充足的技术人员和技术工人，并采用各项措施，提高劳动者技术素质和工作效率。强化施工管理，严明劳动纪律，对劳动力实行动态管理，优化组合，使作业专业化、正规化。

3. 保证质量措施

保证质量的关键是对工程对象经常发生的质量通病制订防治措施，从全面质量管理的角度，把措施定到实处，建立质量保证体系，保证“PDCA循环”的正常运转，全面贯彻执行国际质量认证标准（ISO 9000系统）。对采用的新工艺、新材料、新技术和新结构，必须制订有针对性的技术措施，以保证工程质量。常见的质量保证措施有：

（1）质量控制机构和创优规划。

（2）加强教育，提高项目的全员综合素质。

（3）强化质量意识，健全规章制度。

（4）建立分部、分项工程的质量检查和控制措施。

（5）技术、质量要求比较高，施工难度大的工作，成立科技质量攻关小组—全面质量管理体系中QC攻关小组，确保工程质量。

（6）全面推行和贯彻ISO 9000标准，在项目开工前，编制详细的质量计划，编写工序作业指导书，保证工序质量和工作质量。

4. 工程安全施工措施

安全施工措施应贯彻安全操作规程，对施工中可能发生安全问题的环节进行预测，提出预防措施。杜绝重大事故和人身伤亡事故的发生，把一般事故减少到最低限度，确保施工的顺利进展。安全施工措施的内容包括：

（1）全面推行和贯彻职业安全健康管理体系（GB/T 28000—2011）标准，在项目开工前，进行详细的危险辨识，制订安全管理制度和作业指导书。

（2）安全保证体系，项目部和各施工队设专职安全员，专职安全员属质检科，在项目经理和副经理的领导下，履行保证安全的一切工作。

（3）利用各种宣传工具，采用多种教育形式，使职工树立安全第一的思想，不断强化安全意识，建立安全保证体系，使安全管理制度化、教育经常化。

（4）各级领导在下达生产任务时，必须同时下达安全技术措施；检查工作时，必须总结安全生产情况，提出安全生产要求，把安全生产贯彻到施工的全过程中去。

（5）认真执行定期安全教育、安全讲话、安全检查制度，设立安全监督岗，发挥群众安全人员的作用，对发现的事故隐患和危及工程、人身安全的事项，要及时处理，并做记录，要及时改正，落实到人。

（6）石方开挖必须严格按施工规范进行，炸药的运输、储存、保管都必须严格遵守国家和地方政府制定的安全法规，爆破施工要严密组织，严格控制药量，确定爆破危险区，采取有效措施，防止人、畜、建筑物和其他公共设施受到危害，确保安全施工。

（7）高空作业的技术工人，上岗前要进行身体检查和技术考核，合格后方可操作。高空作业必须按安全规范设置安全网，拴好安全绳，戴好安全帽，并按规定佩戴防护用品。

（8）工地修建的临时房、架设的照明线路、库房，都必须符合防火、防漏电、防雷击的要求，配置足够的消防设施，安装避雷设备。

5. 施工环境的保护措施

为了保护环境，防止污染，尤其是防止在城市施工中造成污染，在编制施工方案时应提出防止污染的措施。主要包括以下几方面：

（1）积极推行和贯彻环境管理体系（ISO 14000）标准，在项目开工前，进行详细的环境因素分析，制订相应的环境保护管理制度和作业指导书。

（2）对施工环境保护意识进行宣传教育，提高对环境保护工作的认识，自觉地保护环境。

（3）保护施工场地周围的绿色覆盖层及植物，防止水土流失。

（4）不准随意排放施工过程中的废气、废油、废水和污水，必须经过处理后才能排放。

（5）在人群居住附近的施工项目要防止噪声污染。

（6）机械化程度比较高的施工场所，要对机械工作产生的废气进行净化和控制。

6. 文明施工措施

加强全体职工职业道德的教育，制订文明施工准则。在施工组织、安全质量管理和劳动竞赛中切实体现文明施工要求，发挥文明施工在工程项目管理中的积极作用。

（1）施行施工现场标准化管理。

（2）改善作业条件，保障职工健康。

（3）深入调查，加强地下既有管线保护。

（4）做好已完工工程的保护工作。

（5）防止扰民及妥善处理地方关系。

（6）广泛开展与当地政府和群众的共建活动，推进精神文明建设，支持地方经济建设。

（7）尊重当地民风民俗。

（8）积极开展建家达标活动。

7. 降低成本的措施

施工企业参加工程建设的最终目的是在工期短、质量好的前提下，创造出最佳的经济效益，所以应制订相应的降低成本措施。这些措施的制订应以施工预算为尺度，以企业（或基层施工单位）年度、季度降低成本计划和技术组织措施计划为依据进行编制。要针对工程施工中降低成本潜力大的（工程量大、有采取措施的可能性、有条件的）项目，充分开动脑筋把措施提出来，并计算出经济效果和指标，加以评价、决策。这些措施必须是不影响质量的，能保证施工进度的，能保证安全的。降低成本措施应包括节约劳动力、节约材料、节约机械设备费用、节约工具费、节约间接费、节约临时设施费、节约资金等措施。一定要正确处理降低成本、提高质量和缩短工期三者的关系，对措施要计算经济效果。具体的降低成本措施如下：

（1）严格把握材料的供应关。对使用量大的主要材料统一招标，零星材料要货比三家，选择质优价廉的材料，并严格把关，坚决刹住材料供应上的回扣风，决不允许损公肥私现象出现。同时，对原材料的运输要进行经济比选，确定经济合理的运输方法，把材料费控制在投标价范围内。

（2）科学组织施工，提高劳动生产率。使用项目管理软件，经过周密、科学的分析作出具体计划，巧妙地组织工序间的衔接，有效地使用劳动力，尽量做到不停工、不窝工。施工中采用先进的工艺方法，提高机械化施工水平，力求达到劳动组织好，工效、机械利用率高，定额先进的目的，做到少投入、多产出，最大限度地挖掘企业内部潜力。

（3）完善和建立各种规章制度，加强质量管理，落实各种安全措施，进一步改善和落实经济责任制，奖罚分明。

充分调动广大员工的积极性，开展劳动竞赛，提高事业心，增强责任感，杜绝因质量问题而引起的返工损失以及因安全事故造成的经济损失，控制造价，增加盈利。

(4) 加强经营管理，降低工程成本。编制技术先进、经济合理的施工组织设计，实事求是地进行施工优化组合，人力、物资、设备各种资源精打细算，做到有标准、有目标。优化施工平面布置，减少二次搬运，节省工时和机械费用。临时设施尽可能做到一房多用，减少面积和造价，并尽量利用废旧材料，将临时设施费用降下来，部分临时设施租用民房以降低费用。科学地利用材料，采取限额领料制度，避免造成浪费，把废料降低到最低限度，从管理中出效益。

(5) 降低非生产人员的比例，减少管理费用开支。管理人员力求达到善管理、懂业务、能公关，做到一专多能，减少非管理人员。实现项目部直接对施工队，减少管理层次，实现精兵强将上一线，提高工作效益，以达到管理费用最低。

2.4.6 施工方案的选择实例

现以某地雨水管道工程为例说明施工方案的选择。

1. 施工方法的确定

确定雨水管道工程的施工方法，首先是开挖沟槽，这种土方工程既可采用人工挖土，也可采用机械施工，在没有特殊情况下，我们一般都是选用机械施工的。其次是支撑问题，采用挡土板支撑，或是打钢板桩，根据工程设计图纸，沟管的埋设深度是2.18～2.50m，按有关规定，深度在3.0m以上的采用钢板桩支撑，本工程是3m以内，该用挡土板支撑，用挡土板支撑又分疏撑和密撑，根据土壤情况，一般都用密撑（俗称满堂撑）。第三是土方运输，沟槽开挖以后，有大量土方，除了一部分堆置在沟槽边1.2m以外，做回填土用，其余大部分土方都要外运。外运土方的方式是人工运或机械运，自运或发包，本工程是决定发包给运输单位，土方单位重量按1.7t/m^{3}计算，按运输价格规定支付。第四是混凝土拌和，在管道基础部分，要大量浇捣混凝土。混凝土的拌和，一般有三种方式，一是人工在现场拌和；二是用搅拌机拌和；三是由混凝土搅拌厂供应。根据本工程情况，决定采用搅拌机拌和，人工运输。此外，在确定施工方法时，还要注意安全与质量，如浇捣混凝土基座和管道铺设之间，必须有一定的时间间隔，如果流水步距不够，则应增加必要的技术性间隔时间。

2. 施工顺序的安排

在单位工程施工时，有其一定的合理的施工顺序，这种顺序的安排受到多方面的影响，应对具体工程项目和具体施工条件加以分析，根据其变化规律，确定合理的施工组织来安排施工顺序。如沟槽挖土开始时，必须由挡土板支撑配合，结束时，回填土又要挡土板拆除配合，因此根据施工顺序，必须把土方组与挡土板支撑组各分为二，分别组成挖土支撑组及回填土拆撑组，先后安排施工。在混凝土基础和管道铺设中，必须先浇捣混凝土基座，再铺设管道，然后再浇捣混凝土管座，因此必须把浇捣混凝土基座和碎石垫层组成一组，管道铺设与浇捣混凝土管座组成一组，先后施工等。所以本工程的施工顺序确定如下：挖土及支撑、碎石垫层及混凝土基座（包括混凝土拌和及连管挖土），混凝土管座及管道铺设（包括连管填土），砌检查井砖墙及砂浆抹面（包括检查井盖座安装），砌进水井砖墙及砂浆抹面、回填土及拆撑。

3. 施工机械的选择

选择施工机械时，必须考虑到机械的互相配套，一定要设法保证主机充分发挥作用，因此本工程在土方工程施工中，根据沟槽的大小和挖土深度，采用 0.2m^3 的抓斗挖土机。必须有土方运输队密切配合，采用自卸运输汽车的数量，必须保证挖土机能连续不断地工作，而不致因等车而停工，同时，汽车的容量为挖土机斗容量的整倍数，以保证挖土机的土方每次都能挖满卸尽，充分发挥主机的作用。在管道铺设中，选择合适的吊装机械是很重要的，本工程根据 ϕ800 雨水管的重量，应选择 3t 吊车比较合适，此外其他中小型的施工机械，如 400L 搅拌机，平板型震动器，电动泵等，均可根据工程需要确定。

4. 施工现场的平面布置

本工程是正在新建的排水系统中的一段雨水管道工程，该路段目前还是土路基，没有汽车通行，附近交通方便，材料机具设备等物资运输，均可直达工地，路南是某中学体育场，已建有围墙，路北尚有一段空地，可布置各项临时设施之用，附近水电均可供应，施工人员上下班交通方便，这些为施工提供了有利条件。

根据以上情况，施工现场的平面布置是：路北的一段空地，搭建临时办公房（包括休息室），仓库及厕所等，并布置混凝土搅拌场及砂石堆场。施工现场分南北两边，管道南边，沿线每隔 20m 堆放 ϕ800 雨水管 20m，50～80mm 大小道渣 6m^3 各一堆，管道北是施工现场操作流水线，可供挖土机、吊车及运输车辆等机械施工操作用。现场布置如图 2-3 所示。

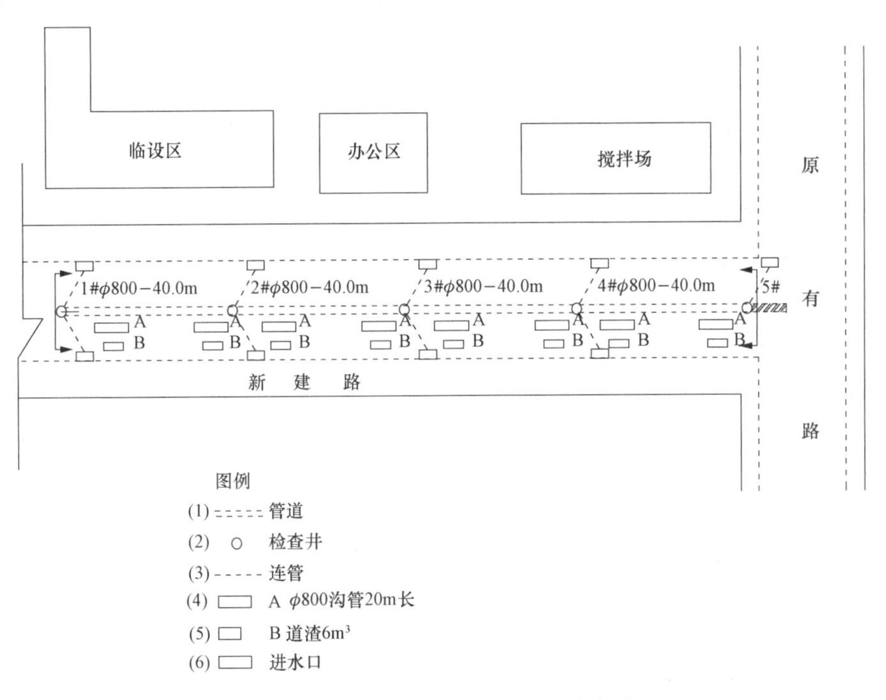

图 2-3 某雨水管道工程施工平面图

2.5 施工进度计划的编制

施工进度计划是在选定施工方案的基础上，根据规定工期和各种资源供应条件，按照施工过程的合理施工顺序及施工组织的原则，用横道图或网络图，对工程项目从开工到竣工的全部施工过程在时间上和空间上的合理安排。

施工进度计划是施工组织设计中最重要的组成部分，它必须配合施工方案的选择进行安排，它又是劳动力组织、机具调配、材料供应以及施工场地布置的主要依据，一切施工组织工作都是围绕施工进度计划来进行的。

编制施工进度计划的基本要求是：①保证拟建工程在规定的期限内完成；②迅速发挥投资效益；③保证施工的连续性和均衡性；④节约施工费用。

2.5.1 施工进度计划的编制依据

1. 合同规定的开工、竣工日期

施工组织设计不分类别都是以开工、竣工为期限安排施工进度计划的。指导性施工组织设计中施工进度计划安排必须根据招标文件中要求的工程开工时间和交工时间为施工期限，安排工程中各施工项目的进度计划。实施性施工组织设计是以合同工期的要求作为工程的开工和交工时间安排施工进度计划。重点工程的施工组织设计根据总施工进度计划中安排的开工、竣工时间或业主特别提出要求的开工、交工时间安排施工进度计划。

2. 工程图纸

熟悉设计文件、图纸，全面了解工程概况、主要工程量、工程所在地区资源供应情况等；掌握工程中各分项、分部、单位工程之间的关系，避免出现施工安排上的颠倒影响施工进度计划。

3. 有关水文、地质、气象和技术经济资料

对施工调查所得的资料和工程本身的内部联系，进行综合分析与研究，掌握其间的相互关系和联系，了解其发展变化的规律性。

4. 主导工程的施工方案

根据主导工程的施工方案（施工顺序、施工方法、作业方式）、配备的人力、机械的数量、计算完成施工项目的工作时间，排出施工进度计划图。编制施工进度计划必须紧密联系所选定的施工方案，这样才能把施工方案中安排的合理施工顺序反映出来。

5. 各种定额

编制施工组织设计时，收集有关的定额及造价资料等。有关定额是计算各施工过程持续时间的主要依据。

6. 劳动力、材料、机械供应情况

施工进度直接受到资源供应的限制，施工时可能调用的资源包括：劳动力数量及技术水平；施工机具的类型和数量；外购材料的来源及数量；各种资源的供应时间。资源的供应情况直接决定了各施工过程持续时间的长短。

2.5.2 施工进度计划的种类

单位工程施工进度计划应根据工程规模的大小，结构复杂程度，施工工期等来确定编制类型，一般分为两类：

1. 控制性施工进度计划

控制性施工进度计划多用于施工工期较长、结构比较复杂、资源供应暂时无法全部落实，或工作内容可能发生变化和施工方法暂时还无法确定的工程。它往往只需编制以分部工程项目为划分对象的施工进度计划，以便控制各分部工程的施工进度。

2. 实施性施工进度计划

实施性施工进度计划是控制性施工进度计划的补充，是各分部工程施工时施工顺序和施工时间的具体依据。此类施工进度计划的项目划分必须详细，各分项工程彼此间的衔接关系必须明确。根据实际情况，实施性施工进度计划的编制可与编制控制性进度计划同步进行，也可滞后进行。

2.5.3　施工进度计划的编制程序和步骤

施工进度计划的编制程序如图 2-4 所示。

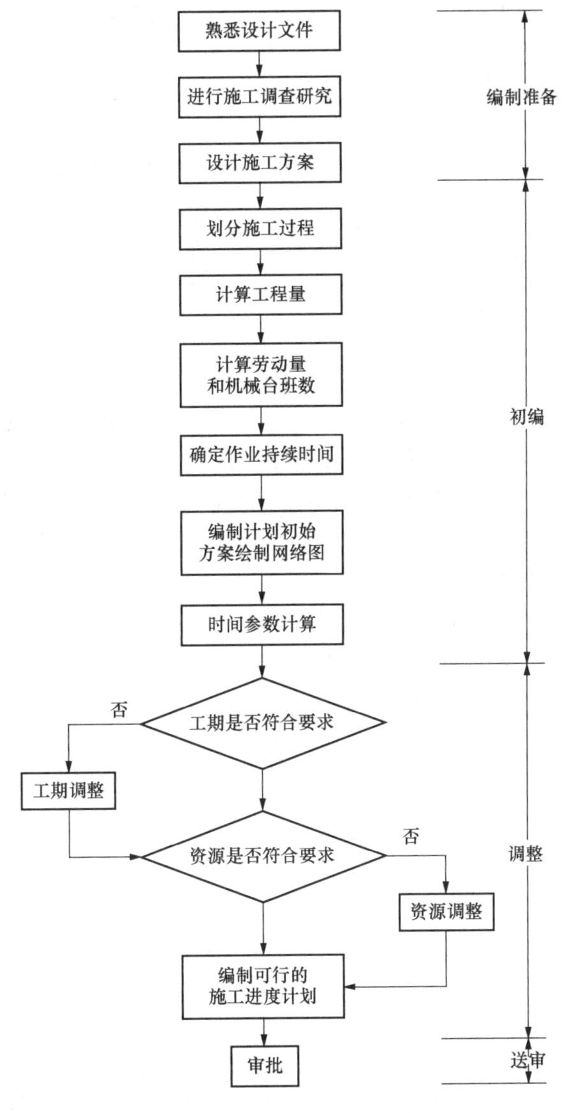

图 2-4　施工进度计划的编制程序

1. 熟悉设计文件

设计文件是编制进度计划的根据。首先要熟悉工程设计图纸，全面了解工程概况，包括工程数量、施工要求等，做到心中有数。

2. 调查研究

在熟悉设计文件的基础上进行调查研究，它是编制好进度计划的重要一步。要调查清楚施工的有关条件，包括资源（人、机、材料、构配件等）的供应条件，施工条件，气候条件等。凡编制和执行计划所涉及的情况和原始资料都在调查之列。对调查所得的资料和工程本身的内部联系，还必须进行综合的分析与研究，掌握其间的相互关系和联系，了解其发展变化的规律性。

3. 确定施工方案

施工方案主要取决于工程施工的顺序、施工方法、资源供应方式、主要指标控制量等。在确定施工方案时，施工的顺序可作多种方案以便选出最优方案。施工方案的确定与规定的工期、可动用的资源、当前的技术水平有关。这样制订的方案才有可能落实。

4. 划分施工过程（工序）

编制施工进度计划，首先应按施工图纸和施工顺序，将拟建工程的各个分部分项工程按先后顺序列出，并结合施工方法、施工条件和劳动组织等因素，加以适当调整，填在施工进度计划表的有关栏目内。通常，施工进度计划表中只列出直接进行施工的建筑安装类施工过程以及占有施工对象空间、影响工期的制作类和运输类施工过程。

在确定施工过程时，应注意下述问题：

（1）施工过程划分的粗细程度应根据施工进度计划的具体需要而定。控制性进度计划，可划分得粗一些，通常只列出分部工程名称；而实施性进度计划则应划分细一些，特别是对工期有直接影响的项目必须列出，以便于指导施工，控制工程进度。为了使进度计划简明清晰，原则上应在可能条件下尽量减少工程项目的数目，可将某些次要项目合并到主要项目中去，或对在同一时间内，由同一专业工程队施工的项目，合并为一个工程项目，而对于次要的零星工程项目，可合并为其他工程一项。

（2）施工过程的划分要结合所选择的施工方案。例如，单层工业厂房结构安装工程，若采用分件吊装法，则施工过程的名称、数量和内容及安装顺序应按照构件来确定；若采用综合吊装法，则施工过程应按照施工单元（节间、区段）来确定。

（3）所有施工过程应基本按施工顺序先后排列，所采用的施工项目名称应与现行定额手册上的项目名称相一致。

（4）设备安装工程通常由专业工程队组织施工。因此，在一般土建工程施工进度计划中，只要反映出这些工程与土建工程间的配合关系即可；而在专项的设备安装工程施工进度计划中，则以安装工程的分部分项工程为主，反映出与土建工程的联系即可。

施工过程划定以后，为使用方便，可列出施工过程一览表。表中必须有施工过程名称（或内容）、作业持续时间、同其他施工过程的关系等，见表 2-2。

表 2-2　施工过程一览表

序号	施工过程名称	施工过程代号	作业持续时间	紧前工作	搭接关系	搭接时间
1						
2						
3						

5. 计算工程量，并查阅相应定额

工程量计算应严格按照施工图纸和现行定额中对工程量计算所做的规定进行。如果已经有了造价文件，则可直接利用造价文件中有关的工程量。当某些项目的工程量有出入但相差不大时，可按实际情况予以调整。计算工程量时应注意以下几个问题：

(1) 各分部、分项工程的工程量计量单位应与现行定额手册中所规定的单位一致，以便计算劳动量和材料、机械台班消耗量时直接套用，以避免换算。

(2) 结合选定的施工方法和安全技术要求，计算工程量。例如，土方开挖工程量应考虑土的类别、挖土方法、边坡大小及地下水位等情况。

(3) 结合施工组织的要求，按分区、分段和分层计算工程量。

(4) 计算工程量时，尽量结合编制其他计划时使用工程量数据的方便，做到一次计算，多次使用。

根据所计算工程量的项目，在定额手册中查阅相应的定额。

6. 确定劳动量和机械台班数量

根据各分部、分项工程的工程量、施工方法和现行劳动定额，结合本单位的实际情况计算各施工过程的劳动量或机械台班数。计算式见式（2-1）：

$$P=\frac{Q}{S} \tag{2-1}$$

或

$$P=QH \tag{2-2}$$

式中 P——完成某施工过程所需的劳动量，工日或台班；

Q——某施工过程的工程量，m^3、m、t…；

S——某施工过程的人工或机械产量定额，m^3、m、t…/工日或台班；

H——某分部分项工程人工或机械的时间定额，工日或台班/m^3、m、t…。

在使用定额时，遇到一些特殊情况，可按下述方法处理：

(1) 在工程施工中，有时会遇到采用新技术或特殊施工方法的分部、分项工程，因缺乏足够的经验和可靠资料，现有定额中未列出，计算时可参考类似项目的定额或经过实际测算，确定临时定额。

(2) 计划中的“其他工程”项目所需劳动量，可根据实际工程对象，取总劳动量的一定比例（10%～20%）。

7. 确定各施工过程的作业持续时间

计算各施工过程的作业持续时间主要有两种方法：

(1) 按劳动资源的配备计算持续时间

该方法是首先确定配备在该施工过程作业的人数或机械台数，然后根据劳动量计算出施工持续时间。计算式见式（2-3）：

$$t=\frac{P}{RN} \tag{2-3}$$

式中 t——某施工过程的作业持续时间；

R——该施工过程每班所配备的人数或机械台数；

N——每天工作班数；

P——劳动量或机械台班数。

（2）根据工期要求计算

首先根据总工期和施工经验，确定各分部、分项工程的施工天数，然后再按劳动量与班次，确定出每一分部、分项工程所需工人数或机械台数，计算式见式（2-4）：

$$R = \frac{P}{tN} \tag{2-4}$$

在实际工作中，可根据工作面所能容纳的最多人数（即最小工作面）和现有的劳动组织来确定每天的工作人数。在安排劳动人数时，应考虑以下问题：

1）最小工作面。是指为了发挥高效率，保证施工安全，每一个工人班组施工时必须具有的工作面。一个施工过程在组织施工时，安排人数的多少会受到工作面的限制，不能为了缩短工期而无限制地增加工人人数，否则，会造成工作面不足出现窝工。

2）最小劳动组合。在实际工作中，绝大多数施工过程不能由一个人来完成，而必须由几个人配合才能完成。最小劳动组合是指某一施工过程要进行正常施工所必需的最少人数及其合理组合。

3）可能安排的人数。根据现场实际情况（如劳动力供应情况、技工技术等级及人数等），在最少必需人数和最多可能人数的范围内，安排工人人数。通常，若在最小工作面条件下、安排了最多人数仍不能满足，可组织两班倒或三班倒。

确定施工持续时间应注意的是，在编制初始进度计划时，并不是完全根据当时的情况、施工条件和工期要求等，而是按照正常条件来确定一个合理、经济的作业时间，待经过计算后，再根据具体要求运用网络计划技术计算出网络时间，找出关键线路之后，在必须压缩工期时，就可知道该压缩哪些工序，哪些地方有时差可利用，再对计划进行调整。这样做的好处是：一般较合理，费用较低，避免因抢工期而盲目压缩作业时间造成的浪费。

8. 安排施工进度计划，制订进度计划的初始方案

在编制施工进度计划时，应首先确定主导施工过程的施工进度，使主导施工过程能尽可能连续施工。其余施工过程应予以配合，服从主导施工过程的进度要求。具体方法如下：

（1）确定主要分部工程并组织流水施工。

首先确定主要分部工程，组织其中主导分项工程的连续施工并将其他分项工程和次要项目尽可能与主导施工过程穿插配合、搭接或平行作业。只有当主导施工过程优先考虑后，再安排其他分项工程的施工进度。

（2）按各分部工程的施工顺序编排初始方案。

各分部工程之间按照施工工艺顺序或施工组织的要求，将相邻分部工程的相邻分项工程，按流水施工要求或配合关系搭接起来，组成施工进度计划的初始方案。

（3）计算各项工作的时间参数并求出关键线路。

利用网络图编制施工进度计划时，按工作的最早开始时间计算得到的工期就是计划工期，计算出来后，可与合同工期进行对比。各时间参数计算完成后，就能找出关键线路。应按规定用双箭线或颜色线明确表示出来，以利于分析和应用。

9. 工期的审查与调整

时间参数计算完毕后，首先审查总工期，看是否符合合同规定的要求。若不超过，则在工期上符合要求。若超过，则压缩调整计划工期，如做不到，则要提出充分的理由和根据，以便就工期问题与建设单位做进一步商谈。

10. 资源审查和调整

估算主要资源的需要量，审查其供应与需求的可能性。若某一段时间内供应不能满足资源消耗高峰的需要，则要求这段时间的施工工序加以调整，使它们错开时间，减少集中的资源消耗，使其降到供应水平之下。

11. 编制可行的进度计划方案，并计算技术经济指标

经工期和资源的调整后，计划能适应现有的施工条件与要求，因而是切实可行的。可绘出正规的网络图或横道图，并附以资源消耗曲线。

因是可执行的计划，所以有必要计算一下它的技术经济指标，如与定额工期比较，单方用工、劳动生产率、节约率等，可与过去的或先进的计划进行比较，也可逐步积累经验，这对提高管理水平来说，是一项有意义的工作。

2.6　资源需求量计划的编制

资源需求量计划编制时应首先根据工程量查阅相应定额，便可得到各分部、分项工程的资源需求总量；然后再根据进度计划表中分部、分项工程的持续时间，得到某分部、分项工程在某段时间内的资源需求平均数；最后将进度计划表纵坐标方向上各分部、分项工程的资源需要量按类别叠加在一起并连成一条曲线，即为某种资源的动态曲线图和计划表。

2.6.1　劳动力需要量计划

劳动力需要量计划主要作为安排劳动力，调配和衡量劳动力消耗指标，安排生活及福利设施等的依据。

劳动力需要量是根据工程的工程量、劳动定额及要求的工期计算完成工程所需要的劳动力数量。在计算过程中要考虑扣除节假日和大雨、雪天对施工的影响系数，另外还要考虑施工方法，是人力施工还是半机械化施工或机械化施工。因为施工方法不同，所需劳动力的数量也不同。

1. 人力施工劳动力需求量的计算

（1）人力施工在不受工作面限制时，可直接查定额，与工程量相乘，计算需要的总工日数，并除以工期，即得劳动力数量。其计算式见式（2-5）：

$$R=\frac{Q}{TS} \tag{2-5}$$

式中　R——劳动力的需求量；

　　Q——人工施工的工程量；

　　T——工程施工的工作天数；

　　S——人工或机械产量定额。

考虑法定的节假日和气候影响，工程施工的工作天数将小于其日历天数。其计算可按式（2-6）进行：

$$T=\text{施工期的日历天数}\times 0.71K \tag{2-6}$$

式中　0.71——节假日换算系数；

　　K——气候影响系数，其取值随不同地区而变化。

（2）人力施工受到工作面限制时，计算劳动力的需要量必须保证每个人最小工作面这个

条件，否则会在施工过程中出现窝工现象。每班工人的数量可见式（2-7）：

$$R=\frac{\text{施工现场的作业面积}(\text{m}^2)}{\text{工人施工的最小工作面}(\text{m}^2/\text{人})} \tag{2-7}$$

2. 半机械化施工方法施工时所需劳动力的计算

半机械化施工方法主要是有的施工项目采用机械施工，有的项目采用人力施工。如沟槽土石方工程，填、挖等工序采用机械施工，支撑采用人工施工。

半机械施工方法在计算劳动力需要量时除了根据定额和工程量外，还要考虑充分发挥机械的工作效率和保证工期的要求，否则会出现窝工或者机械的工作效率降低的情况，影响工程施工成本。

3. 机械化施工方法所需劳动力的计算

机械化施工方法所需要的劳动力主要是司机及维修保养人员和管理人员（即机械辅助施工人员）。因此，计算机械施工方法所需的劳动力与机械的施工班次有关，每日一班制配备的驾驶员少于多班次工作的人数，辅助人员也相应较少。另外，与投入施工的机械数量有关，投得多，所需要劳动力也多。只有同时考虑上述两个方面的问题，才能够较准确地计算所需的劳动力数量。

4. 计算劳动力数量时选择的定额标准不同，其结果也是不同的

编制指导性施工组织设计时必须按招标文件上的要求和规定执行。编制实施性施工组织设计时可根据本企业的定额标准或结合施工项目具体情况采取一些补充定额。因为实施性施工组织设计是编制施工成本的依据，而施工成本是项目经济承包及施工队、班（组）经济承包的依据。因此，计算劳动力数量时不采用偏高或偏低的定额。

劳动力需要量计算完成后，需要将施工进度计划表内所列各施工过程每天（或周、旬、月）所需的工人人数按工种汇总列成表格。其表格形式见表2-3。

表2-3　　劳动力需求量计划表

序号	工作名称	工种类别	需求量	月份								
				1	2	3	4	5	6	7	8	9
1												
2												
汇总												

2.6.2　施工机具需求量计划

施工机具需求量计划主要用于确定施工机具类型、数量、进场时间，以及落实机具来源的组织进场。其编制办法是将施工进度计划表中的每一个施工过程，每天所需的机具类型、数量和时间进行汇总，便得到施工机具需求量计划表。其表格形式见表2-4。

表2-4　　工机具需求量计划表

序号	机具名称	型号	需求量		货源	使用起止时间	备注
			单位	数量			
1							
2							

2.6.3　主要材料需求量计划

材料需求量计划表是作为备料、供料，确定仓库、堆场面积及组织运输的依据。其编制方法是根据造价文件的工料分析表、施工进度计划表，材料的储备和消耗定额，将施工中所需材料按品种、规格、数量、使用时间计算汇总，填入主要材料需求量计划表。其表格形式见表 2-5。

表 2-5　材料需求量计划表

序号	材料名称	规格	需求量		供应时间	备注
			单位	数量		
1						
2						

2.7　施工现场平面图的绘制

施工现场平面规划和空间布置是施工组织设计的基本内容之一，它需要考虑的问题很多、很广泛，也很具体。它是一项实践性、综合性很强的工作，只有充分掌握了现场的地形、地物，熟悉了现场的周围环境和其他有关条件，并对本工程情况有了一个清楚与正确的认识之后，才能做到统筹规划、合理布局。

2.7.1　施工平面图的分类

施工平面图按其作用可分为两类：

(1) 施工总平面图。施工总平面图是以整个工程项目或一个合同段为对象的平面布置，主要反映整个工程平面的地形情况、料场位置、运输路线、生活设施等的位置和相互关系。

(2) 单位工程或分部、分项工程的施工平面图。它是以单位工程或分部、分项工程为对象而设计的平面组织形式。对于分部、分项工程的施工平面图，应当根据各施工阶段现场情况的变化，分别绘制不同施工阶段的施工平面图。

2.7.2　施工平面图布置的原则

(1) 应尽量不占、少占农田，充分利用山地、荒地，重复使用空地，在弃土、清理场地时，有条件的应结合施工造田、复田。

(2) 尽量降低运输费用，保证运输方便，减少和避免二次搬运。为了缩短运输距离，各种物资按需要分批进场，弃土场、取土场的布置尽量靠近作业地点。

(3) 尽量降低临时建筑费用，充分利用原有房屋、管线、道路和可缓拆或暂不拆除的前期临时建筑为施工服务。

(4) 以主体工程为核心，布置其他设施，要有利施工、方便生活，临时设施建筑不应影响主体工程施工进展，工人在工地上往返时间短，居住区和施工区要近，居住区应水源充足且清洁。

(5) 遵循技术要求，符合劳动保护和防火要求。如人员与其他设施距离爆破点的直线距离不得小于规定的飞块、飞石的安全距离等。

（6）施工指挥中心应布置在适中位置，既要靠近主体工程，便于指挥，又要靠近交通枢纽，方便内外交通联系。

施工现场平面布置的情况应以场地平面布置图表示出来。在施工平面布置图内应表示出拟建建筑物的平面位置，场地内需要修建的各项临时工程和露天料场、作业场的平面位置和占地面积，以及场地内各种运输线路，包括由场外运送材料至工地的进出线路。

2.7.3 临时设施的规划与布置

安装工程施工平面图具有阶段性的特点，施工内容不同，施工平面布置图中的内容也不同。对于建筑设备安装工程，施工平面图的内容主要是确定临时设施的位置，包括临时设施的布置，运输道路的布置，临时供水、供电管线的布置等内容。

1. 工地临时房屋的规划与布置

工地临时房屋主要包括施工人员宿舍、办公室、食堂和其他生活福利设施用房。这些临时房屋应建在施工期间不被占用、不被水淹、不被坍塌影响的安全地带。现场办公用房应建在靠近工地，且受施工噪声影响小的地方；工人宿舍、文化生活用房，应避免设在低洼潮湿、有烟尘和有害健康的地方。此外，房屋之间还应按消防规定，相互隔离，并配备灭火器。

减少临时房屋费用，是施工组织设计的目标之一。应做周密的计划安排，并应采取以下措施：

（1）提高机械化施工程度，减少劳动力需要量；合理安排施工，使施工期间的劳动力需要量均匀分布，避免在某一短时期工人人数出现高峰，这样可以减少临时房屋的需要量。

（2）尽量利用居住在工地附近的劳动力，这样可以省去这部分人的住房。

（3）尽量利用当地可以租用的房屋。

（4）房屋构造应简单，并尽量利用当地材料。

（5）广泛采用能多次利用的装配式临时房屋。

主要临时设施面积指标见表2-6，临时设施的面积等于面积指标乘以相对应的人数。

表2-6 主要临时设施面积指标

名称	单位	面积定额	说明	名称	单位	面积定额	说明
办公室	m^2/人	3.0～4.0		招待所	m^2/人	0.06	包括家属招待所
宿舍	m^2/人	3～3.5		会议及文娱室	m^2/人	0.10	
食堂	m^2/人	0.5～0.8		商店	m^2/人	0.07	
诊疗所	m^2/人	0.05～0.07	不小于30m^2	其他	m^2	5	包括商品库、开水房、实验室等
浴室及理发室	m^2/人	0.10					

2. 工地仓库及料场布置

工地储存材料的设施，一般有露天料场、简易料棚和临时仓库等。易受大气侵蚀的材料，如水泥、铁件、工具、机械配件及容易散失的材料等，宜储存在临时仓库中，钢材、木材等宜设置简易料棚堆放，砂、石、石灰等一般是在露天料场中覆盖后堆放。

仓库、料棚、料场的设置位置，必须选择运输及进出料都方便，而且尽量靠近用料最集中、地形较平坦的地点。设计临时仓库、料棚时，应根据储存材料的特点，进料、出料的便利，以及合理的储备定额，来计算需要的面积。面积过大会增加临时工程费用，过小可能满足不了储备需要并增加管理费用。

材料必须有适当的储备量，以保证施工不间断地进行。过少影响施工连续性和施工进度，过多的储备要多建仓库和积压流动资金。而且，像水泥这类材料，储存过久会导致受潮结块及标号降低，从而影响工程质量。所以，应正确决定适当的储备量。

（1）工地物资储备量的确定。对于经常或连续使用的材料，可按储备期计算：

$$P = KT_eQ/T \tag{2-8}$$

式中　P——材料储存量；

K——材料使用不均衡系数，见表2-7；

T_e——储备期，见表2-7；

Q——材料、半成品等总需要量；

T——有关项目施工总工作日（在施工总进度计划中累加）。

（2）仓库面积的确定。仓库面积可按下式确定：

$$F = P/(qK') \tag{2-9}$$

式中　F——仓库总面积，m^2；

P——仓库材料储备量；

q——材料储存定额（每平方米仓库能存放材料的数量），见表2-7；

K'——仓库面积利用系数（考虑通道及车道所占面积），见表2-7。

表2-7　确定仓库面积的相关系数

材料名称	单位	储备期（天）	材料使用不均衡系数	材料储存定额	仓库面积利用系数
水泥	t	40～50	1.2～1.4	2	0.65
砖	千块	25～35	1.4～1.8	3.33	0.8
电线器材	t	40～50	1.5	0.3～0.6	0.4～0.6
金属管材	t	35	1.8～2.0	0.6～1.2	0.4
卫生设备	t	40	1.5	0.7	1.5
小五金	t	30	1.2～1.5	1.5～2.5	0.5～0.6

3. 施工场内运输的规划

在工地范围内，从仓库、料场或预制场等地到施工点的料具、物资搬运，称为场内运输。场内运输方式应根据工地的地形、地貌，材料在场内的运距、运量，以及周围道路和环境等因素选择。如果材料供应运输与施工进度能密切配合，做到场外运输与场内运输一次完成，即由场外运来的材料直接运至施工使用地点，或场内外运输紧密衔接，材料运到场内后不存入仓库、料场，而由场内运输工具转运至使用地点，这是最经济的运输组织方法。这样可节省工地仓库、料场的面积，减少工地装卸费用。但这种场内外运输紧密结合的组织方法在工程实践中是很难做到的。大量的场内运输工作是不可避免的。

当某些工程的用料数量较大，而运输路线又固定不变时，采用轨道运输是比较经济的。

当用料地点比较分散，运输线路不固定，特别是运输线路中有上下坡及急转弯等情况时，可采用汽车运输。采用汽车运输时，道路应与材料加工厂、仓库的位置结合布置，并与场外道路衔接；应尽量利用永久性道路，提前修建永久路基和简易路面；必须修建临时道路时，要把仓库、施工点贯穿起来，按货流量大小设计其规格，末端应有回车场，并避免与已有永久性铁路、公路交叉。

一些零星的运输工作，不可能或不必要采用上述运输方法的，有时要利用手推车运输，即使在机械化程度很高的工地，这种简单的运输工具也能发挥作用。

4. 工地供电的规划

工地用电包括各种电动施工机械和设备的用电，以及室内外照明的用电。工程施工离不开用电，做好工地供电的组织计划，对保证施工的顺利进行有着密切的关系。

工地用电应尽可能利用当地的电力供应，从当地电站、变电站或高压电网取得电能。当地没有电源，或电力供应不能满足施工需要的情况下，则要在工地设置临时发电站。最好选用两个来源不同的电站供电，或配备小型临时发电装置，以免工作中偶然停电造成损失。同时，还要注意供电线路、电线截面、变电站的功率和数目等的配置，使它们可以互相调剂、不致因为线路发生局部故障而引起停电。

用电安全是供电组织计划中必须考虑的问题，应符合有关用电安全规程的要求。临时变电站应设在工地入口处，避免高压线穿过工地；自备发电站应设在现场中心，或主要用电区，并便于转移。供电线路不宜与其他管线同路或距离太近。工地临时供电工作主要包括：确定用电点及用电量；选择电源；确定供电系统，布置用电线路和决定导线断面等。

（1）用电量的计算。工地临时用电，主要是保证施工中动力设备和照明用电的需要，计算用电量时应考虑：全工地所使用起重机、电焊机，其他电气工具及照明设备的数量；整个施工阶段中同时用电的机械设备的最高数量；各种机械设备在工作中同时使用情况以及内外照明的用电情况。其总用电量可按下式计算：

$$P = 1.05 \sim 1.10\left(K_1 \frac{\sum P_1}{\cos\varphi} + K_2 \sum P_2 + K_3 \sum P_3 + K_4 \sum P_4\right) \tag{2-10}$$

式中 P——供电设备总需要容量，kVA；

P_1——电动机额定功率，kW；

P_2——电焊机额定功率，kW；

P_3——室内照明容量，kW；

P_4——室外照明容量，kW；

$\cos\varphi$——电动机的平均功率因数（在施工现场）高为0.75～0.78，一般为0.65～0.75；

K_1、K_2、K_3、K_4——需要系数，参见表2-8。

（2）电源选择。

工地临时用电电源通常有以下几种情况：

1）完全由工地附近的电力系统供给；

2）工地附近的电力系统只能供给一部分，工地需要增设临时电站以补不足；

3）工地位于新开辟的地区，没有电力系统，电力完全由临时电站供给。

至于采用哪种方案，要根据具体情况进行技术经济比较后确定。一般是将附近的高压电通过设在工地的变压器引入工地，这是最经济的方案，但事前必须将施工中需要的用电量向供电部门申请批准。

表 2-8　　需要系数（*K* 值）

用电名称	数量	需要系数				备注
		K_1	K_2	K_3	K_4	
电动机	3～10 台 11～30 台 30 台以上	0.7 0.6 0.5				如施工上需要电热时，将其用电量计算进去。式中各动力照明用电应根据不同工作性质分类计算
加工厂动力设备		0.5				
电焊机	3～10 台 10 台以上		0.6 0.5			
室内照明				0.8		
主要道路照明					1.0	
警卫照明					1.0	
场地照明					1.0	

变压器的功率可按下式计算：

$$P = K\left(\frac{\sum P_{\max}}{\cos\varphi}\right) \tag{2-11}$$

式中　P——变压器的功率，kVA；

K——功率损失系数，可取 1.05；

$\sum P_{\max}$——各工区的最大计算负荷，kW；

$\cos\varphi$——功率因数。

根据计算所得的容量，可以从变压器产品目录中选用相近的变压器。

（3）配电线路的布置。

配电线路的布置可分枝状、环状和混合状。要根据工程量大小和工地使用情况决定选择哪一种方案。一般 3～10kV 高压线路采用环式；380/220V 的低压线采用枝式。

施工现场布置临时线路应注意以下几点：

1）线路应尽量架设在道路的一侧，尽量选择平坦路线，保持线路水平，以免电杆受力不匀。线路距建筑物的水平距离应大于 1.5m，在 380/220V 低压线路中，木杆间距应为 25～40m；分支线及引入线均应由电杆处接出，不得由两杆之间接出。

2）施工现场的临时布线，一般都用架空线或地下电缆，架空线工程简单，费用低廉，易于检修。地下电缆埋地，安全性较高，适用于用电量大的项目。

3）临时用电的电杆以及线路的交叉跨越要根据电气施工规程的尺寸要求进行配置和架设。

4）施工用电的配电箱要设置于便于操作的地方，以防一旦发生事故，便于迅速拉闸。配电箱要设置专用护栏及顶棚，以防雨淋，确保安全。各种施工用电机具必须单机单闸，要根据最高负荷选用。

（4）配电导线的选择。

合理选择配电导线对节省有色金属及保证供电质量与安全都是非常重要的。在选择配电导线时，应着重考虑导线的型号与截面。

（5）绘制施工现场电力供应平面图。

施工临时供电的电力供应平面图对于指导施工具有重要的意义，电力供应平面图可结合施工平面图一并考虑，较复杂的工程也可单独绘制，电力供应图上应标明变压器的位置，配电箱位置，照明灯具的位置等。

5. 工地供水的规划

工程施工离不开水，施工组织设计必须规划工地临时供水问题，确保工地用水和节省供水费用。

工地用水分施工用水和生活用水，均应符合水质要求。否则，应设置处理设施进行过滤、净化等处理。工地供水设施包括水泵站、水塔或储水池，以及输水管等。布置施工场地时，应尽量使用水工作地点互相靠近，并接近水源，以减少管道长度和水的损失。

供水管路的设计应尽量使长度最短。在温暖的地方，管道可敷设在地面。穿过场地的交通运输道路时，管道要埋入地下 30 cm 深。在冰冻地区，管道应埋在冰冻深度以下。用明沟等方式输水时，一般在使用地点修建蓄水池，将水注入储水池备用；用钢管或铸铁管输水时，管道抵达用水地点后要安装龙头，并可连接橡皮软管，以便灵活移动出水口位置，供应不同位置的用水需要。

下面分别介绍生产用水、生活用水、消防用水，用水量的计算方法及临时供水系统的选择：

（1）供水量的确定。

1）一般生产用水：

$$q_1 = \frac{K_1 \sum Q_1 N_1 K_2}{T_1 b \times 8 \times 3600} \tag{2-12}$$

式中 q_1——生产用水量，L/s；

Q_1——最大年（季）度工程量；

N_1——施工用水定额，见表 2-9；

K_1——未预计的施工用水系数（1.05～1.15）；

T_1——年（季）度有效工作日；

K_2——用水不均衡系数，见表 2-10；

b——每日工作班数。

2）施工机械用水：

$$q_2 = \frac{K_1 \sum Q_2 N_2 K_3}{8 \times 3600} \tag{2-13}$$

式中 q_2——施工机械用水量，L/s；

Q_2——同一种机械台数，台；

K_3——施工机械用水不均衡系数，见表 2-10；

N_2——该种机械台班用水定额，见表 2-11。

表 2-9　施工用水（N_1）参考定额

序号	用水对象	单位	耗水量 N_1(L)	备注
1	浇筑混凝土全部用水	m^3	1700～2400	
2	搅拌普通混凝土	m^3	250	实测数据
3	搅拌轻质混凝土	m^3	300～350	
4	搅拌泡沫混凝土	m^3	300～400	
5	搅拌热混凝土	m^3	300～350	
6	混凝土养护（自然养护）	m^3	200～400	
7	混凝土养护（蒸汽养护）	m^3	500～700	
8	冲洗模板	m^2	5	
9	搅拌机清洗	台班	600	实测数据
10	人工冲洗石子	m^3	1000	
11	机械冲洗石子	m^3	600	
12	洗砂	m^3	1000	
13	砌砖工程全部用水	m^3	150～250	
14	砌石工程全部用水	m^3	50～80	
15	粉刷工程全部用水	m^2	30	
16	抹面	m^2	4～6	不包括调制用水
17	楼地面	m^2	190	找平层同
18	搅拌砂浆	m^3	300	
19	石灰消化	t	3000	

表 2-10　施工用水不均衡系数

不均衡系数	用水名称	系数
K_2	施工工程用水 生产企业用水	1.5 1.25
K_3	施工机械运输机械 动力设备	2.0 1.05～1.10
K_4	施工现场生活用水	1.30～1.50
K_5	居民区生活用水	2.00～2.50

表 2-11　机械台班用水（N_2）定额

序号	用水对象	单位	耗水量 N_2	备注
1	内燃挖土机	L/(台·m^3)	200～300	以斗容量立方米计
2	内燃起重机	L/(台班·t)	15～18	以起重吨数计
3	蒸汽起重机	L/(台班·t)	700～400	以起重吨数计
4	蒸汽打桩机	L/(台班·t)	1000～1200	以锤重吨数计
5	蒸汽压路机	L/(台班·t)	100～150	以压路机吨数计
6	内燃压路机	L/(台班·t)	12～15	以压路机吨数计
7	拖拉机	L/(昼夜·台)	200～300	
8	汽车	L/(昼夜·台)	400～700	

3）施工现场生活用水：

$$q_3 = \frac{P_1 \times N_3 \times K_4}{b \times 8 \times 3600} \tag{2-14}$$

式中 q_3——施工现场生活用水量，L/s；

P_1——施工现场高峰人数，人；

N_3——施工现场生活用水定额，见表2-12；

K_4——施工现场生活用水不均衡系数，见表2-10；

b——每日用水班数。

4）生活区生活用水：

$$q_4 = \frac{P_2 \times N_4 \times K_5}{24 \times 3600} \tag{2-15}$$

式中 q_4——施工机械用水量，L/s；

P_2——生活区居民人数；

N_4——生活区每人每日生活用水定额，见表2-12；

K_5——生活区每日用水不均衡系数，见表2-10。

表2-12 生活用水量（N_3、N_4）参考定额表

序号	用水对象	单位	耗水量 N_3、N_4	备注
1	工地全部生活用水	L/(人·d)	100～120	
2	生活用水（盥洗生活饮用）	L/(人·d)	25～30	
3	食堂	L/(人·d)	15～20	
4	浴室（淋浴）	L/(人·次)	50	
5	洗衣	L/人	30～35	
6	理发室	L/(人·次)	15	
7	小学校	L/(人·d)	12～15	
8	幼儿园托儿所	L/(人·d)	75～90	
9	医务室	L/(病床·d)	100～150	

5）消防用水 q_5，应根据工地大小及居住人数确定（见表2-13）。

表2-13 消防用水量

序号	用水名称	火灾同时发生次数	单位	用水量
1	居民区消防用水 5000人以内 10000人以内 25000人以内	 一次 二次 二次	 L/s L/s L/s	 10 10～15 15～20
2	施工现场消防用水 施工现场在25hm²以内 每增加25hm²递增	 一次 	 L/s 	 10～15 5

6）总用水量（Q）。

①$q_1+q_2+q_3+q_4 \leqslant q_5$ 时，则 $Q=q_5+\frac{1}{2}(q_1+q_2+q_3+q_4)\times 1.1$　(2-16)

②当 $q_1+q_2+q_3+q_4>q_5$ 时，则 $Q=(q_1+q_2+q_3+q_4)\times 1.1$　(2-17)

③当工地面积小于 $5hm^2$，而且 $q_1+q_2+q_3+q_4<q_5$ 时，则 $Q=q_5$　(2-18)

最后计算出的总用水量，还应增加10%，以补偿不可避免的水管漏水损失。

（2）管径计算。

根据工地总用水量，可以计算管径，其计算方式如下：

$$D=\sqrt{\frac{4Q\times 1000}{\pi V}} \tag{2-19}$$

式中　D——配水管直径，mm；

Q——用水量，L/s；

V——管网中的水流速度，m/s，见表2-14。

表2-14　临时管网中水流速度

管径	流速（m/s）	
	正常时间	消防时间
$D<0.1m$	0.5～1.2	—
$D=0.1～0.3m$	1.0～1.6	2.5～3.0
$D>0.3m$	1.5～2.5	2.5～3.0

（3）配水管网的布置。

布置临时管网时，要满足各生产点的用水同时要满足消防的要求，并尽量设法使供水管的长度最短，同时要考虑到施工期间各段管网应具有移动的可能性。

一般的管网布置形式有以下三种：

1）环形管网。管网为环形封闭图形，优点是能保证供水的可靠性，当管网某一处发生故障时，水仍可以沿管网其他支管供给，缺点是管线长、造价高、管材消耗大。

2）枝状管网。管网由干线及支线两部分组成，优缺点和环形管网正好相反，管线短、造价低，但供水可靠性差。

3）混合式管网。主要用水区及干管采用环形管网，其他用水区采用枝状支线供水，这是环形管网和枝状管线的混合，故兼有这两种管网的优点，在较大的工地上多采用此种布置方式。

复习思考题

1. 简述施工进度计划的编制依据。
2. 简述施工进度计划的编制程序。
3. 简述选择施工方案的原则。

项目二　安装工程项目管理

任务三　施 工 质 量 管 理

3.1　施工质量管理概述

3.1.1　施工质量的要求及影响因素

施工质量是指建设工程施工活动及其产品的质量，即通过施工使工程的固有特性满足建设单位（业主或顾客）需要并符合国家法律、行政法规和技术标准、规范的要求，包括在安全、使用功能、耐久性、环境保护等方面满足所有明示和隐含的需要和期望的能力的特性总和；其质量特性主要体现在由施工形成的建筑工程的适用性、安全性、耐久性、可靠性、经济性及与环境的协调性等六个方面。

一、施工质量的基本要求

施工质量要达到的基本要求是：施工建成的工程实体按照国家 GB 50300—2013《建筑工程施工质量验收统一标准》及相关专业验收规范检查验收合格。

建筑工程施工质量验收合格应符合下列规定：

(1) 符合工程勘察、设计文件的要求；

(2) 符合上述标准和相关专业验收规范的规定。

上述规定 (1) 是要符合勘察、设计对施工提出的要求。工程勘察、设计单位针对本工程的水文地质条件，根据建设单位的要求，从技术和经济结合的角度，为满足工程的使用功能和安全性、经济性、与环境的协调性等要求，以图纸、文件的形式对施工提出要求，是针对每个工程项目的个性化要求。这个要求可以归结为“按图施工”。

规定 (2) 是要符合国家法律、法规的要求。国家建设主管部门为了加强建筑工程质量管理，规范建筑工程施工质量的验收，保证工程质量，制定相应的标准和规范。这些标准、规范是主要从技术的角度，为保证房屋建筑各专业工程的安全性、可靠性、耐久性而提出的一般性要求。这个要求可以归结为“依法施工”。

施工质量在合格的前提下，还应符合施工承包合同约定的要求。施工承包合同的约定具体体现了建设单位的要求和施工单位的承诺，全面反映了对施工形成的工程实体在适用性、安全性、耐久性、可靠性、经济性和与环境的协调性等六个方面的质量要求。这个要求可以归结为“践约施工”。

为了达到上述要求，施工单位必须建立完善的质量管理体系，并努力提高该体系的运行质量，对影响施工质量的各项因素实行有效的控制，以保证施工过程的工作质量来保证施工形成的工程实体的质量。

“合格”是对施工质量的最基本要求，施工单位可与建设单位商定更高的质量要求，或自行创造更好的施工质量。有的专业主管部门设置了“优良”的施工质量评定等级；全国和地方（部门）的建设主管部门或行业协会设立了中国建筑工程鲁班奖（国家优质工程）等，都是为了鼓励包括施工单位在内的项目建设单位创造更好的施工质量和工程质量。

二、影响施工质量的主要因素

影响施工质量的主要因素有。人（Man）、材料（Material）、机械（Machine）、方法（Method）及环境（Environment）。等五大方面，即4M1E。因此，对其进行严格控制，是保证工程质量的关键。

（一）人的因素控制

人的控制，就是对直接参与工程施工的组织者、指挥者和操作者进行控制，调动其主观能动性，避免人为失误，从而以工作质量保工序质量，促工程质量。

在对人的控制中，要充分考虑人的素质，包括技术水平、生理缺陷、心理行为和错误行为等对质量的影响，要本着量才而用，扬长避短的原则，加以综合考虑和全面控制。同时还要加强政治思想、劳动纪律和职业道德教育，树立“质量第一，用户至上”思想，进行专业技术知识培训，提高技术水平，禁止无技术资质的人员上岗操作；建立健全岗位责任制、技术交底、隐蔽工程检查验收和工序交接检查等规章制度和奖惩措施；尽量改善劳动条件，杜绝人为因素对质量的不利影响。

（二）材料质量因素控制

材料、制品和构配件质量是工程施工的基本物质条件。如果其质量不合格，工程质量就不可能符合标准，因此必须严加控制。其质量控制内容包括：材料质量标准、性能、取样、试验方法、适用范围、检验程度和标准，以及施工要求等内容；所有材料、制品和构配件，均需有产品出厂合格证和材质化验单；主要材料还需进行复试。

（三）机械设备因素控制

机械设备控制包括施工机械设备控制和生产工艺设备控制。

施工机械设备是实现施工机械化的重要物质基础，机械设备类型、性能、操作要求、施工方案和组织管理等因素，均直接影响施工进度和质量，因此必须严格控制。

生产工艺设备质量控制主要是控制设备本身质量、设备安装质量和设备试车运转质量。

（四）方法因素控制

方法（施工方案）是施工组织的核心，它包括主要分部（项）工程施工方法、机械、施工起点流向、施工程序和顺序的确定。施工方案优劣直接影响工程质量。因此，施工方案控制主要是控制施工方案建立在认真熟悉施工图纸，明确工程特点和任务，充分研究施工条件，从技术、组织、管理、经济各个方面全面分析，正确进行技术经济比较的基础上，切实保证施工方案在技术上可行，经济上合理，有利于提高工程质量。

（五）环境因素控制

影响质量的环境因素很多，主要包括施工现场自然环境因素、施工质量管理环境因素和施工作业环境因素。环境因素对工程质量的影响，具有复杂多变和不确定性的特点。

（1）施工现场自然环境因素：主要指工程地质、水文、气象条件和周边建筑、地下障碍物以及其他不可抗力等对施工质量的影响因素。例如，在地下水位高的地区，若在雨季进行基坑开挖，遇到连续降雨或排水困难，就会引起基坑塌方或地基受水浸泡影响承载力等；在寒冷地区冬期施工措施不当，工程会因受到冻融而影响质量；在基层未干燥或大风天进行卷材屋面防水层的施工，就会导致粘贴不牢及空鼓等质量问题。

（2）施工质量管理环境因素：主要指施工单位质量管理体系、质量管理制度和各参建施工单位之间的协调等因素。根据承发包的合同结构，理顺管理关系，建立统一的现场施工组织系统和质量管理的综合运行机制，确保工程项目质量保证体系处于良好的状态，创造良好的质量管理环境和氛围，是施工顺利进行、提高施工质量的保证。

（3）施工作业环境因素：主要指施工现场平面和空间环境条件，各种能源介质供应，施工照明、通风、安全防护设施，施工场地给排水以及交通运输和道路条件等因素。这些条件是否良好，直接影响到施工能否顺利进行以及施工质量能否得到保证。

对影响施工质量的上述因素进行控制，是施工质量控制的主要内容。

3.1.2 施工质量管理与施工质量控制的内涵、特点

一、施工质量管理和施工质量控制的内涵

1. 施工质量管理

施工质量管理是指在工程项目施工安装和竣工验收阶段，指挥和控制施工组织关于质量的相互协调的活动，是工程项目施工围绕着使施工产品质量满足质量要求而开展的策划、组织、计划、实施、检查、监督和审核等所有管理活动的总和。它是工程项目施工各级职能部门领导的共同职责，而工程项目施工的最高领导即施工项目经理应负全责。施工项目经理必须调动与施工质量有关的所有人员的积极性，共同做好本职工作，才能完成施工质量管理的任务。

2. 施工质量控制

质量控制是质量管理的一部分，是致力于满足质量要求的一系列相关活动。施工质量控制是在明确的质量方针指导下，通过对施工方案和资源配置的计划、实施、检查和处置，为了实现施工质量目标而进行的事前控制、事中控制和事后控制的系统过程。

二、施工质量控制的特点

施工质量控制的特点是由建设项目的工程特点和施工生产的特点决定的，施工质量控制必须考虑和适应这些特点，进行有针对性的管理。

（1）需要控制的因素多。工程项目的施工质量受到多种因素的影响。这些因素包括地质、水文、气象和周边环境等自然条件因素，勘察、设计、材料、机械、施工工艺、操作方法、技术措施，以及管理制度、办法等人为的技术管理因素。要保证工程项目的施工质量，必须对所有这些影响因素进行有效控制。

（2）控制的难度大。由于建筑产品的单件性和施工生产的流动性，不具有一般工业产品生产常有的固定的生产流水线、规范化的生产工艺、完善的检测技术、成套的生产设备和稳定的生产环境等条件，不能进行标准化施工，施工质量容易产生波动而且施工场面大、人员多、工序多、关系复杂、作业环境差，都加大了质量控制的难度。

（3）过程控制要求高。工程项目的施工过程，工序衔接多、中间交接多、隐蔽工程多，施工质量具有一定的过程性和隐蔽性。上道工序的质量往往会影响下道工序的质量，下道工序的施工往往又掩盖了上道工序的质量。因此，在施工质量控制工作中，必须强调过程控制，加强对施工过程的质量检查，及时发现和整改存在的质量问题，并及时做好检查、签证记录，为证明施工质量提供必要的证据。

（4）终检局限大。由于前面所述原因，工程项目建成以后不能像一般工业产品那样，可以依靠终检来判断和控制产品的质量，也不可能像工业产品那样将其拆卸或解体检查内在质

量、更换不合格的零部件。工程项目的终检（竣工验收）只能从表面进行检查，难以发现在施工过程中产生又被隐蔽了的质量隐患，存在较大的局限性。如果在终检时才发现严重质量问题，要整改也很难，如果不得不推倒重建，必然导致重大损失。

3.1.3　施工质量管理体系的建立

施工企业质量管理体系是在质量方面指挥和控制企业的管理体系，即施工企业为实施质量管理而建立的管理体系。

建立完善的质量体系并使之有效运行，是企业质量管理的核心，也是贯彻质量管理和质量保证标准的关键。施工企业质量管理体系的建立一般可分为三个阶段，即质量管理体系的建立、质量管理体系文件的编制和质量管理体系的运行。

1. 质量管理体系的建立

质量管理体系的建立是企业根据质量管理的要求，在确定市场及顾客需求的前提下，制订企业的质量方针、质量目标、质量手册、工程序文件和质量记录等体系文件，并将质量目标分解落实到相关层次、相关岗位的职能和职责中，形成企业质量管理体系执行系统的一系列工作。

2. 质量体系文件的编制

质量体系文件是质量管理体系的重要组成部分，也是企业进行质量管理和质量保证的基础。编制质量体系文件是建立和保持体系有效运行的重要基础工作。质量体系文件包括质量手册、质量体系程序文件、质量计划和质量记录等。

（1）质量手册。

质量手册是阐明一个企业的质量政策、质量体系和质量实践的文件，是实施和保持质量体系过程中长期遵循的纲领性文件。质量手册的主要内容包括企业的质量方针、质量目标组织机构和质量职责；各项质量活动的基本控制程序或体系要素质量评审、修改和控制管理办法。

（2）质量体系程序文件。

程序文件是质量手册的支持性文件，是企业落实质量管理工作而建立的各项管理标准、规章制度，是企业各职能部门为贯彻落实质量手册要求规定的实施细则。程序文件一般至少应包括文件控制程序、质量记录管理程序、不合格品控制程序、内部审核程序、预防措施控制程序、纠正措施控制程序等。

（3）质量计划。

质量计划是为了确保过程的有效运行和控制，在程序文件的指导下，针对特定的产品、过程、合同或项目，而制订出的专门质量措施和活动顺序的文件。质量计划的内容包括应达到的质量目标，该项目各阶段的责任和权限，应采用的特定程序、方法、作业指导书，有关阶段的实验、检验和审核大纲，随项目的进展而修改和完善质量计划的方法，为达到质量目标必须采取的其他措施。

（4）质量记录。

质量记录是产品质量水平和质量体系中各项质量活动过程及结果的客观反映，是证明各阶段产品质量达到要求和质量体系运行有效的证据。

3. 质量体系的运行

质量体系的运行即在生产及服务的全过程按质量管理文件体系规定的程序、标准、工作要求及岗位职责进行操作运行，在运行过程中监测其有效性，做好质量记录，并实现持续改进。

质量管理体系建立后，可以由公正的第三方认证机构，依据质量管理体系的要求标准，审核企业质量管理体系要求的符合性和实施的有效性，进行独立、客观、科学、公正的评价，得出合格结论，即所谓的“认证”。经过认证的质量管理体系对于保证施工质量，增加企业竞争力提供有力的保障。

3.2 施工质量控制的方法和内容

施工质量控制应贯彻全面、全过程质量管理的思想，运用动态控制原理，进行质量的事前控制、事中控制和事后控制。

3.2.1 施工质量保证体系的运行

在工程项目施工中，完善的质量保证体系是满足用户质量要求的保证。施工质量保证体系通过对那些影响施工质量的要素进行连续评价，对建筑、安装、检验等工作进行检查，并提供证据。质量保证体系是企业内部的一种系统的技术和管理手段，在合同环境中，施工质量保证体系可以向建设单位（业主）证明，施工单位具有足够的管理和技术上的能力，保证全部施工是在严格的质量管理中完成的，从而取得建设单位（业主）的信任。

施工质量保证体系的运行，应以质量计划为主线，以过程管理为重心。应用 PDCA 循环的原理，按照计划、实施、检查和处理的步骤展开。质量保证体系运行状态和结果的信息应及时反馈、以便进行质量保证体系的能力评价。

PDCA 循环包括：计划（Plan）、实施（Do）、检查（Check）、处理（Action）。PDCA 循环划分为四个阶段八个步骤。

1. 第一阶段是计划阶段（即 P 阶段）

制订质量方针、管理目标、活动计划和项目质量管理的具体措施，具体工作步骤可分为四步：

第一步：分析现状，找出存在的质量问题。

第二步：分析产生质量问题的原因和影响因素。

第三步：找出影响质量的主要原因或影响因素。

第四步：制订改进质量的技术组织措施，提出执行措施的计划，并预计其效果。

2. 第二阶段是实施阶段（即 D 阶段）

第五步：实施措施和计划。按照第一阶段制订的措施和计划，组织各方面的力量分头去认真贯彻执行。

3. 第三阶段是检查阶段（即 C 阶段）

第六步：将实施效果与预期目标对比，检查执行的情况，看是否达到了预期效果，并提出哪些做对了，哪些还没达到要求，哪些有效果，哪些还没有效果，再进一步找出问题。

4. 第四阶段是处理阶段（即 A 阶段）

第七步：总结经验、纳入标准。

第八步：把遗留问题，转入到下一轮 PDCA 循环解决，为下一期计划提供数据资料和依据。

3.2.2　施工质量管理的工具

1. 排列图法

（1）收集整理数据。

（2）绘制排列图。

① 画横坐标。

② 画纵坐标。

③ 画频数直方形。

④ 画累计频率曲线。

2. 因果分析图法

利用因果分析图来整理分析质量问题（结果）与其产生原因之间关系的有效工具。因果分析图也称特性要因图，又因其形状常被称为树枝图或鱼刺图。

因果分析图的绘制步骤：

（1）明确质量问题—结果。画出质量特性的主干线，箭头指向右侧的一个矩形框，框内注明研究的问题，即结果。

（2）分析确定影响质量特性大的方面原因。一般从：人、机、料、工艺、环境方面分析。

（3）将大原因进一步分解为中原因、小原因，直至可以采取具体措施加以解决为止。

（4）检查图中所列原因是否齐全，做必要的补充及修改。

（5）选择出影响较大的因素做出标记，以便重点采取措施。

3. 频数分布直方图法

频数分布直方图法，简称直方图法，是将收集到的质量数据进行分组整理，绘制成频数分布直方图，用以描述质量分布状态的一种分析方法，所以又称质量分布图法。

观察直方图的形状，判断质量分布状态：

（1）正常直方图如图 3 - 1（a）所示，生产过程处于正常稳定状态。

（2）非正常直方图：生产过程处于非正常稳定状态。包括：①折齿型，见图 3 - 1（b）；②左（或右）缓坡型，见图 3 - 1（c）；③孤岛型，见图 3 - 1（d）；④双峰型，见图 3 - 1（e）；⑤绝壁型，见图 3 - 1（f）。

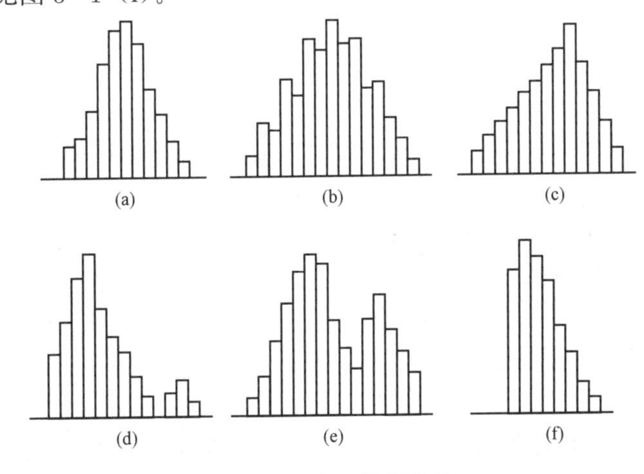

图 3 - 1　直方图的形状

4. 控制图法

控制图又称管理图，是在直角坐标系内画有控制界限，描述生产过程中产品质量波动状态的图形。利用控制图区分质量波动原因，判断生产工序是否处于稳定状态。

（1）控制图的基本形式。

详见图 3-2，横坐标为样本（子样）序号或抽样时间，纵坐标为被控制对象，即被控制的质量特性值。控制图上一般有三条线：①上控制界限（*UCL*）；②下控制界限（*LCL*）；③中心线（*CL*）。

（2）控制图的绘制方法，如图 3-3 所示。

① 选定被控制的质量特性，即明确控制对象。

② 收集数据并分组。

③ 确定中心线和控制界限。

④ 描点分析。

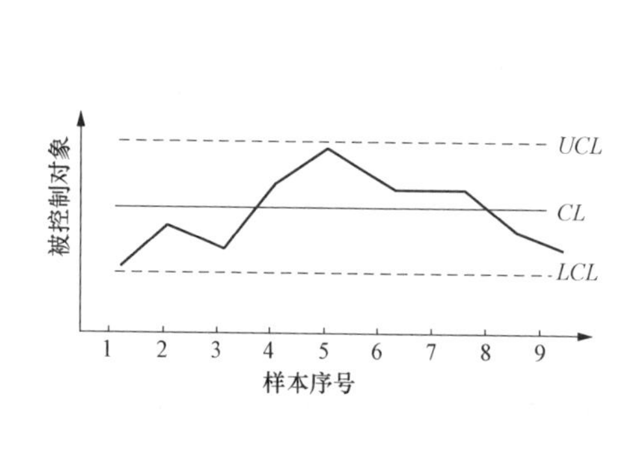

图 3-2 控制图

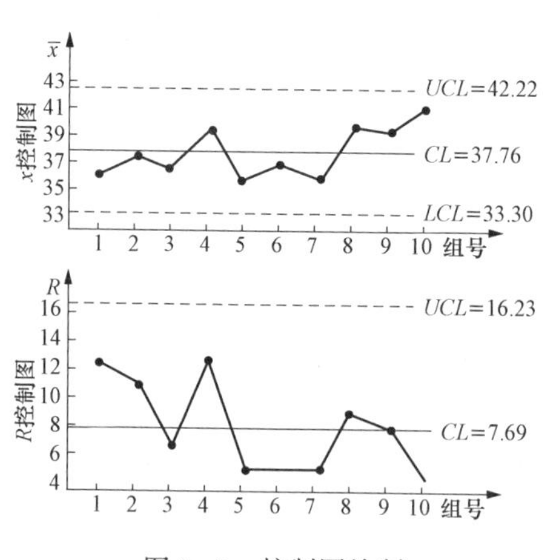

图 3-3 控制图绘制

（3）控制图的观察与分析。

绘制控制图的目的是分析判断生产过程是否处于稳定状态。

当控制图同时满足以下两个条件：一是点子全部落在控制界限之内；二是控制界限内的点子排列没有缺陷。可以认为生产过程基本上处于稳定状态。否则应判断生产过程为异常。

5. 相关图法

用来显示两种质量数据之间关系的一种图形。质量数据之间的关系多属相关关系。有三种类型：

一是质量特性和影响因素之间的关系；

二是质量特性和质量特性之间的关系；

三是影响因素和影响因素之间的关系。

用 Y 和 X 分别表示质量特性值和影响因素。

6. 分层法

分层法是将调查收集的原始数据，按不同的目的和要求，按某一性质进行分组、整理的分析方法。常用的分层方法有：

(1) 按操作班组或操作者分层;
(2) 按使用机械设备型号、功能分层;
(3) 按操作方法分层;
(4) 按原材料供应单位、供应时间或等级分层;
(5) 按时间顺序分层;
(6) 按检查手段、工作环境等分层。

7. 统计调查表法

统计调查表法是利用专门设计的统计调查表。常用的调查表有:
(1) 产品缺陷部位统计调查表;
(2) 不合格项目统计调查表;
(3) 不合格原因调查表;
(4) 施工质量检查评定用调查表等。

3.2.3 施工质量控制的方法

一、质量文件审核

审核有关技术文件、报告或报表,是对工程质量进行全面管理的重要手段。这些文件包括:
(1) 施工单位的技术资质证明文件和质量保证体系文件;
(2) 施工组织设计和施工方案及技术措施;
(3) 有关材料和半成品及构配件的质量检验报告;
(4) 有关应用新技术、新工艺、新材料的现场试验报告和鉴定报告;
(5) 反映工序质量动态的统计资料或控制图表;
(6) 设计变更和图纸修改文件;
(7) 有关工程质量事故的处理方案;
(8) 相关方面在现场签署的有关技术签证和文件等。

二、现场质量检查

1. 现场质量检查的内容

(1) 开工前的检查:主要检查是否具备开工条件,开工后是否能够保持连续正常施工,能否保证工程质量。

(2) 工序交接检查:对于重要的工序或对工程质量有重大影响的工序,应严格执行“三检”制度,即自检、互检、专检。未经监理工程师(或建设单位项目技术负责人)检查认可,不得进行下道工序施工。

(3) 隐蔽工程的检查:施工中凡是隐蔽工程必须检查认证后方可进行隐蔽掩盖。

(4) 停工后复工的检查:因客观因素停工或处理质量事故等停工复工时,经检查认可后方能复工。

(5) 分项、分部工程完工后的检查:分项、分部工程完工后应经检查认可,并签署验收记录后,才能进行下一项工程项目的施工。

(6) 成品保护的检查:检查成品有无保护措施以及保护措施是否有效可靠。

2. 现场质量检查的方法

主要有目测法、实测法和试验法等。

（1）目测法，即凭借感官进行检查，也称观感质量检验。其手段可概括为“看、摸、敲、照”四个字。所谓看，就是根据质量标准要求进行外观检查。例如，灯具安装是否整齐、间距均匀等。摸，就是通过触摸手感进行检查、鉴别。例如油漆的光滑度等。敲，就是运用敲击工具进行音感检查。例如铸铁管道通过敲击就能判断是否有裂缝等。照，就是通过人工光源或反射光照射，检查难以看到或光线较暗的部位。例如，管道井、电梯井等内部的管线、设备安装质量，装饰吊顶内连接及设备安装质量等。

（2）实测法，就是通过实测，将实测数据与施工规范、质量标准的要求及允许偏差值进行对照，以此判断质量是否符合要求。其手段可概括为“靠、量、吊、套”四个字。所谓靠，就是用直尺、塞尺检查诸如路面等的平整度。量，就是指用测量工具和计量仪表等检查断面尺寸、轴线、标高、湿度、温度等的偏差。吊，就是利用托线板以及线锤吊线检查垂直度。例如，水暖管道立管安装的垂直度检查等。套，是以方尺套方，辅以塞尺检查。例如，门窗口及构件的对角线检查等。

（3）试验法，是指通过必要的试验手段对质量进行判断的检查方法。主要包括理化试验、排水管通水试验、压力管道的耐压试验、无损检测（超声波探伤、X 射线探伤、γ 射线探伤等）等。

3.2.4 施工质量控制的内容

按照项目施工程序，制订工程项目质量规划，运用全面质量管理的 PDCA 循环和质量管理七种工具，以及相应的控制手段，对项目施工准备质量、施工过程质量和竣工验收质量进行全过程、全面控制。

一、施工准备质量控制

（一）技术准备的控制

1. 项目划分与编号

一个建设项目从施工准备到竣工验收交付使用，要经过若干工序、工种的配合施工。施工质量的优劣，取决于各个施工工序、工种的管理水平和操作质量。因此，为了便于控制、检查、评定和监督每个工序和工种的工作质量，就要把整个工程逐级划分为单位工程、分部工程、分项工程和检验批，并分级进行编号，据此来进行质量控制和检查验收，这是进行施工质量控制的一项重要基础工作。

建筑工程施工质量验收的项目划分，应按 GB 50300—2013《建筑工程施工质量验收统一标准》的规定进行。

（1）建筑工程施工质量验收应划分为单位工程、分部工程、分项工程和检验批。

（2）单位工程的划分应按下列原则确定：

①具备独立施工条件并能形成独立使用功能的建筑物或构筑物为一个单位工程。

②对于规模较大的单位工程，可将其能形成独立使用功能的部分划分为若干个子单位工程。

（3）分部工程的划分应按下列原则确定：

①可按专业性质、工程部位确定。

②当分部工程较大或较复杂时，可按材料种类、施工特点、施工程序、专业系统及类别等划分为若干子分部工程。

（4）分项工程可按主要工种、材料、施工工艺、设备类别等进行划分。

（5）检验批可根据施工、质量控制和专业验收需要，按工程量、楼层、施工段、变形缝等进行划分。

2. 图纸会审与技术交底

(1) 图纸审查。

图纸会审是一项严肃而认真的技术工作，是施工准备阶段技术管理的主要内容之一。认真做好图纸会审，对于减少施工图中的差错，完善设计，提高工程质量和保证施工顺利进行都有重要意义。

总的程序应该是先分别学习，后集中会审，先施工单位各专业自审，再由设计、施工、监理、建设单位共同会审。

当施工单位接到新工程的施工图纸后，应及时组织各类专业技术人员熟悉图纸，包括该工程项目经理、施工员、质量员、预算员及主要作业班组长，都应仔细阅读，全面熟悉图纸。

在各专业做完本专业图纸自审以后，建设单位、设计单位、监理公司、土建及设备安装等有关施工单位进行图纸综合会审。图纸综合会审会上，首先由设计单位进行设计交底，然后由各专业施工单位将自审中整理归纳出的问题提出来，与设计、建设单位进行协商，专业之间的施工技术配合问题一并在会上予以研究解决。

图纸会审是施工开始前的重要会议，会审会由建设单位负责召集，建设单位、设计单位、土建及安装等有关施工单位派代表参加。会审会上各专业提出的问题及最后商定的处理意见，建设单位应详细记录，并整理正式文件，即图纸会审纪要。有些问题，需要设计做重大修改或会审纪要中用文字说明不太明确时，应由设计单位做出设计变更。整理成文的图纸会审纪要，三方代表签名各加盖单位公章，同施工图纸份数一样下发给有关单位。

(2) 技术交底。

做好技术交底是保证施工质量的重要措施之一。项目开工前应由项目技术负责人向承担施工的负责人或分包人进行书面技术交底，技术交底资料应办理签字手续并归档保存。

每一分部工程开工前均应进行作业技术交底。技术交底书应由施工项目技术人员编制，并经项目技术负责人批准实施。技术交底的内容主要包括任务范围、施工方法、质量标准和验收标准，施工中应注意的问题，可能出现意外的预防措施及应急方案，文明施工和安全防护措施以及成品保护要求等。技术交底应围绕施工材料、机具、工艺、工法、施工环境和具体的管理措施等方面进行，应明确具体的步骤、方法、要求和完成的时间等。技术交底的形式有书面、口头、会议、挂牌、样板、示范操作等。

(二) 施工现场准备的控制

1. 工程测量放线

工程测量放线是建设工程产品由设计转化为实物的第一步。施工测量质量的好坏，直接决定工程的定位和标高是否正确，并且制约施工过程有关工序的质量。因此，施工单位必须对建设单位提供的原始坐标点、基准线和水准点等测量控制点线进行复核，并将复测结果上报监理工程师审核，批准后施工单位才能据此建立施工测量控制网，进行工程定位和标高基准的控制。

2. 施工平面布置的控制

建设单位应按照合同约定并考虑施工单位施工的需要，事先划定并提供施工用地和现场临时设施用地的范围。施工单位要合理科学地规划使用好施工场地，保证施工现场的道路畅通、材料的合理堆放、良好的防洪排水能力、充分的给水和供电设施以及正确的机械设备安装布置，还要制订施工场地质量管理制度并做好施工现场的质量检查记录

3. 材料的质量控制

建筑安装工程采用的主要材料、半成品、成品、建筑构配件等（统称“材料”）均应进行现场验收。凡涉及工程安全及使用功能的有关材料，应按各专业工程质量验收规范规定进行复验，并应经监理工程师（建设单位技术负责人）检查认可。为了保证工程质量，施工单位应从以下几个方面把好原材料质量关。

（1）采购订货关。

施工单位应制订合理的材料采购供应计划，在广泛掌握市场信息的基础上，优选材料的生产单位或者销售总代理单位（简称材料供货商），建立严格的合格供应方资格审查制度，确保采购订货的质量。

材料供货商应对其材料或产品提供出厂合格证或质量明书，以及国家和地方主管部门要求的《生产许可证》、《建材备案证》、3C 认证等。

（2）进场检验关。

施工单位必须按建设主管部门要求，对相关材料进行进场抽样检验或试验，合格后才能使用。

（3）存储和使用关。

施工单位必须加强材料进场后的存储和使用管理，避免材料变质（如水泥的受潮结块、钢管的锈蚀等）和使用规格、性能不符合要求的材料造成工程质量事故。施工单位既要做好对材料的合理调度，避免现场材料的大量积压，又要做好对材料的合理堆放，并正确使用材料，在使用材料时进行及时的检查和监督。

4. 机械设备的质量控制

施工机械设备的质量控制，就是要使施工机械设备的类型、性能、参数等与施工现场的实际条件、施工工艺、技术要求等因素相匹配，满足施工生产的实际要求。其质量控制主要从机械设备的选型、主要性能参数指标的确定和使用操作要求等方面进行。

（1）机械设备的选型：机械设备的选择，应按照技术上先进、生产上适用、经济上合理、使用上安全、操作上方便的原则进行。选配的施工机械应具有工程的适用性，具有保证工程质量的可靠性，具有使用操作的方便性和安全性。

（2）主要性能参数指标的确定：主要性能参数是选择机械设备的依据，其参数指标的确定必须满足施工的需要和保证质量的要求。只有正确确定主要的性能参数，才能保证正常的施工，不致引起安全质量事故。

（3）使用操作要求：合理使用机械设备，正确地进行操作，是保证项目施工质量的重要环节。应贯彻“持证上岗”和“人机固定”原则，实行定机、定人、定岗位职责的使用管理制度，在使用中严格遵守操作规程和机械设备的技术规定，做好机械设备的例行保养，使机械保持良好的技术状态，防止出现安全质量事故，确保工程施工质量。

二、施工过程质量控制

施工质量管理的重点是施工过程质量控制，即以工序质量控制为核心，设置质量预控点，严格质量检查，加强成品保护。

1. 工序质量控制

工序质量包括工序作业条件质量和工序作业效果质量。对其进行质量管理，就是要使每道工序投入的人力、材料、机械、方法和环境得以控制，使每道工序完成的工程产品达到规定的质量标准。

（1）工序质量控制的原理。工序质量控制的原理就是通过工序子样检验，来统计、分析和判断整道工序质量，进而实现工序质量控制，其具体步骤如下：

①采用相应的检测工具和手段，对抽出的工序子样进行实测，并取得质量数据。

②分析检验所得数据，找出其规律。

③根据分析结果，对整道工序质量做出推测性判断，确定该道工序质量水平。

（2）工序质量控制方法。工序质量控制方法有：

①主动控制工序作业条件，变事后检查为事前控制。对影响工序质量的诸多因素，如材料、施工工艺、环境、操作者和施工机具等预先进行分析，找出主要影响因素，严加控制，从而防止工序质量问题出现。

②动态控制工序质量，变事后检查为事中控制。及时检验工序质量，利用数理统计方法分析工序所处状态，并使工序处于稳定状态中；若工序处于异常状态，则应停工。经分析原因，并采取措施，消除异常状态后，方可继续施工。

③建立质量管理卡和设置工序质量控制点。根据工程特点、重要性、复杂程度、精度、质量标准和要求，对质量影响大或危害严重的部位或因素，如人的操作、材料、机械、工序、施工顺序和自然条件，以及影响质量关键环节或技术要求高的结构构件等设置质量控制点，并建立质量管理卡，事先分析可能造成质量隐患的原因，采取对策进行预控。

2. 施工过程质量检查

施工过程质量检查的内容包括：

（1）施工操作质量的巡视检查。若施工操作不符合操作规程，最终将导致产品质量问题。在施工过程中，各级质量负责人必须经常进行巡视检查，对违章操作，不符合规程要求的施工操作，应及时予以纠正。

（2）工序质量交接检查。工序质量交接检查是保证施工质量的重要环节。每一工序完成之后，都必须经过自检和互检合格，办理工序质量交接检查手续后，方可进行下道工序施工。如果上道工序检查不合格，则必须返工。待检查合格后，才允许继续下道工序施工。

（3）隐蔽工程检查验收。施工中坚持隐蔽工程不经检查验收就不准掩盖的原则，认真进行隐蔽工程检查验收。对检查时发现的问题，及时认真处理，并经复核确认达到质量要求后，办理验收手续，方可继续进行施工。

（4）分部（项）工程质量检查。每一分部（项）工程施工完毕，都必须进行分部（项）工程质量检查，并填写质量检查评定表，确定其达到相应质量要求，方可继续施工。

（5）工程施工预检。它是指分部（项）工程施工前所进行的预先检查和复核，未经预检或预检不合格，不得进行施工。

三、工程施工质量验收

1. 基本规定

（1）工程施工质量应符合相关标准和相关专业验收规范的规定。

（2）工程应符合勘查、设计文件的要求。

(3) 参加工程施工质量验收的各方人员应具备规定的资格。

(4) 工程质量的验收均应在施工单位自行检查评定的基础上进行。

(5) 隐蔽工程在隐蔽前应由施工单位通知有关单位进行验收，并应形成验收文件。

(6) 设计结构安全的试块、试件及有关材料，应按规定进行见证取样检测。

(7) 检验批的质量应按主控项目和一般项目验收。

(8) 对涉及结构安全和使用功能的重要分部工程应进行抽样检测。

(9) 承担见证取样检测及有关结构安全检测的单位应具有相应资质。

(10) 工程的观感质量应由验收人员共同到现场检查，并应共同确认。

2. 施工阶段的质量验收程序

工程施工阶段的工作质量控制是工程质量控制的关键环节。施工阶段的质量验收程序详见图3-4。

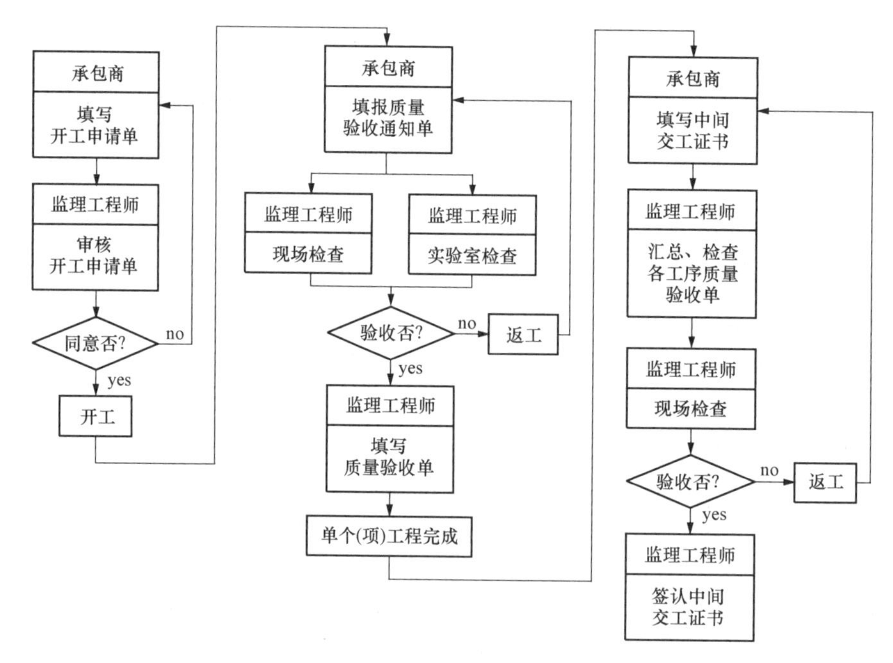

图3-4 施工阶段项目质量控制工作流程

(1) 安装工程质量检查验收。

安装工程一般分为建筑给排水及采暖、建筑电气、智能建筑、通风与空调和电梯等五个分部工程。安装工程一般按一个设计系统或设备组别划分为一个检验批。

(2) 安装工程质量验收标准。

1) 检验批质量合格规定：①主控项目和一般项目的质量经抽样检验合格。②具有完整的施工操作依据和质量检查记录。

2) 分项工程质量验收合格规定：①分项工程所含的检验批均应符合合格质量的规定。②分项工程所含的检验批的质量记录应完整。

3) 分部工程质量验收合格规定：①分部（子分部）工程所含的分项工程均应符合合格质量的规定。②质量控制资料应完整。③设备安装等分部工程有关安全及功能的检验和抽样检测结果应符合有关规定。④观感质量验收应符合要求。

4）单位工程质量验收合格规定：①所含分部工程的质量均应验收合格。②质量控制资料应完整。③所含分部工程有关安全、节能、环境保护和主要使用功能的检验资料应完整。④主要使用功能的抽查结果应符合相关专业质量验收规范的规定。⑤观感质量应符合要求。

（3）安装工程的隐蔽工程检查与验收。

隐蔽工程是指完工后将被下一道施工作业所掩盖的工程。隐蔽工程在隐蔽前应进行严密检查，做好记录，签署验收意见，办理验收手续，不得后补。有问题的，需要复检，并办理复检手续，由复检人做出结论，填写复检日期。

安装工程的隐蔽工程验收项目有：

1）埋设在地下各种管道。

2）电气墙面剔槽配管。

3）敷设在地板下、吊顶内的管线。

4）被装饰工程所能遮挡的安装管线、器具及设备等。

5）附设在基础内、梁内、柱内或埋设在地下的防雷装置。

3. 施工项目竣工验收

施工项目竣工质量验收是施工质量控制的最后一个环节，是对施工过程质量控制成果使用的全面检验，是从终端把关方面进行质量控制。未经验收或验收不合格的工程，不得交付使用。

（1）施工项目竣工质量验收的依据。

施工项目竣工质量验收的依据：主要包括上级主管部门的有关工程竣工验收的文件规定；国家和有关部门颁发的施工、验收规范和质量标准；批准的设计文件、施工图纸及说明书；双方签订的施工合同；设备技术说明书；设计变更通知书；有关的协作配合协议书等。

（2）施工项目竣工质量验收的条件。

施工项目符合下列要求方可进行竣工验收：

1）完成工程设计和合同约定的各项内容。

2）施工单位在工程完工后对工程质量进行了检查，确认工程质量符合有关法律、法规和工程建设强制性标准，符合设计文件及合同要求，并提出工程竣工报告。工程竣工报告应经项目经理和施工单位负责人审核签字。

3）对于委托监理的工程项目，监理单位对工程进行了质量评估，具有完整的监理资料，并提出工程质量评估报告。工程质量评估报告应经总监理工程师和监理单位有关负责人审核签字。

4）勘察、设计单位对勘察、设计文件及施工过程中由设计单位签署的设计变更通知书进行了检查，并提出质量检查报告。质量检查报告应经该项目勘察、设计负责人和勘察、设计单位有关负责人审核签字。

5）有完整的技术档案和施工管理资料。

6）有工程使用的主要建筑材料、建筑构配件和设备的进场试验报告，以及工程质量检测和功能性试验资料。

7）建设单位已按合同约定支付工程款。

8）有施工单位签署的工程质量保修书。

9）对于住宅工程，进行分户验收并验收合格，建设单位按户出具《住宅工程质量分户验收表》。

10）建设主管部门及工程质量监督机构责令整改的问题全部整改完毕。

（3）施工项目竣工质量验收程序。

竣工质量验收应当按以下程序进行：

1）工程完工并对存在的质量问题整改完毕后，施工单位向建设单位提交工程竣工报告，申请工程竣工验收。实行监理的工程，工程竣工报告须经总监理工程师签署意见。

2）建设单位收到工程竣工报告后，对符合竣工验收要求的工程，组织勘察、设计、施工、监理等单位组成验收组，制订验收方案。对于重大工程和技术复杂工程，根据需要可邀请有关专家参加验收组。

3）建设单位应当在工程竣工验收 7 个工作日前将验收的时间、地点及验收组名单书面通知负责监督该工程的工程质量监督机构。

4）建设单位组织工程竣工验收。

（4）竣工验收报告的内容。

工程竣工验收合格后，建设单位应当及时提出工程竣工验收报告。工程竣工验收报告主要包括工程概况，建设单位执行基本建设程序情况，对工程勘察、设计、施工、监理等方面的评价，工程竣工验收时间、程序、内容和组织形式，工程竣工验收意见等内容。

3.3 施工质量事故的预防和处理

3.3.1 工程质量事故的含义和分类

由于建设、勘察、设计、施工、监理等单位违反工程质量有关法律法规和工程建设标准，使工程产生结构安全、重要使用功能等方面的质量缺陷，造成人身伤亡或者重大经济损失的称为质量事故。

由于工程质量事故具有复杂性、严重性、可变性和多发性的特点，所以建设工程质量事故的分类有多种方法，但一般可按以下条件进行分类：

1. 按事故造成损失的程度分级

按照住房和城乡建设部《关于做好房屋建筑和市政基础设施工程质量事故报告和调查处理工作的通知》（建质〔2010〕111 号），根据工程质量事故造成的人员伤亡或者直接经济损失，工程质量事故分为 4 个等级：

（1）特别重大事故，是指造成 30 人以上死亡，或者 100 人以上重伤，或者 1 亿元以上直接经济损失的事故；

（2）重大事故，是指造成 10 人以上 30 人以下死亡，或者 50 人以上 100 人以下重伤，或者 5000 万元以上 1 亿元以下直接经济损失的事故；

（3）较大事故，是指造成 3 人以上 10 人以下死亡，或者 10 人以上 50 人以下重伤，或者 1000 万元以上 5000 万元以下直接经济损失的事故；

（4）一般事故，是指造成 3 人以下死亡，或者 10 人以下重伤，或者 100 万元以上 1000 万元以下直接经济损失的事故。

该等级划分所称的“以上”包括本数，所称的“以下”不包括本数。

上述质量事故等级划分标准与国务院令第493号《生产安全事故报告和调查处理条例》规定的生产安全事故等级划分标准相同。工程质量事故和安全事故往往会互为因果地连带发生。

2. 按事故责任分类

（1）指导责任事故：指由于工程指导或领导失误而造成的质量事故。例如，由于工程负责人不按规范指导施工、强令他人违章作业，或片面追求施工进度，放松或不按质量标准进行控制和检验，降低施工质量标准等而造成的质量事故。

（2）操作责任事故：指在施工过程中，由于操作者不按规程和标准实施操作，而造成的质量事故。例如给水管道安装完成应做水压试验，操作者未按标准试验，导致管道漏水。

（3）自然灾害事故：指由于突发的严重自然灾害等不可抗力造成的质量事故。例如地震、台风、暴雨、雷电及洪水等造成工程破坏至倒塌。这类事故虽然不是人为责任直接造成，但事故造成的损害程度也往往与事前是否采取了预防措施有关，相关责任人也可能负有一定的责任。

3. 按质量事故产生的原因分类

（1）技术原因引发的质量事故：指在工程项目实施中由于设计、施工在技术上的失误而造成的质量事故。例如，对地质情况估计错误，采用了不适宜的施工方法或施工工艺等引发质量事故。

（2）管理原因引发的质量事故：指管理上的不完善或失误引发的质量事故。例如，施工单位或监理单位的质量管理体系不完善，检验制度不严密，质量控制不严格，质量管理措施落实不力，检测仪器设备管理不善而失准，材料检验不严等原因引起的质量事故。

（3）社会、经济原因引发的质量事故：是指由于经济因素及社会上存在的弊端和不正之风导致建设中的错误行为，而发生质量事故。例如，某些施工企业盲目追求利润，中标后则采用随意修改方案或偷工减料等违法手段而导致发生的质量事故。

（4）其他原因引发的质量事故：指由于其他人为事故（如设备事故、安全事故等）或严重的自然灾害等不可抗力的原因，导致连带发生的质量事故。

3.3.2　施工质量事故的预防措施

建立健全施工质量管理体系，加强施工质量控制，都是为了预防施工质量问题和质量事故，在保证工程质量合格的基础上，不断提高工程质量。所以，所有施工质量控制的措施和方法，都是预防施工质量问题和质量事故的手段。具体来说，施工质量事故的预防，可以从分析常见的质量通病入手，深入挖掘和研究可能导致质量事故发生的原因，抓住影响施工质量的各种因素和施工质量形成过程的各个环节，采取针对性的有效预防措施。具体措施包括：

1. 严格依法进行施工组织管理

认真学习、严格遵守国家相关政策法规和建筑施工强制性条文，依法进行施工管理，是从源头上预防施工质量事故的根本措施。

2. 严格按照基本建设程序办事

建设项目立项首先要做好可行性论证，未经深入调查分析和严格论证的项目不能盲目拍板定案；要彻底搞清工程地质水文条件方可开工；杜绝无证设计、无图施工；禁止任意修改设计和不按图纸施工；工程竣工不进行试车运转、不经验收不得交付使用。

3. 严格把好建筑材料及制品的质量关

要从采购订货、进场验收、质量复验、存储和使用等几个环节，严格控制建筑材料及制品的质量，防止不合格或损坏的材料和制品用到工程上。

4. 对施工人员进行必要的技术培训

通过技术培训使施工人员掌握基本的安装技术和建筑安装材料知识，理解并认同遵守施工验收规范对保证工程质量的重要性，从而在施工中自觉遵守操作规程，不蛮干，不违章操作，不偷工减料。

5. 加强施工过程的管理

施工人员首先要熟悉图纸，对工程的难点和关键工序、关键部位应编制专项施工方案并严格执行；施工中必须按照图纸和施工验收规范、操作规程进行；技术组织措施要正确，施工顺序不可搞错，要严格按照制度进行质量检查和验收。

6. 做好应对不利施工条件和各种灾害的预案

要根据当地气象资料的分析和预测，事先针对可能出现的风、雨、高温、严寒、雷电做好应急预案，并有相应的人力、物力储备。

7. 加强施工安全与环境管理

许多施工安全和环境事故都会连带发生质量事故，加强施工安全与环境管理，也是预防施工事故的重要措施。

3.3.3 工程质量事故的处理方法

1. 质量事故的调查处理

(1) 记录事故发生后，施工人员应及时向班组长报告；班组长在当日进行事故分析，并报告分公司（或项目队）。分公司质检员对事故做出记录，每月 25 日前汇总报项目部质量管理部门。

(2) 普通事故发生后，施工班组长应当日向分公司（或项目队）报告；分公司（或项目队）应尽快组织调查分析，并于 5 日内写出质量事故报告送项目部。由项目部向公司质量管理部门报告。

(3) 重大事故发生后，施工班组、分公司（或项目队）应立即向项目部经理、总工程师和质量管理部门报告。项目部同时向公司经理、总工程师和质量管理部门报告。性质严重的事故，公司及其项目部应在 24 小时内报告主管部门、建设单位和监理单位。重大事故发生后，各级领导应采取措施维护补救，防止事故扩大，并及时制订处理缺陷方案。

(4) 事故发生后 10 日内，项目部要完成事故调查分析；分析后 5 日内由事故责任单位写出质量事故报告报项目部质量管理部门；项目部质量管理部门两日内审核完，经项目部经理、总工程师签批后报公司质量管理部门、监理单位、建设单位、工程质量监督站和主管领导部门。

(5) 分包工程发生质量故后，分包单位也要按上述要求进行调查分析，并按时报告总包单位项目部质量管理部门。

(6) 调查分析工作应做到“三不放过”，即事故原因不清不放过，事故责任者和职工没有受到教育不放过，没有总结经验教训和没有采取防范措施不放过。

(7) 对违反规程不听劝阻、不遵守劳动纪律、不负责任而造成质量事故者，对隐瞒事故不报者，均应严肃处理。应按规定给予行政处分、经济处罚，直至依法惩处。

(8) 各级质量管理部门均要建立质量事故台账，并予保存。

(9) 重大质量事故处理方案及实施情况记录由项目部技术和质量管理部门分别保存，以备存档和竣工移交。

2. 施工质量事故处理的基本要求

(1) 质量事故的处理应达到安全可靠、不留隐患、满足生产和使用要求、施工方便、经济合理的目的。

(2) 重视消除造成事故的原因，注意综合治理。

(3) 正确确定处理的范围和正确选择处理的时间和方法。

(4) 加强事故处理的检查验收工作，认真复查事故处理的实际情况。

(5) 确保事故处理期间的安全。

复习思考题

1. 简述影响施工质量的主要因素。
2. 简述施工质量管理和施工质量控制的内涵。
3. 简述施工质量控制的方法。
4. 简述施工质量控制的内容。
5. 简述施工质量事故的预防措施。

任务四　施工进度管理

4.1　流　水　施　工

4.1.1　流水施工的概念

流水作业是组织产品生产的理想方法，被广泛地运用于各个生产领域。实践证明，流水施工也是建筑安装工程施工中最有效的科学组织方法。由于建筑安装施工的技术经济特点以及建筑产品本身的特点，其流水作业的组织方法与一般工业生产有所不同。主要差别在于，一般工业生产是工人和机械设备固定，产品流动，而建筑安装施工是产品固定，工人连同所使用的机械设备流动。

流水施工就是把整个工程的安装过程划分为若干施工过程（项目）或工序，分别由固定的专业工作队组来完成；把工程尽可能划分为劳动量大致相等的若干施工段，有步调地以均衡的流水方式进行施工；各个作业组按照一定的施工顺序，运用同样的生产工具，依次、连续地由一个施工段转移到另一个施工段，反复完成同一类的工作，产品数量基本不变；不同工作班组完成工作的时间尽可能地相互搭接起来。它是施工组织设计中编制施工进度计划、劳动力调配、提高建筑施工组织与管理水平的理论基础。

1. 横道图简介

（1）横道图的形式。

横道图即甘特图（Gantt chart），如图 4 - 1 所示，是建筑安装工程中安排施工进度计划和组织流水施工时常用的一种表达方式。

施工过程	施工进度/天							
	2	4	6	8	10	12	14	16
A	①	②	③					
B		①	②	③				
C			①	②	③			

图 4 - 1　横道图示意图

横道图中的横向表示时间进度，纵向表示施工过程或专业施工队编号，带有编号的圆圈表示施工项目或施工段的编号。表中的横道线条的长度表示计划中的各项工作（施工过程、工序或分部工程、工程项目等）的作业持续时间，表中的横道线条所处的位置则表示各项工作的作业开始和结束时刻以及它们之间相互配合的关系。横道图的实质是图和表的结合形式。

(2) 横道图的优点。

1) 简单明了，一看就懂。能够清楚地表达各项工作的开始时间、结束时间和持续时间，计划内容排列整齐有序，形象直观，计划的工期一目了然，便于检查工作的进度。

2) 便于计算完成计划所需的各种资源（人力、材料、机械、资金等）这只要把各项工作每天所需的资源叠加起来即可。

3) 使用方便，制作简单，易于掌握。

(3) 横道图的缺点。

1) 不能清楚地表示出各项工作之间的相互联系和制约关系。

2) 在项目较多的工作中，讲不清楚哪些是关键工作（即其进度提前或拖后将影响到总工期的哪些工作），哪些不是关键工作。

3) 很难判断计划方案的好坏。

4) 在执行过程中，有些工作提前了，有些工作拖后了，对施工工期究竟有什么影响，影响程度多大，一下子找不出定量的答案。

5) 施工条件变化以后，要修改计划，就需要重新绘图，很费气力。而且，计划往往因不能及时调整而束之高阁，成为一张废纸。

6) 不能利用计算机对复杂工程进行处理和优化。

(4) 横道图的应用范围。

横道图只是编制者表达施工组织计划思想的一种简单工具。由于它具有简单形象、易学易用等优点，所以至今仍是工程实践中应用最普遍的计划表达方式之一。同时，它的缺点又决定了其应用范围的局限性，只宜用在工作项目比较少的简单工程上，对于大而复杂的工程就不适用了。

2. 流水施工的分类

(1) 按照组织对象和范围划分。

1) 分项工程流水（细部流水）。当一个班组使用同一的生产工具，依次连续不断地在各施工段中重复完成同一施工过程的工作，就形成了细部流水。例如厂区下水道施工中的挖槽班组，依次在不同施工段连续完成开槽工作，即是细部流水。

2) 分部工程流水（专业流水）。把若干个在工艺上密切联系的细部流水组合使用，就形成了专业流水。如采暖工程中把干管安装，散热器组对安装，立支管安装等三个细部流水组合，各班组相继在各施工段上重复完成各自的工作，随着前一个班组完成前一个施工过程（工序）以后，接着后一个班组来完成下一个施工过程，依此类推，直到所有工作都经过了各施工段，完成了所有的施工过程为止。

3) 单位工程流水（工程对象流水）。当流水范围扩大，应用到整个单位工程的所有施工过程中，就形成了施工对象流水。即所有班组依此在一个单位工程的各施工段中连续施工的总和。

4) 群体工程流水（工地工程流水）。流水范围扩大应用到建筑物或建筑群的全部工程对象流水的总和。

(2) 按照施工工程的分解程度划分。

1) 彻底分解流水施工。彻底分解流水施工是指将工程对象分解为若干施工过程，每一施工过程对应的专业施工队均由单一工种的工人及机具设备组成。这种组织方式的特点在于各专业施工队任务明确，专业性强，便于熟练施工，能够提高工作效率，保证工程质量。但由于分工较细，对每个专业施工队的协调配合要求较高，给施工管理增加了一定的难度。

2）局部分解流水。施工局部分解流水施工是指划分施工过程时，考虑专业工种的合理搭配或专业施工队的构成，将其中部分的施工过程不彻底分解而交给多工种协调组成的专业施工队来完成施工。局部分解流水施工适用于工作量较小的分部工程。

（3）按照流水施工的节奏特征划分。根据流水施工的节奏特征，流水施工可划分为有节拍流水施工和无节拍流水施工，有节拍流水施工又可分为等节拍流水施工和异节拍流水施工。

3. 流水施工参数

组织流水施工涉及不少空间和时间的关系，反映这些关系的参数，称为流水参数。流水参数是影响流水施工组织的节奏和效果的重要因素，是用以表达流水施工在工艺流程、时间安排及空间布局方面开展状态的参数。在施工组织设计中，一般把流水施工的基本参数分为三类，即工艺参数、空间参数和时间参数。

（1）工艺参数。工艺参数是用以表达流水施工在施工工艺方面的进展状态的参数，一般包括施工过程和流水强度。

1）施工过程（施工项目）数（n）。建筑安装施工是由很多个不同的施工过程（施工项目）组合而成的，为了组织流水施工，必须把一个综合施工过程，划分为若干个个别的施工项目，交给专业班组（工作队）去进行流水，一般情况下，施工过程数量等于班组数，用“n”表示。施工过程所包含的工作内容，既可以是分项工程或者分部工程，也可以是单位工程或者单项工程。施工过程划分的数目多少，粗细程度一般与施工进度计划的性质和作用、施工方法、工程结构、劳动组织与劳动量大小、劳动内容和范围等有关。如何划分施工过程，合理地确定“n”的数值，是组织流水施工的一个重要工作。

根据工艺性质不同，施工过程可以分为三类：

①预制加工类施工过程：是指为提高建设项目施工速度而成形的施工过程，如散热器的组对、配电箱的组装等过程。

②运输类施工过程：是指把建筑安装材料、制品和设备等运到工地仓库或施工操作地点而形成的施工过程。

③砌筑安装类施工过程：是指在施工对象的空间上进行建筑产品最终施工而形成的施工过程，如砌筑工程、装饰工程和水电安装工程等施工过程。

在组织流水施工时，砌筑安装类施工过程占有主要地位，直接影响工期的长短，因此必须列入施工进度计划。属于这一类的施工过程很多，且在施工中的作用、工艺性质和内容复杂程度不同，因此在编制施工进度计划时要结合工程的自身特点，科学地划分施工过程，正确安排其在进度计划上的位置。由于预制加工类施工过程和运输类施工过程一般不占有施工对象的工作面，不影响工期，因此不列入流水施工进度计划表。只有当它们与砌筑安装类施工过程之间发生直接联系，占有工作面，对工期造成一定影响时，才列入流水施工进度计划表。例如散热器的现场组对、配电箱的现场组装等。

施工过程数（n）是流水施工的主要参数之一，对于一个单位工程，n 并不一定等于所有施工过程数，因为并不是所有的施工过程都能够按照流水方式组织施工，可能只有其中的某些阶段可以组织流水施工。施工过程数是指参与流水施工的施工过程的数目。

2）流水强度（V_i）。流水强度是指流水施工的每一施工过程在单位时间内完成工程量的数量。又称为生产能力，用“V_i”表示。它主要与选择的施工机械或参与作业的人数有关，可以分为两种情况来计算。

①机械操作流水强度。

$$V_i = \sum_{i=1}^{x} R_i \times S_i \tag{4-1}$$

式中　R_i——投入施工过程 i 某种主导施工机械的台数；

S_i——投入施工过程 i 该种主导机械的产量定额；

x——该施工过程所用主导施工机械的类型数。

②人工操作流水强度。

$$V_i = R_i \times S_i \tag{4-2}$$

式中　R_i——投入施工过程 i 的专业工作队工人数；

S_i——投入施工过程 i 的专业工作队平均产量定额。

流水强度关系到专业工作队的组织，合理确定流水强度有利于科学地组织流水施工，对工期的优化有重要的作用。

（2）空间参数。空间参数是指在组织流水施工时，用以表达流水施工在空间上开展状态的参数，主要包括：工作面、施工段和施工层。

1）工作面。工作面是指安排专业工人进行操作或者布置机械设备进行施工所需要的活动空间。工作面根据专业工种的计划产量定额和安全施工技术规程确定，反映工人操作、机械运转在空间布置上的具体要求。

在流水施工中，有的施工过程在施工一开始，就在整个操作面上形成了施工工作面，如人工开挖管沟槽；有的工作面是随着前一个施工过程的结束而形成的，如沟槽内下管稳管。工作面有一个最小数值的规定，最小工作面对应能够安排的施工人数和机械数的最大数量，它决定了专业施工队人数的上限。因此，工作面确定的合理与否，将直接影响专业施工队的生产效率。

2）施工段（m）。为了有效地组织流水施工，通常把拟建工程项目在平面上划分成若干个劳动量大致相等的施工段落，这些施工段落称为施工段。施工段的数目以“m”表示，它是流水施工的基本参数之一。划分施工段是组织流水施工的基础。

建筑安装工程产品具有单件性，不像批量生产的工业产品那样适于组织流水生产。但是，建筑安装工程产品的体积庞大，如果在空间上划分为多个区段，形成“假想批量产品”，就能保证不同的专业施工队在不同的施工段上同时进行施工，一个专业施工队能够按一定的顺序从一个施工段转移到另一个施工段依次连续地进行施工，实现流水作业的效果。

在同一时间内，一个施工段只容纳一个专业施工队施工，不同的专业施工队在不同的施工段上平行作业。所以，施工段数量的多少，将直接影响流水施工的效果。合理划分施工段，一般应遵循以下原则：

①同一专业工作队在各个施工段上的劳动量应大致相等，其相差幅度不宜超过10%～15%。

②为充分发挥工人（机械）生产效率，不仅要满足专业工程对工作面的要求，而且要使施工段所能容纳的劳动力人数（机械台数）满足劳动组织优化要求。

③施工段数目多少，要满足合理流水施工组织要求，应使 $m \geqslant n$。

④为保证项目结构完整性，施工段分界线应尽可能与结构自然界线相一致。

⑤对于多层建筑物，既要在平面上划分施工段，又要在竖向上划分施工层。保证专业工作队在施工段和施工层之间，有组织有节奏、均衡和连续地流水施工。

3）施工层（r）。对于多层的建筑物、构筑物，应既分施工段，又分施工层。

施工层是指为组织多层建筑物的竖向流水施工，在垂直方向上将建筑物划分为若干区段，用“r”来表示施工层的数目。通常以建筑物的结构层作为施工层，有时为方便施工，也可以按一定高度划分一个施工层，例如单层工业厂房一般按1.2～1.4m（即一步脚手架的高度）划分为一个施工层。在多层建筑物分层流水施工中，总的施工段数等于$m \times r$。

施工段数的划分要合理，既不能过多，也不能过少，并且还与层间施工和非层间施工有关。

①非层间（楼层或施工层）施工时，由于施工班组不需返回第一施工段顶部施工，不存在在楼层面上施工的工作问题，因此施工段数原则上不受限制。一般情况下，可取施工段数等于施工过程数，即$m=n$。

②层间施工时，为使各施工班组能连续施工，上一层施工必须在下一层对应部位完成后才能开始。当$m=n$时，工作队能连续施工，施工段上始终有工作队施工，即施工段无停歇、等待现象，比较理想；当$m>n$时，工作队仍能连续施工，但施工段上有停歇现象。这时工作面的停歇并不一定有害，有时还是必要的，如可以利用停歇时间做养护、备料、弹线等工作；当$m<n$时，工作队就不能连续施工而出现窝工。因此，对一个建筑物组织流水施工是不适宜的。但是，在有数幢同类型建筑物的建筑群中，可在各建筑物之间组织大流水施工。

在项目实际施工中，若某些施工过程需要考虑技术间歇，则可用公式确定每层的最少施工段数：

$$m_{\min} = n + \frac{\sum Z}{K} \tag{4-3}$$

式中 $m_{\min}$——每层需划分的最少施工段数；

n——施工过程或专业工作队数；

$\sum Z$——某些施工过程要求的间歇时间的总和；

K——流水步距。

为了保证专业工作队不但能够在本层的各个施工段上连续作业，而且在转下一个施工层的施工时，也能够连续作业，每层划分的施工段数目m必须大于或等于施工过程数n。

（3）时间参数。时间参数是指在组织流水施工时，用以表达流水施工在时间上开展状态的参数。主要包括：流水节拍、流水步距、间歇时间和搭接时间。

1）流水节拍（t_j^i）。流水节拍是指某一专业施工队，完成一个施工段的施工过程所必需的持续时间。一般用“t_j^i”来表示某专业施工队在施工段i上完成施工过程j的流水节拍。

流水节拍表明流水施工的速度和节奏。流水节拍小，施工流水速度快、施工节奏快，而单位时间内的资源供应量大。它是流水施工的基本时间参数，是区别流水施工组织方式的主要特征。

确定流水节拍应该考虑的要点包括：专业施工队人数要符合施工过程对劳动组合的最少人数要求和工作面对人数的限制条件；各种机械台班的工作效率或机械台班的产量大小；各种建筑材料、构件制品的供应能力、现场堆放能力等相关限制因素；要满足施工技术的具体要求；数值宜为整数，一般为半个工作班次的整数倍。流水节拍可按下列两种方法确定：

①定额计算法。影响流水节拍的主要因素包括：所采用的施工方法，投入的劳动力、材料、机械以及工作班次的多少。一般流水节拍可由下式确定

$$t_j^i = \frac{Q_j^i}{S_j^i R_j^i N_j^i} = \frac{Q_j^i H_j^i}{R_j^i N_j^i} = \frac{P_j^i}{R_j^i N_j^i} \tag{4-4}$$

式中　t_j^i——某专业施工队在施工段 i 上完成施工过程 j 的流水节拍；

Q_j^i——施工过程 j 在施工段 i 上的工程量；

R_j^i——施工过程 j 的专业施工队人数或机械台数；

N_j^i——施工过程 j 的专业施工队每天工作班次；

S_j^i——施工过程 j 人工或机械的产量定额；

N_j^i——施工过程 j 人工或机械的时间定额；

P_j^i——施工过程 j 在施工段 i 上的劳动量（工日或台班）。

如工期已定，根据工期要求，用倒排进度方法确定的流水节拍，可用上式反算出资源需要量，这时应考虑作业面是否足够。如果工期紧、节拍短，就应考虑增加作业班次，相应的机械设备能力和材料供应情况，也应同时考虑。

②经验估算法。对于采用新结构、新工艺、新方法和新材料等没有定额可循的工程项目，可根据以往的施工经验进行估算。为了提高准确程度，往往先估算出该流水节拍的最长、最短和正常（最可能）三种时间，然后据此求出期望时间，作为某专业工作队在某施工段上的流水节拍。本法也称为三种时间估算法。一般按下式确定：

$$t = \frac{a + 4c + b}{6} \tag{4-5}$$

式中　t——某施工过程在某施工段上的流水节拍；

a——某施工过程在某施工段上的最短估算时间；

b——某施工过程在某施工段上的最长估算时间；

c——某施工过程在某施工段上的正常估算时间。

2）流水步距（K）。流水步距是指两个相邻的专业施工队相继进入同一施工段的最小时间间隔。一般用“K”来表示专业施工队投入第 j 个和第 $j+1$ 个施工过程之间的流水步距。流水步距是流水施工主要的时间参数之一。在施工段不变的情况下，流水步距越大，工期越长。若有 n 个施工过程，则有（$n-1$）个流水步距。每个流水步距的值是由相邻两个施工过程在各施工段上的流水节拍值而确定的。

流水步距的大小取决于相邻两个施工过程（或专业工作队）在各施工段上的流水节拍及流水施工的组织方式。确定流水步距时应遵守以下原则：相邻两个专业工作队按各自的流水速度施工，要始终保持施工工艺的先后顺序；各专业工作队投入施工后尽可能保持连续作业；相邻两个专业工作队在满足连续施工的条件下，能最大限度地实现合理搭接；要保证工程质量，满足安全生产。

确定流水步距的方法很多，而简捷实用的方法主要有图上分析法、分析计算法和潘特考夫斯基法等。限于篇幅，本书仅介绍潘特考夫斯基法。

潘特考夫斯基法也称为“累加数列错位相减取最大差值法”，简称累加数列法。其计算步骤如下：

①根据各专业工作队在各施工段上的流水节拍，求累加数列。

②根据施工顺序，对所求相邻的两累加数列，错位相减。

③根据错位相减的结果，确定相邻专业工作队之间的流水步距，即相减结果中数值最大者。

【例 4 - 1】 某项目由三个施工过程组成，分别由 A、B、C 三个专业班组完成，在平面上划分成四个施工段，每个专业工作队在各施工段上的流水节拍见表 4 - 1，试确定相邻专业工作队之间的流水步距。

表 4 - 1 各施工段上的流水节拍

施工段 / 流水节拍（天） / 专业班组	①	②	③	④
A	4	2	3	2
B	3	4	3	4
C	3	2	2	3

【解】 ①求各专业工作队的累加数列。

A：4，6，9，11

B：3，7，10，14

C：3，5，7，10

②错位相减。

A 与 B：

$$\begin{array}{rrrrrr} & 4, & 6, & 9, & 11 & \\ - & & 3, & 7, & 10, & 14 \\ \hline & 4, & 3, & 2, & 1, & -14 \end{array}$$

B 与 C：

$$\begin{array}{rrrrrr} & 3, & 7, & 10, & 14 & \\ - & & 3, & 5, & 7, & 10 \\ \hline & 3, & 4, & 5, & 7, & -10 \end{array}$$

③求流水步距。

因流水步距等于错位相减所得结果中数值最大者，故有

$$K_{A.B} = \max\{4,3,2,1,-14\} = 4(\text{天})$$

$$K_{B.C} = \max\{3,4,5,7,-10\} = 7(\text{天})$$

3）间歇时间（t_g、t_z）。间歇时间是指在组织流水施工时，由于施工过程之间工艺上或组织上的需要，相邻两个施工过程在时间上不能衔接施工而必须留出的时间间隔。根据原因的不同，又分为技术间歇时间和组织间歇时间。

技术间歇时间是指流水施工中，某些施工过程完成后要有合理的工艺间隔时间，一般用

“t_g”表示。技术间歇时间与材料的性质和施工方法有关。例如，焊接钢管刷完防锈漆后要等到干燥后再刷银粉漆。

组织间歇时间是指流水施工中，某些施工过程完成后要有必要的检查验收时间或为下一个施工过程做准备的时间，一般用“t_z”表示。例如，某些隐蔽工程完成后，在隐蔽前必须留出进行检查验收及做好隐蔽工程记录所需的时间。

4）搭接时间（t_d）。组织流水施工时，在某些情况下，如果工作面允许，为了缩短工期，前一个专业施工队在完成部分作业后，空出一定的工作面，使得后一个专业施工队能够提前进入这一施工段，在空出的工作面上进行作业，形成两个专业施工队在同一个施工段的不同空间上同时施工。后一个专业施工队提前进入前一个施工段的时间间隔即为搭接时间，一般用“t_d”表示。

4.1.2　流水施工的组织方式

安装工程流水施工的节奏是由流水节拍决定的，流水节拍的规律不同，流水施工的流水步距、施工工期的计算方法也有所不同，各个施工过程对应的需成立的专业施工队数目也可能受到影响，从而形成不同节奏特征的流水施工组织方式。根据各施工过程时间参数的不同，可将流水施工分为等节拍流水、成倍节拍流水和无节奏流水施工三大类。

1. 等节拍流水施工

等节拍流水是指参与流水施工的各施工过程在各施工段上的流水节拍都相等，而且各施工过程之间的流水节拍也彼此相等的流水施工方式。也称为固定节拍流水或全等节拍流水或同步距流水。

（1）等节拍流水施工的特点。

1）流水节拍彼此相等。

2）流水步距彼此相等，且等于流水节拍。

3）专业工作队数等于施工过程数，即每一个施工过程组织一个专业工作队，由该队完成相应施工过程在所有施工段上的施工任务。

4）各个专业工作队都能够连续施工，施工段没有空闲。

（2）等节拍流水施工的组织步骤。

1）确定施工流水线，分解施工过程，确定施工顺序。施工流水线，是指为了生产出某种建筑安装产品，不同工种的施工队组按照施工过程的先后顺序，沿着建筑安装产品的一定方向相继对其进行加工而形成的一条工作路线。

2）划分施工段。划分施工段时，若无层间关系或无施工层时，可按划分施工段的原则确定施工段数；有层间关系或有施工层时，施工段数目 m 分下面两种情况确定：

①无搭接时间、技术及组织间歇时间时，取 $m=n$。

②有技术间歇时间时，为了保证各专业工作队能连续施工，应取 $m>n$。此时，每层施工段空闲数为 $m-n$，每一空闲施工段的时间为 t，则每层的空闲时间为：

$$(m-n)t=(m-n)K$$

若一个楼层内各施工过程间的技术间歇之和为 $\sum Z_1$，楼层间技术间歇时间为 Z_2。如果每层的 $\sum Z_1$、Z_2 不完全相等，应取各层中最大的 $\sum Z_1$ 和 Z_2。令：

$$(m-n)K=\max\sum Z_1+\max Z_2$$

所以，每层的施工段数 m 可按下式确定：

$$m = n + \frac{\max\sum Z_1}{K} + \frac{\max Z_2}{K} \tag{4-6}$$

3）按式（4-4）或式（4-5）计算流水节拍数值。

4）确定流水步距，$K=t$。

5）计算流水施工的工期：

①不分施工层时，可按下式进行计算：

$$T = (m+n-1)K + \sum Z_{j,j+1} - \sum C_{j,j+1} \tag{4-7}$$

式中 T——流水施工总工期；

m——施工段数；

n——施工过程数；

K——流水步距；

j——施工过程编号，$1 \leqslant j \leqslant n$；

$Z_{j,j+1}$——j 与 $j+1$ 两施工过程间的技术间歇时间；

$C_{j,j+1}$——j 与 $j+1$ 两施工过程间的平行搭接时间。

②分施工层时，可按下式进行计算：

$$T = (mr+n-1)K + \sum Z^1_{j,j+1} - \sum C^1_{j,j+1} \tag{4-8}$$

式中 r——施工层数；

$\sum Z^1_{j,j+1}$、$\sum C^1_{j,j+1}$——第一个施工层中各施工过程之间的技术间歇时间和搭接时间；

其他符号含义同前。

在式（4-8）中，没有第二层及第二层以上的 $\sum Z_1$、Z_2，是因为它们均已包含在式中的 mrK 项内。

6）绘制等节拍流水施工进度计划图。

【例 4-2】 某项目由Ⅰ、Ⅱ、Ⅲ、Ⅳ四个施工过程组成，划分两个施工层组织流水施工，施工过程Ⅱ完成后，需养护一天下一个施工过程才能施工，且层间技术间歇为一天，流水节拍均为一天。为了保证工作队连续作业，试确定施工段数，计算工期，绘制流水施工进度表。

【解】 ①确定流水步距。

$$t_i = t = 1\text{天}，K = t = 1\text{天}$$

②确定施工段数。

因项目施工时分两个施工层，其施工段数可按式（4-6）确定。

$$m = n + \frac{\sum Z_1}{K} + \frac{Z_2}{K} = 4 + \frac{1}{1} + \frac{1}{1} = 6(\text{段})$$

③计算工期。

由式（4-8）得

$$T = (mr+n-1)K + \sum Z^1_{j,j+1} - \sum C^1_{j,j+1} = (6\times 2+4-1)\times 1+1-0 = 16(\text{天})$$

④绘制等节拍流水施工进度计划图。

施工进度计划图如图 4 - 2 所示。

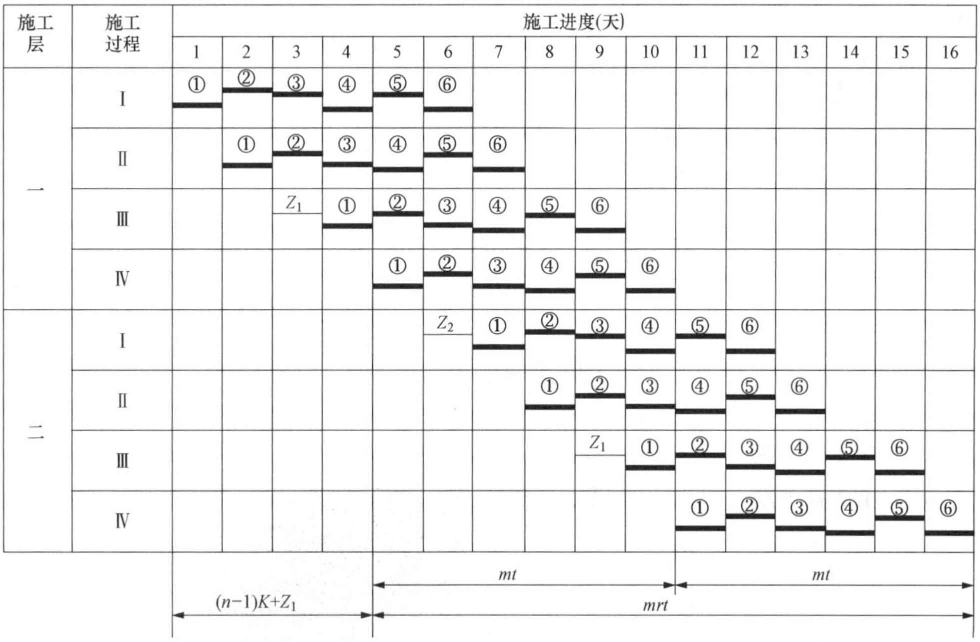

施工层	施工过程	施工进度(天)															
		1	2	3	4	5	6	7	8	9	10	11	12	13	14	15	16
一	Ⅰ	①	②	③	④	⑤	⑥										
	Ⅱ		①	②	③	④	⑤	⑥									
	Ⅲ			Z_1	①	②	③	④	⑤	⑥							
	Ⅳ					①	②	③	④	⑤	⑥						
二	Ⅰ						Z_2	①	②	③	④	⑤	⑥				
	Ⅱ								①	②	③	④	⑤	⑥			
	Ⅲ									Z_1	①	②	③	④	⑤	⑥	
	Ⅳ											①	②	③	④	⑤	⑥

mt　　mt

$(n-1)K+Z_1$　　mrt

图 4 - 2　等节拍流水施工进度计划图

2. 成倍节拍流水施工

在通常情况下，组织等节拍的流水施工是比较困难的。因为在任一施工段上，不同的施工过程，其复杂程度不同，影响流水节拍的因素也各不相同，很难使得各个施工过程的流水节拍都彼此相等。但是，如果施工段划分得合适，保持同一施工过程各施工段的流水节拍相等是不难实现的。使某些施工过程的流水节拍成为其他施工过程流水节拍的倍数，即形成成倍节拍流水施工。

(1) 成倍节拍流水施工的特点。

1) 同一施工过程在各施工段上的流水节拍彼此相等，不同的施工过程在同一施工段上的流水节拍不尽相同，但其值为倍数关系。

2) 相邻专业工作队的流水步距相等，且等于流水节拍的最大公约数。

3) 专业工作队数大于施工过程数。

4) 各专业工作队都能够保证连续施工，施工段之间没有空闲时间。

(2) 成倍节拍流水施工的组织步骤。

1) 确定施工流水线，分解施工过程，确定施工顺序。

2) 划分施工段。

①不分施工层时，可按划分施工段的原则确定施工段数。

②分施工层时，每层的段数可按下式确定：

$$m = n_1 + \frac{\max\sum Z_1}{K_b} + \frac{\max Z_2}{K_b} \tag{4-9}$$

式中　n_1——专业班组总数；

K_b——成倍节拍流水的流水步距；

其他符号含义同前。

3）确定流水节拍。

4）按下式确定流水步距：

$$K_b = \text{最大公约数}\{t_1, t_2, \cdots, t_n\} \tag{4-10}$$

5）按下面两式确定专业班组数：

$$b_j = \frac{t_j}{K_b} \tag{4-11}$$

$$n_1 = \sum_{j=1}^{n} b_j \tag{4-12}$$

式中 t_j——施工过程 j 在各施工段上的流水节拍；

b_j——施工过程 j 所要组织的专业班组数；

j——施工过程编号，$1 \leqslant j \leqslant n$。

6）确定计划总工期。可按下式进行计算：

$$T = (rn_1 - 1)K_b + m^{\text{zh}}t^{\text{zh}} + \sum Z_{j,j+1} - \sum C_{j,j+1} \tag{4-13}$$

或

$$T = (mr + n_1 - 1)K_b + \sum Z_{j,j+1} - \sum C_{j,j+1} \tag{4-14}$$

式中 r——施工层数，不分层时，$r=1$；分层时，r=实际施工层数。

m^{zh}——最后一个施工过程的最后一个专业班组所要通过的施工段数。

t^{zh}——最后一个施工过程的流水节拍。

其他符号含义同前。

7）绘制成倍节拍流水施工进度计划图。

在成倍节拍流水施工进度计划图中，除表明施工过程的编号或名称外，还应表明专业班组的编号。在表明各施工段的编号时，一定要注意有多个专业班组的施工过程。各专业工作队连续作业的施工段编号不应该是连续的，否则无法组织合理的流水施工。

【例 4-3】 某两层安装工程，施工过程分为Ⅰ、Ⅱ和Ⅲ。已知每段每层各施工过程的流水节拍分别为：$t_{\text{Ⅰ}}=2$ 天，$t_{\text{Ⅱ}}=2$ 天，$t_{\text{Ⅲ}}=1$ 天。当Ⅰ班组转移到第二结构层的第一段施工时，需待第一层第一段的Ⅲ养护一天后才能进行。在保证各工作队连续施工的条件下，求该工程每层最少的施工段数，并绘出流水施工进度表。

【解】 按要求，本工程宜采用成倍节拍流水施工。

①确定流水步距。

由式（4-10）得：

$$K_b = \text{最大公约数}\{2,2,1\} = 1(\text{天})$$

②确定专业工作队数。

由式（4-11）得

$$b_{\text{Ⅰ}} = \frac{t_j}{K_b} = \frac{2}{1} = 2(\text{个})$$

同理：$b_{\text{Ⅱ}}=2$ 个，$b_{\text{Ⅲ}}=1$ 个。代入式（4-12）得

$$n_1 = \sum_{j=1}^{n} b_j = 2+2+1 = 5(\text{个})$$

③确定每层的施工段数。

为保证专业工作队连续施工，其施工段数可按式（4 - 9）确定：

$$m = n_1 + \frac{\max \sum Z_1}{K_b} = 5 + \frac{1}{1} = 6(\text{段})$$

④计算工期。

由式（4—13）得

$$T = (m_1 - 1)K_b + m^{zh}t^{zh} + \sum Z_{j,j+1} - \sum C_{j,j+1} = (2 \times 5 - 1) + 6 \times 1 + 1 = 16(\text{天})$$

⑤绘制成倍节拍流水施工进度计划图。

施工进度计划图如图 4 - 3 所示。

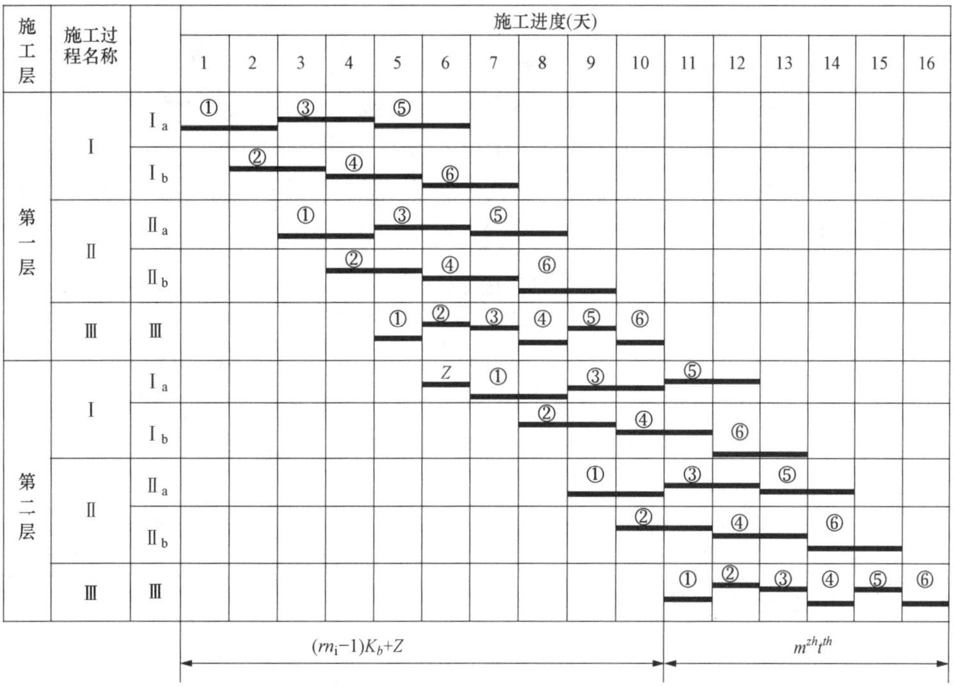

施工层	施工过程名称		施工进度(天)															
			1	2	3	4	5	6	7	8	9	10	11	12	13	14	15	16
第一层	Ⅰ	Ⅰa	①		③		⑤											
		Ⅰb		②		④		⑥										
	Ⅱ	Ⅱa			①		③		⑤									
		Ⅱb				②		④		⑥								
	Ⅲ	Ⅲ					①	②	③	④	⑤	⑥						
第二层	Ⅰ	Ⅰa						Z	①		③		⑤					
		Ⅰb								②		④		⑥				
	Ⅱ	Ⅱa									①		③		⑤			
		Ⅱb										②		④		⑥		
	Ⅲ	Ⅲ											①	②	③	④	⑤	⑥
			$(m_1-1)K_b+Z$										$m^{zh}t^{th}$					

图 4 - 3　成倍节拍流水施工进度计划图

3. 无节奏流水施工

在组织流水施工时，经常由于工程结构形式、施工条件不同等原因，使得各施工过程在各施工段上的工程量有较大差异，或因专业工作队的生产效率相差较大，导致各施工过程的流水节拍随施工段的不同而不同，且不同施工过程之间的流水节拍又有很大差异。这时，流水节拍虽无任何规律，但仍可利用流水施工原理组织流水施工，使各专业工作队在满足连续施工的条件下，实现最大搭接。这种无节奏流水施工方式是建设工程流水施工的普遍方式。

（1）无节奏流水施工的特点。

1）各施工过程在各个施工段上的流水节拍不尽相等。

2）相邻专业工作队的流水步距不尽相等。

3）专业工作队数等于施工过程数。

4）各工作队在施工段上能够连续施工，但有的施工段可能存在空闲时间。

（2）无节奏流水施工的组织步骤。

1）确定施工流水线，分解施工过程，确定施工顺序。

2）划分施工段。

3）按相应的公式计算各施工过程在各个施工段上的流水节拍。

4）按一定的方法确定相邻两个专业工作队之间的流水步距。

5）按下式计算流水施工的计划工期：

$$T = \sum_{j=1}^{n=1} K_{j,j+1} + \sum_{i=1}^{m} t_i^{zh} + \sum Z - \sum C \tag{4-15}$$

式中的符号含义同前。

6）绘制无节奏流水施工进度计划图。

【例 4-4】 某项目经理部拟承建一项工程，该工程有Ⅰ、Ⅱ、Ⅲ、Ⅳ、Ⅴ五个施工过程。施工时在平面上划分成四个施工段，每个施工过程在各个施工段上的工程量、定额与队组人数见表 4-2。规定施工过程Ⅱ完成后，其相应施工段至少要养护 2 天，施工过程Ⅳ完成后，其相应施工段要留有 1 天的准备时间。为了早日完工，允许施工过程Ⅰ与Ⅱ之间搭接施工 1 天，试编制流水施工方案。

表 4-2 **某工程资料表**

施工过程	劳动定额	各施工段的工作量					专业队人数
		单位	第 1 段	第 2 段	第 3 段	第 4 段	
Ⅰ	$8m^2$/工日	m^2	238	160	164	315	10
Ⅱ	$1.5m^3$/工日	m^3	23	68	118	66	15
Ⅲ	0.4t/工日	t	6.5	3.3	9.5	16.1	8
Ⅳ	$1.3m^3$/工日	m^3	51	27	40	38	10
Ⅴ	$5m^3$/工日	m^3	148	203	97	53	10

【解】 ①根据上述资料计算流水节拍。利用式（4-4），可知：

$$t_{\mathrm{II}} = \frac{Q}{SRN} = \frac{238}{8\times10\times1} = 3(\text{天})$$

同理，可求出其余的流水节拍。

②求流水节拍的累加数列。

Ⅰ：3， 5， 7， 11；Ⅱ：1， 4， 9， 12；Ⅲ：2， 3， 6， 11；Ⅳ：4， 6， 9， 12；Ⅴ：3， 7， 9， 10

③确定流水步距。

$$\begin{array}{r} 3,\ 5,\ 7,\ 11 \\ -\qquad 1,\ 4,\ 9,\ 12 \\ \hline 3,\ 4,\ 3,\ 2,\ -12 \end{array}$$

$$K_{\text{I},\text{II}} = \max\{3,4,3,2,-12\} = 4(\text{天})$$

同理可得：$K_{\text{II},\text{III}}=6$ 天，$K_{\text{III},\text{IV}}=2$ 天；$K_{\text{IV},\text{V}}=4$ 天。

④确定计划总工期。

由已知条件可知，$Z_{\text{II},\text{III}}=2$ 天，$Z_{\text{IV},\text{V}}=1$ 天，$C_{\text{I},\text{II}}=1$ 天。代入式（4-15）得：

$$T = \sum_{j=1}^{n=1} K_{j,j+1} + \sum_{i=1}^{m} t_i^{zh} + \sum Z - \sum C$$

$$= (4+6+2+4)+(3+4+2+1)+2+1-1 = 28(\text{天})$$

⑤绘制无节奏流水施工进度计划图。

施工进度计划图如图 4-4 所示。

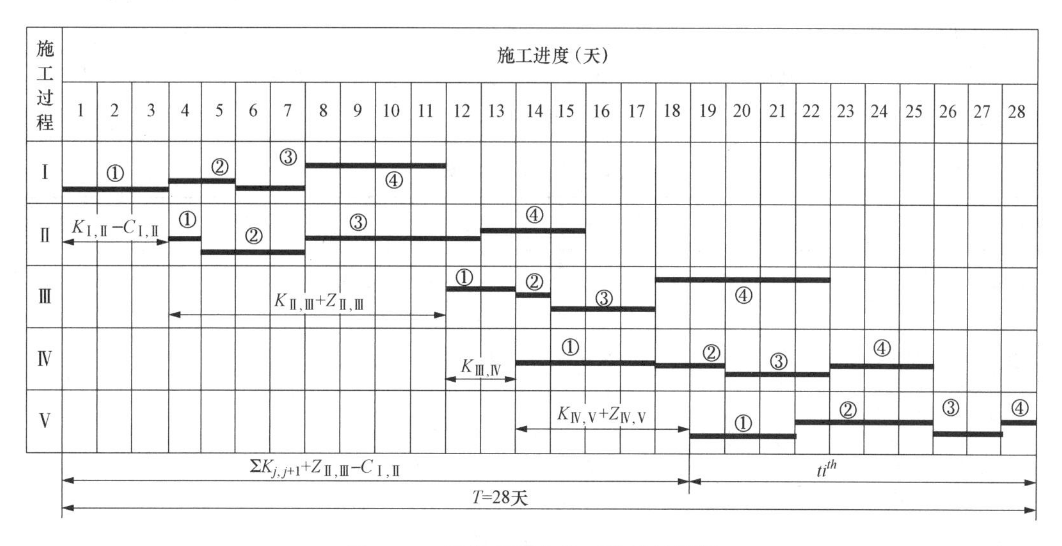

图 4-4　无节奏流水施工进度计划图

4.1.3　流水施工法编制实例

本实例如图 4-5 所示，是某地区排水工程系统中的新建路管道工程，由××市政公司第×施工队用流水施工法组织施工。其主要依据是该工程的设计图纸（包括工程设计图和各有关通用图纸）和施工预算中的人工用量分析及其他有关资料，其组织施工方法如下：

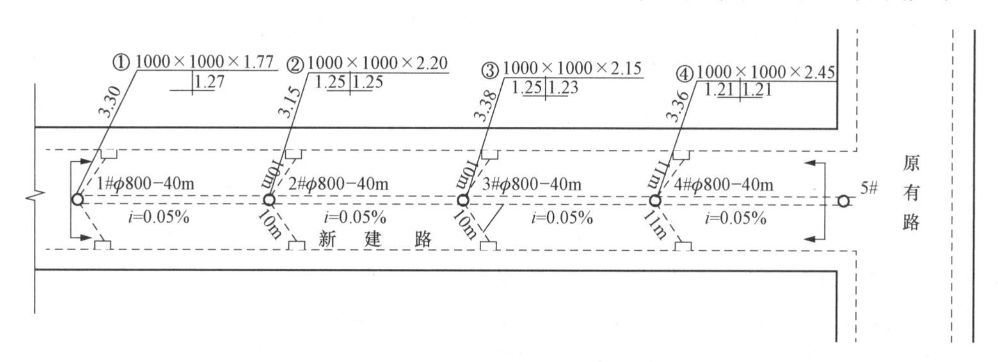

图 4-5　新建路管道工程设计图

1. 确定流水线

为了组织流水施工，首先必须确定流水线及其各项目之间的关系，所谓施工流水线，是指为组织施工时，不同工种的班组按照工序的先后顺序，沿着管道一定方向进行施工而形成的一条工作路线，如本工程虽然比较简单，只有一条管道 160m 长的流水线，主要决定其流水方向，是从检查井 1♯→4♯或是 4♯→1♯方向进行。但是其中各工序之间的关系，却是比较复杂的，例如在施工图预算中是一个项目，但在施工中，由于施工先后顺序与操作方法等不同，必须分成几个项目，因此在组织流水施工时，要妥善安排其先后的顺序关系，不能混在一起，如挖土分抓斗挖土（管道）和人工挖土（连管），挡土板分支撑与拆除，混凝土基础分基座和管座及混凝土拌和三项，砌砖墙，砂浆抹面等均分检查井和进水井两项，回填土分管道与连管等等。因此在组织流水法施工时，为了协作配合，必须把一个专业班组分在几个流水施工组中协同工作，或者在可能的条件下，一个专业班组，在同一条流水线中，担任几个专业的施工任务。

本工程的流水线，根据施工预算中的人工用量分析表，主要由以下各施工项目组成，见表 4-3。

表 4-3 施工项目及工日数

施工项目	工日数	施工项目	工日数
1. 抓斗挖土	174.9	10. ϕ300 混凝土管铺设	4.8
2. 人工挖土方	18.9	11. 砖砌检查井	33.7
3. 横板支撑（安装）	73.0	12. 砖砌进水井	6.3
4. 横板支撑（拆除）	49.8	13. 检查井砂浆抹面	21.2
5. 碎石垫层	22.2	14. 进水井砂浆抹面	4.2
6. 浇捣混凝土基座	31.2	15. 检查井盖座安装	1.3
7. 浇捣混凝土管座	49.2	16. 沟槽回填土（沟管）	124.2
8. 混凝土搅拌	44.4	17. 沟槽回填土（连管）	15
9. ϕ800 混凝土管铺设	39.5	以上共计	713.8

2. 划分施工段（m）

流水线确定以后，就要划分施工段。对不同的流水线，可以采取不同的分段办法，但对一条流水线内的各个项目，只能采用统一的分段，否则就无法组成一条流水线。在一条流水线内的各个项目，如在统一分段时，不可能使各个项目工程量大致相等时，则应照顾主导的和劳动力较多的项目，首先使这些项目每段工程量能大致相等。本工程分段简单，以检查井划分为四段，其工程量每段也大致相等。

3. 组织施工过程（n）

施工过程是根据施工项目（见表 4-3），在流水线上先后施工的次序来组织施工，如本工程开始施工的是挖土及支撑，最后结束的是回填土及拆撑，所以必须把挖土及支撑，回填土及拆撑分别组成两个混合施工过程，浇捣混凝土必须要等基座完成以后，再进行管道铺设，然后才能浇捣混凝土管座（即窝膀）。因此，必须把混凝土拌和，浇捣混凝土基座和碎石垫层等组合成一个施工过程，管道铺设和浇捣混凝土管座组成另一个施工过程，此外还有检查井，进水井的砌砖墙，砂浆抹面，盖座安装及连管埋设等零星工作，可合并为一个施工过程。这样本工程共有五个施工过程，主要内容及工日数，见表 4-4。

表 4-4 **施工过程人工数**

项次	施工过程	施工项目及工日数	共计工日数	每段工日数
1	挖土及支撑	(1) 抓斗机挖土 174.9 (2) 横扳支撑 73.0	247.9	62
2	碎石垫层及混凝土基座	(1) 碎石垫层 22.2 (2) 浇捣混凝土基座 31.2 (3) 混凝土拌和 44.4 (4) 连管人工挖土 18.9	116.7	29
3	混凝土管座及管道铺设	(1) 浇捣混凝土管座 49.2 (2) ϕ800 混凝土管铺设 39.5 (3) ϕ300 混凝土管铺设 4.8 (4) 连管回填土 15.0	108.5	27
4	砌砖墙及砂浆抹面	(1) 砖砌检查井 33.7 (2) 砖砌进水井 6.3 (3) 检查井砂浆抹面 21.2 (4) 进水井砂浆抹面 4.2 (5) 检查井盖座安装 1.3	66.7	17
5	回填土及拆撑	(1) 沟横回填土 12.4 (2) 横板拆撑 49.8	173.8	43
共计			713.6	178

4. 确定流水节拍（t_i）

施工过程确定之后，就可以确定该施工过程在每一段上的作业时间（即流水节拍 t_i）。流水节拍取决于每段工日数和班组的人数，其计算公式是：

流水节拍（t_i）＝每段工日数/班组人数

或每段工日数＝流水节拍（t_i）×班组人数

根据表 4-4 本工程施工过程共分 5 项，即 $n=5$，每项的工日数表中也已确定，因此确定流水节拍（t_i），主要是从两个方面考虑班组人数（即劳动组织）。一是班组人数不能太多，一定要保证每一个工人所占有为充分发挥其劳动率所必要的最小工作面，所以流水节拍，不能定得太短。二是班组人数不能太少，如果少到破坏合理劳动组织的程度，就会大大降低劳动效率，甚至根本无法工作。所以流水节拍，也不能太长，因此必须从两个方面来考虑比较合适的流水节拍。从本工程情况来看，流水节拍，可以定为 4 天，则每个施工过程（或施工班组）的人数是：

（1）挖土及支撑：62/4→16 人

（2）碎石垫层及混凝土基座：29/4→7 人

（3）混凝土管座及管道铺设：27/4→7 人

（4）砌砖墙及砂浆抹面：17/4→5 人

（5）回填土及拆撑：43/4→11 人

5. 确定流水步距（K）

流水步距的大小，对工期起着很大的影响，在施工段不变的条件下，流水步距大，工期长，流水步距小，工期短，因此适当地选择流水步距应该是与流水节拍保持一定的关系，当固定节拍时，流水步距即等于流水节拍，但当成倍节拍流水时，流水步距应为各流水节拍 t_i 的最大公约数。确定流水步距时，还应考虑各施工过程之间，是否要有必需的技术性间隔，如有的话，应予考虑。

本工程可以确定为固定节拍进行流水施工，因此流水步距＝流水节拍＝4d。

6. 计算流水施工总工期

施工段数 $m=4$，施工过程 $n=5$，流水节拍 $t_i=4$，流水步距 $K=4$。

因此，施工总工期 $T=(n-1)K+mt=(5-1)\times4+4\times4=16+16=32(\text{d})$

用流水施工法组织施工如图 4-6 所示。

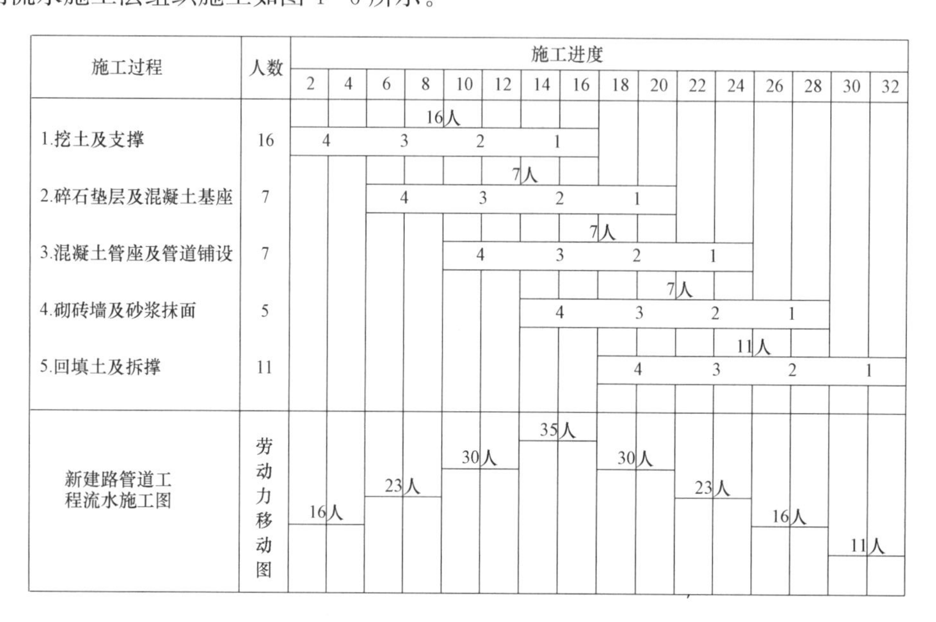

图 4-6 新建路管道工程流水施工图

4.2 网络计划技术

网络计划技术，是利用网络计划进行生产管理的一种方法，它是通过网络的形式，反映和表达计划安排，选择最优方案，组织、协调和控制生产（施工）的进度和费用（成本）使其达到预定目标的科学管理方法。这种方法应用的范围很广，特别适用于一次性生产的工程项目，因此在建筑安装工程施工中有很高的使用价值。在按工期组织施工中，应用网络计划技术，是提高施工管理水平的有效途径。

4.2.1 网络计划的基本知识

1. 网络计划技术的发展

网络计划技术是一种科学的计划管理方法，它是随着现代科学技术和工业生产的发展而产生的。20 世纪 50 年代，为了适应科学研究和新的生产组织管理的需要，国外陆续出现了一些计划管理的新方法。1956 年，美国杜邦公司研究创立了网络计划技术的关键线路方法（缩写为 CPM)，并应用于一个化学工程上，取得了良好的经济效果。1958 年美国海军武器部在研制“北极星”导弹计划时，应用了计划评审方法（缩写为PERT）进行项目的计划安排、评价、审查和控制，获得了巨大成功。20世纪60年代初期，网络计划技术在美国得到了推广，一切新建工程全面采用这种计划管理新方法，并开始将该方法引入日本和西欧其他国家。随着现代科学技术的迅猛发展、管理水平的不断提高，网络计划技术也在不断发展和完善。

我国对网络计划技术的研究与应用起步较早，1965年，著名数学家华罗庚教授首先在我国的生产管理中推广和应用这些新的计划管理方法，并根据网络计划统筹兼顾、全面规划的特点，将其称为统筹法。1992年，国家技术监督局和建设部先后颁布了中华人民共和国国家标准《网络计划技术》，和行业标准《工程网络计划技术规程》，使工程网络计划技术在计划的编制与控制管理的实际应用中有了一个可遵循的、统一的技术标准，保证了计划的科学性，对提高工程项目的管理水平发挥了重大作用。目前，这个国家标准和一个行业标准的最新版本为《网络计划技术　第1部分：常用术语》（GB/T 13400.1—2012）、《网络计划技术第2部分：网络图画法的一般规定》（GB/T 13400.2—2009）、《网络计划技术　第3部分：在项目管理中应用的一般程序》（GB/T 13400.3—2009）和《工程网络计划技术规程》（JGJ/T 121—2015）。目前，网络计划技术已成为我国工程建设领域中正在推行的项目法施工、工程建设监理、工程项目管理和工程造价管理等方面必不可少的现代化管理方法。

2. 网络计划技术的特点

网络计划技术的基本模型是网络图。网络图是用箭线和节点组成的，用来表示工作流程的有向、有序的网状图形。所谓网络计划，是用网络图表达任务构成、工作顺序，并加注时间参数的进度计划。

网络计划技术的基本原理，首先是把所要做的工作，哪项工作先做，哪些工作后做，各占用多少时间，以及各项工作之间的相互关系等运用网络图的图形式表达出来。其次是通过简单的计算，找出哪些工作是关键的，哪些工作不是关键的，并在原来计划方案的基础上，进行计划的优化。最后是组织计划的实施，根据实际进度变化，对计划及时进行调整，重新计算和优化，以保证计划执行过程中自始至终能够最合理地使用人力、物力，保证多快好省地完成任务。

实践证明，网络计划有以下主要优点：

（1）它能充分反映工作之间的相互联系和相互制约关系，也就是说，工作之间的逻辑关系非常严格。

（2）它能告诉我们各项工作的最早可能开始（结束）、最迟必须结束（开始）、总时差、自由时差等时间参数，它所提供的是动态的计划概念；而横道图只能表示工作的开始时间和结束时间，只提供一种静态的计划概念。

（3）应用网络计划技术，可以区分关键工作和非关键工作。在通常的情况下，当计划内有10项工作时，关键工作只有3～4项，占30%～40%；有100项工作时，关键工作只有12～15项占12%～15%。因此，工程管理人员只要集中精力抓住关键工作，就能对计划的实施进行有效的控制和监督。

（4）应用网络计划技术可以对计划方案进行优化，即根据我们所要追求的目标，得到最优的计划方案。

（5）网络计划技术是控制工期的有效工具。建筑安装施工条件是千变万化的，网络计划技术能适应这种变化。采用网络计划，在不改变工作之间的逻辑关系，也不必重新绘图的情况下，只要收集有关变化，修改原有的数据，经过重新计算和优化，就可以得到变化以后的新计划方案。这就改变了使用横道图计划遇到施工条件变化就束手无策、无法控制进度的状况。

（6）随着经济管理改革的发展，建设工程实行投资包干和招标承包制，在施工过程中对进度管理、工期控制和成本监督的要求也更加严格。网络计划在这些方面将成为有效的手段。同时，网络计划可作为预付工程价款的依据。

（7）网络计划还能够和先进的电子计算机技术结合起来，从计划的编制、优化到执行过程中的调整和控制，都可借助电子计算机来进行，从而为计划管理现代化提供了基础。

目前，世界上各先进工业国家，都在推广应用网络计划技术。经统计，应用网络计划，工期可以缩短 20%，工程成本可以降低 10%（编制网络计划的费用约占工程成本的 0.1%）。随着管理的进一步现代化，网络计划技术的应用将进一步得到发展。

4.2.2 双代号网络计划

1. 双代号网络图的基本符号

双代号网络图是网络计划的一种表达方式。由于它是用一条箭线表示一项工作，用箭头和箭尾两个圆（节点）中的编号作代号的，故称双代号网络图。可以将工作的名称写在箭线之上它的持续时间写在箭线之下。双代号网络图中工作的表示方法如图 4-7 所示。

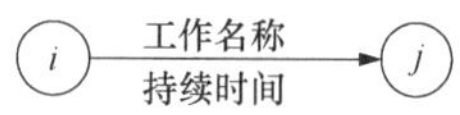

图 4-7 双代号网络图中工作的表示方法

双代号网络图的基本符号归纳表述如下：

（1）工作（活动、工序、施工过程、施工项目、任务）。任何一项计划，都包含许多项待完成的工作。在双代号网络图中，工作用矢箭表示。箭尾表示工作的开始，箭头表示工作的完成。箭头的方向表示工作的前进方向（从左向右）。

1）工作之间的关系有以下三种：紧前工作、紧后工作和平行工作。紧排在本工作之前的工作称为本工作的紧前工作。紧排在本工作之后的工作称为本工作的紧后工作。可与本工作同时进行的工作称为平行工作。

2）工作间相互制约或相互依赖的关系称为逻辑关系。工作之间的逻辑关系包括工艺关系和组织关系。所谓工艺顺序，即工作与工作之间工艺上内在的先后关系。比如某一室外排水管道施工，必须在挖完沟槽后和做好垫层以后才能安装管道。而组织顺序则是指在劳动组织确定的条件下，同一工作的开展顺序。它是由计划人员在研究施工方案的基础上作出的安排。比如说，有 A 和 B 两段管道工程的土方开挖，如果施工方案确定使用一台反铲挖土机，那么开挖的顺序究竟先 A 后 B，还是先 B 后 A，也应随施工方案而定。

3）虚工作。虚工作仅仅表示工作之间的先后顺序，用虚线矢箭表示，既不占用时间也不占用资源，所以它的持续时间为 0。虚工作主要是为了正确地表达各个工作之间的逻辑关系，另外还有断路作用，即把没有关系的工作隔开。

（2）结点（节点、事件）。结点表示工作之间的连接。在时间上它表示指向某结点的工作全部完成后，该结点后面的工作才能开始。这意味着前后工作的交接，因此结点也称为事件。

结点用圆圈表示，圆圈中编上整数号码，称为事件编号，事件编号，一般应满足 $i<j$ 的要求，即箭尾号码要小于箭头号码。

（3）线路。线路又称路线。网络图中以起点节点开始，沿箭线方向连续通过一系列箭线与节点，最后到达终点节点的通路称为线路。

任何一个网络计划，从起点至终点会有一条或几条线路，其中持续时间最长的线路为关键线路，位于关键线路上的工作为关键工作。其他线路为非关键线路，位于非关键线路上的工作不是关键工作。关键工作没有机动时间，其完成的快慢直接影响整个工程项目的计划工期。

2. 双代号网络图绘制的基本规则

绘制双代号网络图最基本规则是明确地表达出工作的内容，准确地表达出工作间的逻辑关系，并且使所绘出的图易于识读和操作。

（1）双代号网络图必须正确表达已定的逻辑关系。

（2）双代号网络图中应只有一个起始节点；在不分期完成任务的网络图中，应只有一个终点节点 。

（3）在网络图中严禁出现循环回路。

（4）双代号网络图中，严禁出现双向箭头或没有箭头的连线。

（5）双代号网络图节点编号顺序应从小到大，可不连续，但严禁重复。

（6）某些节点有多条外向箭线或多条内向箭线时，在不违反“一项工作应只有唯一的一条箭线和相应的一对节点编号”的前提下，可使用母线法绘图。

（7）绘制网络图时，宜避免箭线交叉，当交叉不可避免时，可用过桥法或指向法。

（8）一项工作应只有唯一的一条箭线和相应的一对节点编号，箭尾的节点编号应小于箭头的节点编号。

（9）对平行搭接进行的工作，在双代号网络图中，应分段表达网络图应条理清楚，布局合理。

（10）分段绘制。对于一些大的建设项目，由于工序多，施工周期长，网络图可能很大，为使绘图方便，可将网络图划分成几个部分分别绘制。

3. 双代号网络图的绘制

（1）网络图表达的基本内容。网络图表达了施工计划的三个基本内容：

1）本工程由哪些工序（或项目）组成。

2）各个工序（或项目）之间的衔接关系。

3）每个工序（或项目）所需的作业时间。

（2）双代号网络图的绘制方法。在绘制网络图时，应遵守绘制的基本规则，同时也应注意遵守工作之间的逻辑关系。绘制双代号网络图的方法如下：

1）先绘制网络草图。绘制逻辑草图的任务，就是根据确定的工作明细表中的逻辑关系，将各项工作依次正确地连接起来。绘制逻辑草图的方法是顺推法，即以原始节点开始，首先确定由原始节点引出的工作，然后根据工作间的逻辑关系，确定各项工作的紧后工作。在这一连接过程中，为避免工作逻辑错误，应遵循以下要求：

①当某项工作只存在一项紧前工作时，该工作可以直接从紧前工作的结束节点连出。

②当某项工作存在多余一项以上紧前工作时，可以从其紧前工作的结束节点分别画虚工作并汇交到一个新节点，然后从这一新节点把该项工作连出。

③在连接某工作时，若该工作的紧前工作没有全部绘出，则该项工作不应该绘出。

2）去掉多余的虚工作，对网络进行整理。

3）对节点进行编号。

现以表 4－5 所示的工作逻辑关系绘制双代号网络图，如图 4－8 所示。

表 4－5　　工作逻辑关系表

工作名称	A1	A2	A3	B1	B2	B3
紧前工作	—	A1	A2	A1	A2、B1	A3、B2

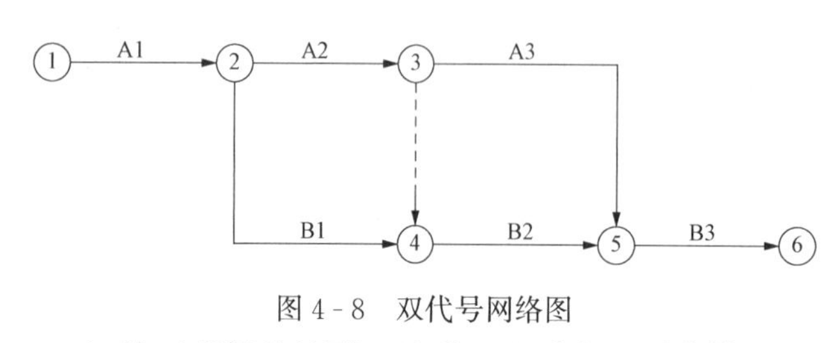

图 4－8　双代号网络图

4. 双代号网络图的绘制步骤

建筑安装工程施工网络图的绘制步骤是：

（1）熟悉工程图纸和施工条件。

1）工程的建筑安装特征和施工说明。

2）施工现场的地形、地质、土质和地下水情况。

3）施工临时供水、供电的解决办法。

4）施工机械、设备、模具的供应条件。

5）劳动力和主要建筑安装材料、构配件的供应条件。

6）施工用地和临时设施的条件。

（2）确定施工方法，选择施工机械。

1）工程的开展顺序和流水方向。

2）施工段的划分和施工过程的组织。

3）施工机械的型号、性能和台数。

（3）编制工作（施工过程）一览表。

1）确定施工作业内容或施工过程名称。

2）计算工程量。

3）确定主要工种和施工机械的产量定额。

4）确定各施工过程的持续时间。为此，应考虑以下因素：①作业的种类、工程量和施工环境、工作条件；②产量定额和劳动效率；③施工现场、土质、地质条件；④施工方法，工艺繁简；⑤材料供应情况。

（4）绘制网络图。绘制网络前，必须明确以下各点：

1）工作一览表中各施工过程的先后顺序和相互关系。

2）规定工期和合同所确定的提前奖励与延期罚款的办法。

3）计划的目标。一般应尽可能做到：①临时设施的规模与现场施工费用在合理的范围内最少；②施工机械、设备、周转材料和工具在合理的范围内最少；③均衡施工，使施工人数在合理的范围内保持最小的一定值；④减少停工待料所造成的人、机、时间损失。

（5）网络计划的计算和优化。绘制成网络图后，通过时间参数计算即可确定各项工作的进度安排。但这仅是初始的方案，还必须根据一定的条件和目标，进行优化，然后才能付诸实施。

5. 双代号网络图的计算

网络图计算的目的是确定各项工作的最早可能开始和最早可能结束时间、最迟必须开始和最迟必须结束时间以及工作的各种时差，从而确定整个计划的完成日期；确定计划中的关键工作和关键线路，为网络计划的执行、调整和优化提供依据。

（1）网络计划时间参数的概念和符号。

1）持续时间。工作持续时间是指一项工作从开始到完成的时间，用“D”表示。

2）工期。工期是指完成一项任务所需要的时间，一般有以下三种工期：

①计算工期：是根据时间参数计算所得到的工期，用“T_c”表示。

②要求工期：是项目委托人提出的指令性工期，用“T_r”表示。

③计划工期：是指根据要求工期和计算工期所确定的作为实施目标的工期，用“T_p”表示。

当已规定了要求工期时，计划工期不应超过要求工期，即：$T_p \leqslant T_r$。

当未规定要求工期时，可令计划工期等于计算工期，即：$T_p = T_c$。

3）网络计划中工作的时间参数。网络计划中的工作时间参数共有 6 个，即每个工序的最早开始和最早结束时间、最迟开始和最迟结束时间、总时差、自由时差。

①最早开始时间和最早结束时间。最早开始（完成）时间是指在其所有紧前工作全部完成后，本工作有可能开始的最早时刻，用“ES”（“EF”）表示。

②最迟开始时间和最迟完成时间。最迟完成（开始）时间是指在不影响整个任务按期完成的前提下，本工作必须完成的最迟时刻，用“LF”（“LS”）表示。

③总时差和自由时差。所谓时差就是指工作的机动时间。

总时差就是在不影响计划总工期的条件下，该工作所具有的机动时间，用“TF”表示。

自由时差就是在不影响其紧后工作最早开始时间的前提下，该工作可能利用的机动时间，用“FF”表示。

④节点的最早时间和节点的最迟时间。

在双代号网络计划中，以该节点为开始节点的各项工作的最早开始时间，用“ET”表示。

在双代号网络计划中，以该节点为完成节点的各项工作的最迟完成时间，用“LT”表示。

（2）双代号网络计划时间参数的计算。双代号网络图时间参数的计算可以采用六时标注法（图上计算法）进行计算，现以图 4-9 所示网络图为例，进行时间参数的计算。

图例

ES	LS	TF
EF	LF	FF

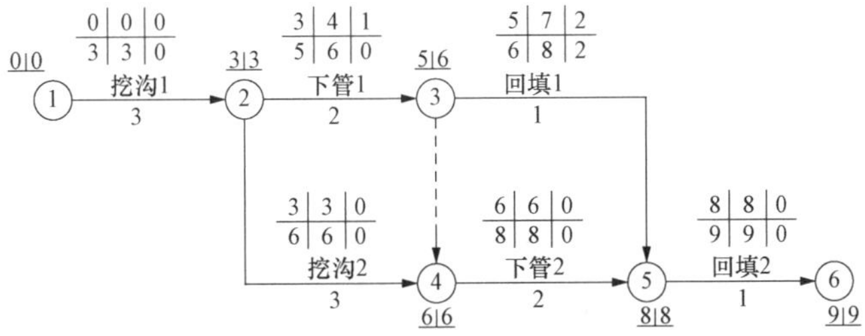

图 4-9　双代号网络图时间参数计算

1）最早时间参数的确定。

①节点的最早时间参数。

起点节点如未规定最早开始时间，其值可以假定为零，即 $ET_1=0$。

当节点 j 的前面只有一个节点时，则

$$ET_j = ET_i + D_{i-j} \tag{4-16}$$

当节点 j 的前面不止一个节点时，则

$$ET_j = \max(ET_i + D_{i-j}) \tag{4-17}$$

计算各节点的最早时间应从起点节点开始，从左到右依次进行，“沿线累加，逢圈取大”，直到终点节点。

②工作的最早时间参数。

当工作以起点节点为开始节点时，其最早开始时间为零（或规定时间），即 $ES_{1-j}=0$。

当工作只有一项紧前工作时，该工作的最早开始时间就是其紧前工作的最早完成时间，即

$$ES_{i-j} = EF_{h-i} = EF_{h-i} + D_{h-i} \tag{4-18}$$

当工作不止一项紧前工作时，该工作的最早开始时间应为其所有紧前工作的最早完成时间的最大值，即

$$ES_{i-j} = \max(EF_{h-i}) = \max(EF_{h-i} + D_{h-i}) \tag{4-19}$$

如果按节点时间计算，该工作的最早开始时间也就是其前面节点的最早时间，即

$$ES_{i-j} = ET_i \tag{4-20}$$

该工作的最早完成时间＝该工作的最早开始时间＋该工作的持续时间，即

$$EF_{i-j} = ES_{i-j} + D_{i-j} = ET_i + D_{i-j} \tag{4-21}$$

式中 ET_i——第 i 个节点的节点最早时间；

ES_{i-j}——工作 $i-j$ 的最早开始时间；

EF_{i-j}——工作 $i-j$ 的最早完成时间；

D_{i-j}——工作 $i-j$ 的持续时间。

按以上公式可计算上例中各节点、工作的最早时间参数，例如：

$ET_1=0$，$ES_{1-2}=0$，$EF_{1-2}=0+3=3$

$ET_2=3$，$ES_{2-3}=3$，$EF_{2-3}=3+2=5$，$ES_{2-4}=3$，$EF_{2-4}=3+3=6$

$ET_3=3+2=5$，$ET_4=\max\left(\dfrac{ET_2+D_{2-4}}{ET_3+D_{3-4}}\right)=\max\left(\dfrac{3+3=6}{5+0=5}\right)=6$

$ES_{4-5}=\max(EF_{2-3}, EF_{2-4})=\max(5, 6)=6$

2）最迟时间参数的确定。

①节点的最迟时间参数。

终点节点的最迟时间应等于网络计划的计划工期，即

$$LT_n = ET_n = T_p \tag{4-22}$$

当中间节点 i 后面只有一个节点时，其最迟时间为

$$LT_i = LT_j - D_{i-j} \tag{4-23}$$

当中间节点 i 后面不止一个节点时，其最迟时间为

$$LT_i = \min(LT_j - D_{i-j}) \tag{4-24}$$

计算各节点的最迟时间应从终点节点开始，从右往左依次进行，“逆线累减，逢圈取小”，直至起点节点。

②工作的最迟时间参数。

各工作的最迟开始时间=最迟完成时间-持续时间，即

$$LS_{i-j} = LF_{i-j} - D_{i-j} \tag{4-25}$$

当工作的终点节点为完成节点时，其最迟完成时间为网络计划的计划工期，即

$$LF_{i-j} = T_p \tag{4-26}$$

当工作只有一项紧后工作时，其最迟完成时间应为其紧后工作的最迟开始时间，即

$$LF_{i-j} = LS_{j-k} = LF_{j-k} - D_{j-k} \tag{4-27}$$

当工作不止有一项紧后工作时，其最迟完成时间应为其所有紧后工作的最迟开始时间的最小值，即

$$LF_{i-j} = \min LS_{j-k} \min(LF_{j-k} - D_{j-k}) \tag{4-28}$$

如果按照节点时间计算，该工作的最迟时间也就是其完成节点的最迟时间，即

$$LF_{i-j} = LT_j \tag{4-29}$$

以上式中　LT_n——结束节点的最迟时间；

LT_i——到第 i 个节点的最迟时间；

LS_{i-j}——工作 $i-j$ 的最迟开始时间；

LF_{i-j}——工作 $i-j$ 的最迟完成时间；

D_{i-j}——工作 $i-j$ 的持续时间。

按以上公式可计算上例中各工作的最迟时间参数，例如：

$LT_6=9$，$LF_{5-6}=9$，$LS_{5-6}=9-1=8$

$LT_5=8$，$LF_{3-5}=8$，$LS_{3-5}=8-1=7$

$LF_{2-3}=\min$（LS_{3-5}，LS_{4-5}）$=\min$（7，6）6

3）时差的计算。

①总时差的计算可利用公式进行计算：

$$TF_{i-j} = LS_{i-j} - ES_{i-j} = LF_{i-j} - EF_{i-j} \tag{4-30}$$

按以上公式可计算上例中各工作总时差，例如：

$$TF_{1-2}=0-0=0，TF_{2-3}=4-3=1，TF_{2-4}=3-3=0$$

②自由时差的计算可利用公式进行计算

$$FF_{i-j} = ET_j - EF_{i-j} = ET_j - ES_{i-j} - D_{i-j} \tag{4-31}$$

按以上公式可计算上例中各工作自由时差，例如：

$$FF_{1-2} = 3-3 = 0, FF_{2-3} = 5-5 = 0, FF_{2-4} = 6-6 = 0$$

（3）关键线路和关键工作。

在网络计划中，总时差最小的工作为关键工作，特别的，当网络计划的计划工期等于计算工期时，总时差为0的工作就是关键工作，关键工作首尾相连，便至少构成一条从起点节点到终点节点的线路，这条线路就是关键线路。关键线路一般用粗箭线或双线箭线标出，也可以用彩色箭线标出。

上例中关键工作是挖沟1，挖沟2，下管2，回填2。关键线路是①—④—⑤—⑥。

凡是关键线路上的每个工序，它的最早与最迟开始（或完成）时间相等，没有机动余

地，所以关键线路上每个工序施工时间的总和必定最大，也就构成了这个网络计划的总工期。如果关键线路上任何一个工序，拖延了时间，必定使总工期延长。

工程的网络计划，当找出关键线路之后，也就抓住了工程施工进度中的主要矛盾。要想缩短工期，必须在关键工序上下功夫，增加人力，增加设备，提出措施。这就使工程组织者和指挥者做到心中有数，合理配备物资与人力，可以起到事半功倍之效，否则在非关键工序上盲目加人工添设备，对于想缩短工期来说，只能是徒耗其劳。

非关键线路存在一个机动时间，这意味着这些工序可以抽调人力或物资设备，去支援关键工序的施工活动，做好平衡协调的工作，使工期缩短，这样，在不增加人力、物资和财力条件下，可以提高企业的经济效益。

综上所述关键线路有以下特点：

1）关键线路上的工作，当计划工期等于计算工期时，各类时差均等于0。

2）关键线路是从网络计划开始点到结束点之间持续时间最长的线路。

3）关键线路在网络计划中不一定只有一条，有时存在两条以上。

4）若非关键线路延长的时间超过它的总时差，非关键线路就变到关键线路。

关键线路决定着完成计划所需的总工期。华罗庚教授指出，在应用统筹法时，向关键线路要时间，向非关键线路要节约。

4.2.3 单代号网络计划

单代号网络图，也称工作结点网络图，具有绘图简便，逻辑关系明确，便于修改等优点，目前在国内外受到普遍重视。

1. 单代号网络图的表达

绘图符号简介如下：

（1）节点。单代号网络图的节点表示一项工作（活动），用一个圆圈或方框表示，工作的名称或内容以及工作所需要的时间都写在圆圈或方框内。圆圈或方框依次编上号码，作为各工作的代号，如图4-10所示。

（2）箭线。单代号网络图以箭线表示工作之间的逻辑关系，不消耗时间和资源。

（3）线路。从网络图的开始节点到完成节点，沿着箭线的指向所构成的路径，称为线路。单代号网络图也有关键线路和非关键线路，图4-10中，①—③—⑤—⑥为关键线路。

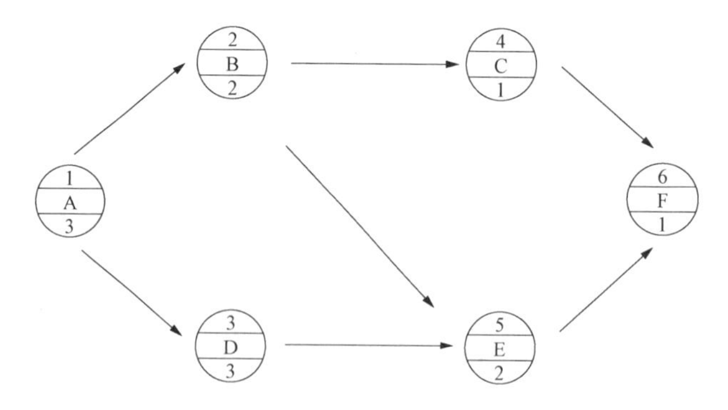

图4-10 单代号网络图

2. 单代号网络图的绘制原则和绘制方法

工作结点（单代号）网络图和工作矢箭（双代号）网络图的表达的计划内容是一致的，

两者的区别仅在于绘图的符号不同。因此，双代号网络图的绘图规则，单代号网络图原则上都应遵守。所不同的是，工作结点网络图一般必须而且只需引进一个表示计划开始的虚结点和一个表示计划结束的虚结点，网络图中不再出现其他的虚工作。因此，画图时只要在工艺网图上直接加上组织顺序的约束，就可得到生产网络图。

3. 单代号网络图时间参数的计算

单代号网络图的计算内容和时间参数的意义与双代号网络图的完全相同。单代号网络图同样也以图上计算方法较为简便。

现以下例（图 4 - 11）所示网络图各工作的持续时间，进行时间参数的计算。

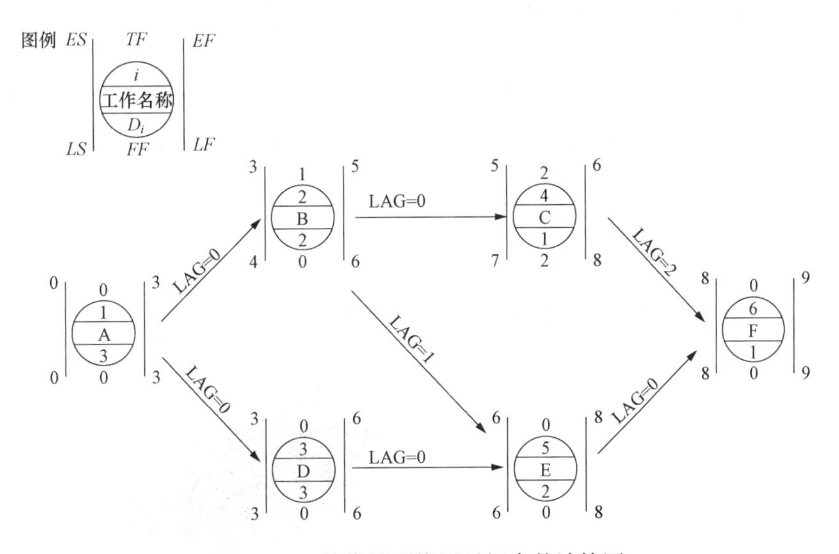

图 4 - 11 单代号网络图时间参数计算图

（1）工作的最早时间参数计算：工作的最早时间应从网络图的起点节点开始，沿着箭线方向依次逐个计算，工作的最早完成时间＝该工作的最早开始时间＋该工作的持续时间，计算的时间参数标注在节点的上方。

①起点节点的最早开始时间 ES_1 无规定时，其值等于 0，即 $ES_1=0$。

②其他工作节点的最早开始时间 ES_i 为

$$ES_i = \max(EF_h) = \max(ES_h + D_h) \tag{4 - 32}$$

式中 ES_i——工作 i 的最早开始时间；

EF_h——工作 i 的紧前工作 h 的最早完成时间；

ES_h——工作 i 的紧前工作 h 的最早开始时间；

D_h——工作 h 的持续时间；

$\max(EF_h)$ ——工作 i 的所有紧前工作最早完成时间的最大值。

按以上公式可计算上例中各工作的最早时间参数，例如：

$$ES_1 = 0, EF_1 = 0 + 3 = 3, ES_5 = \max(EF_2, EF_3) = \max(5,6) = 6$$

（2）工作最迟时间参数的确定：工作的最迟时间应从网络图的终点节点开始，逆着箭线方向依次逐个计算，工作的最迟开始时间＝该工作的最早完成时间－该工作的持续时间，计算的时间参数标注在节点的下方。

①未规定要求工期时，终点节点代表的工作的最迟完成时间为

$$LF_n = EF_n = T_p = T_c \tag{4-33}$$

②其他工作节点的最迟完成时间 LF_i 为

$$LF_i = \min(LS_j) = \min(LF_j - D_j) \tag{4-34}$$

式中 LF_n——终点节点所代表工作的最迟完成时间；

EF_n——终点节点所代表工作的最早完成时间；

LF_i——工作 i 的最迟完成时间；

LS_j——工作 j 的最迟开始时间；

$\min(LS_j)$——工作 j 的所有紧后工作最迟开始时间的最小值；

D_j——工作 j 的持续时间。

按以上公式可计算上例中各工作的最迟时间参数，例如：

$$LF_6 = 9, LS_6 = 9-1 = 8, LF_5 = 8, LS_5 = 8-1 = 7。$$

（3）时差的计算。

总时差的计算可利用式（4-35）进行计算

$$TF_i = LS_i - ES_i = LF_i - EF_i \tag{4-35}$$

按以上公式可计算上例中各工作的总时差，例如：

$$TF_1 = 0-0 = 0, TF_2 = 4-3 = 1。$$

自由时差的计算可利用式（4-36）进行计算

$$FF_i = \min(LAG_{i-j}) \tag{4-36}$$

$$LAG_{i-j} = ES_j - EF_i \tag{4-37}$$

式中 LAG_{i-j}——工作 i 与 j 之间的时间间隔。

按以上公式可计算上例中各工作的自由时差，例如：

$LAG_{1-2}=3-3=0$，$LAG_{1-3}=3-3=0$，$LAG_{2-5}=6-5=1$。

$FF_1=\min(LAG_{1-2}, LAG_{1-3})=\min(0, 0)=0$。

$FF_2=\min(LAG_{2-4}, LAG_{2-5})=\min(0, 1)=0$。

4.2.4 双代号时标网络计划

双代号时标网络计划（简称时标网络计划）必须以水平时间坐标为尺度表示工作时间。时标的时间单位应根据需要在编制网络计划之前确定，可以是小时、天、周、月或季度等。

在时标网络计划中，以实箭线表示工作，实箭线的水平投影长度表示该工作的持续时间；以虚箭线表示虚工作，由于虚工作的持续时间为零，故虚箭线只能垂直画；以波形线表示工作与其紧后工作之间的时间间隔（以终点节点为完成节点的工作除外，当计划工期等于计算工期时，这些工作箭线中波形线的水平投影长度表示其自由时差）。

时标网络计划既具有网络计划的优点，又具有横道计划直观易懂的优点，它将网络计划的时间参数直观地表达出来。

时标网络计划宜按各项工作的最早开始时间编制。为此，在编制时标网络计划时应使每一个节点和每一项工作（包括虚工作）尽量向左靠，直至不出现从右向左的逆向箭线为止。

在编制时标网络计划之前，应先按已经确定的时间单位绘制时标网络计划表。时间坐标

可以标注在时标网络计划表的顶部或底部。当网络计划的规模比较大，且比较复杂时，可以在时标网络计划表的顶部和底部同时标注时间坐标。必要时，还可以在顶部时间坐标之上或底部时间坐标之下同时加注日历时间。

编制时标网络计划应先绘制无时标的网络计划草图，然后按间接绘制法或直接绘制法进行。

1. 时标网络计划的间接绘制法

所谓间接绘制法，是指先根据无时标的网络计划草图计算其时间参数并确定关键线路，然后在时标网络计划表中进行绘制。在绘制时应先将所有节点按其最早时间定位在时标网络计划表中的相应位置，然后再用规定线型（实箭线和虚箭线）按比例绘出工作和虚工作。当某些工作箭线的长度不足以到达该工作的完成节点时，须用波形线补足，箭头应画在与该工作完成节点的连接处。

2. 时标网络计划的直接绘制法

所谓直接绘制法，是指不计算时间参数而直接按无时标的网络计划草图绘制时标网络计划。

（1）将网络计划的起点节点定位在时标网络计划表的起始刻度线上。

（2）按工作的持续时间绘制以网络计划起点节点为开始节点的工作箭线。

（3）除网络计划的起点节点外，其他节点必须在所有以该节点为完成节点的工作箭线均绘出后，定位在这些工作箭线中最迟的箭线末端。当某些工作箭线的长度不足以到达该节点时，须用波形线补足，箭头画在与该节点的连接处。

（4）当某个节点的位置确定之后，即可绘制以该节点为开始节点的工作箭线。

（5）利用上述方法从左至右依次确定其他各个节点的位置，直至绘出网络计划的终点节点。在绘制时标网络计划时，特别需要注意的问题是处理好虚箭线。首先：应将虚箭线与实箭线等同看待，只是其对应工作的持续时间为零；其次，尽管它本身没有持续时间，但可能存在波形线，因此，要按规定画出波形线。在画波形线时，其垂直部分仍应画为虚线。

现以图 4 - 12 所示的网络计划为例，绘制其时标网络计划。

绘制的时标网络计划如图 4 - 13 所示。

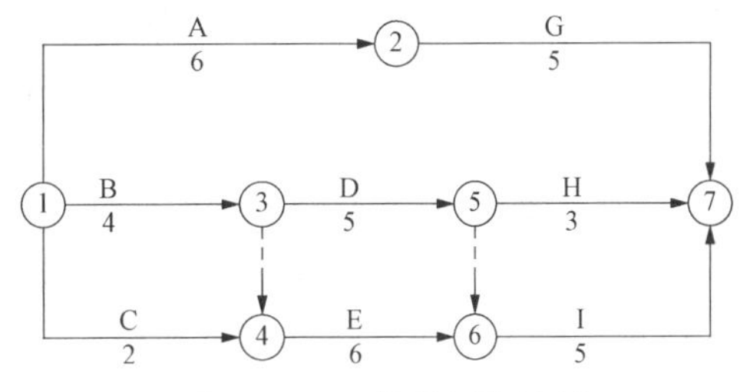

图 4 - 12　双代号网络计划

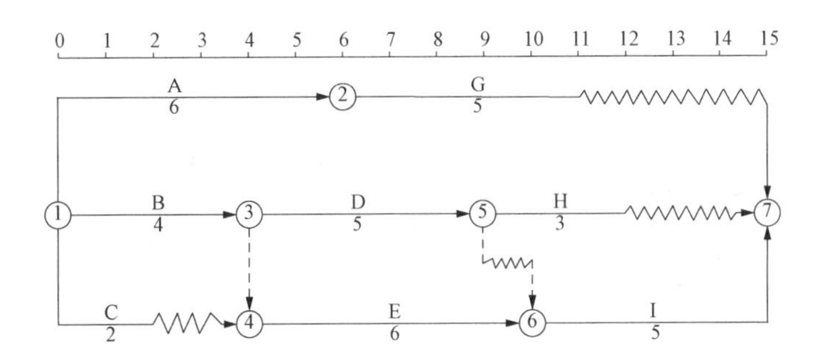

图 4 - 13　时标网络计划

3. 关键线路和时间参数的确定

(1) 关键线路的确定。从终点节点逆着箭线朝起点节点观察，不出现波形线的线路为关键线路。如图 4-13 所示中的①—③—④—⑥—⑦。

(2) 工期的确定。终点节点与起点节点所在位置的时标值之差。

(3) 时间参数的确定。

1) 最早时间参数。因时标网络计划是按最早时间绘制的，所以每条箭线的箭头和箭尾所对应的时标值即为该工作的最早开始时间和最早完成时间。

2) 自由时差。波形线的水平投影长度即为该工作的自由时差。

3) 总时差。自右向左计算，其值等于其所有紧后工作总时差的最小值与本工作的自由时差之和。即

$$TF_{i-j} = \min(TF_{j-k}) + FF_{i-j} \tag{4-38}$$

4) 最迟时间参数。最迟开始时间和最迟完成时间应按下式计算：

$$LS_{i-j} = ES_{i-j} + TF_{i-j} \tag{4-39}$$

$$LF_{i-j} = EF_{i-j} + TF_{i-j} \tag{4-40}$$

4.3 网络计划的优化

网络计划经绘制和计算后，得出的最初方案是一种可行方案，但不一定是最优方案，在应用网络计划进行工程管理的时候，要想获得工期短、质量优良、资源消耗少、工程成本低的效果，需要对网络计划进行优化。

网络计划的优化是指在一定约束条件下，按既定目标对网络计划进行不断改进，以寻求满意方案的过程。

网络计划的优化目标应按计划任务的需要和条件选定，包括工期目标、费用目标和资源目标。根据优化目标的不同，网络计划的优化可分为工期优化、费用优化和资源优化三种。

4.3.1 工期优化

所谓工期优化，是指网络计划的计算工期不满足要求工期时，通过压缩关键工作的持续时间以满足要求工期目标的过程。

1. 工期优化的方法与步骤

网络计划工期优化的基本方法是在不改变网络计划中各项工作之间逻辑关系的前提下，通过压缩关键工作的持续时间来达到优化目标。在工期优化过程中，按照经济合理的原则，不能将关键工作压缩成非关键工作。此外，当工期优化过程中出现多条关键线路时，必须将各条关键线路的总持续时间压缩相同数值；否则，不能有效地缩短工期。

网络计划的工期优化可按下列步骤进行：

(1) 确定初始网络计划的计算工期和关键线路。

(2) 按要求工期计算应缩短的时间 ΔT：

$$\Delta T = T_c - T_r \tag{4-41}$$

式中 T_c——网络计划的计算工期；

T_r——要求工期。

（3）选择应缩短持续时间的关键工作。选择压缩对象时宜在关键工作中考虑下列因素：

1）缩短持续时间对质量和安全影响不大的工作；

2）有充足备用资源的工作；

3）缩短持续时间所需增加的费用最少的工作。

（4）将所选定的关键工作的持续时间压缩至最短，并重新确定计算工期和关键线路。若被压缩的工作变成非关键工作，则应延长其持续时间，使之仍为关键工作。

（5）当计算工期仍超过要求工期时，则重复上述步骤（2）～（4），直至计算工期满足要求工期或计算工期已不能再缩短为止。

（6）当所有关键工作的持续时间都已达到其能缩短的极限而寻求不到继续缩短工期的方案，但网络计划的计算工期仍不能满足要求工期时，应对网络计划的原技术方案、组织方案进行调整，或对要求工期重新审定。

应注意的是，一般情况下，双代号网络计划图中箭线下方括号外数字为工作的正常持续时间，括号内数字为最短持续时间；箭线上方括号内数字为优选系数，该系数综合考虑质量、安全和费用增加情况而确定。选择关键工作压缩其持续时间时，应选择优选系数最小的关键工作。若需要同时压缩多个关键工作的持续时间时，则它们的优选系数之和（组合优选系数）最小者应优先作为压缩对象。

2. 工期优化示例

【例 4-5】 某双代号网络图如图 4-14 所示，图中箭线下方括号外数字为工作的正常持续时间，括号内为最短持续时间；箭线上方括号内数字为优选系数，该系数综合考虑质量、安全各费用增加情况而确定。现假设要求工期为 15 天，试对其进行工期优化。

【解】

（1）确定该网络计划的计算工期和关键线路，如图 4-15 所示，此时计算工期 $T_c=19$ 天，关键线路为①—②—④—⑥。

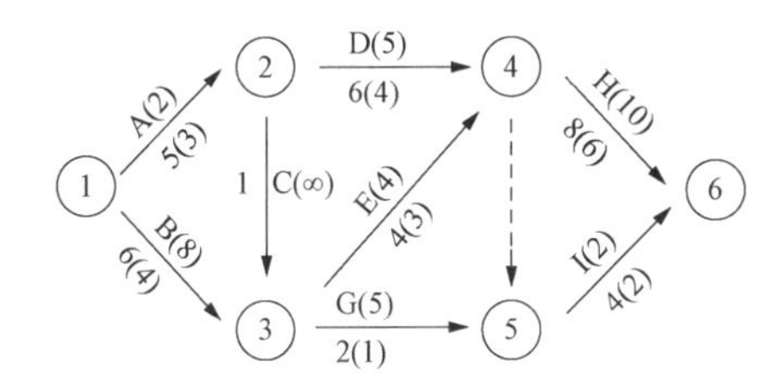

图 4-14　初始网络计划

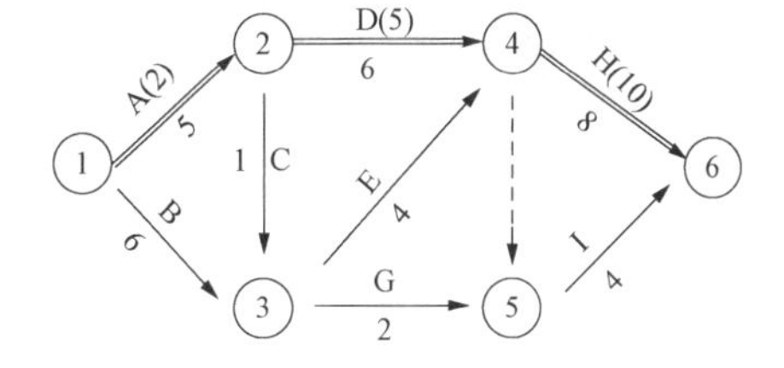

图 4-15　初始网络计划中的关键线路

（2）应压缩的时间：

$$\Delta T=T_c-T_r=19-15=4(\text{天})$$

（3）因为工作 A 的优选系数最小，故在关键工作中压缩 A，把 A 压缩 1 天，工作 A 的持续时间为 4 天（不能把 A 压缩 2 天，否则 A 成为非关键线路），此时的关键线路变为 2 条，即①—②—④—⑥和①—③—④—⑥，如图 4-16 所示，此时的计算工期为 18 天，大于要求工期，$\Delta T_1=18-$

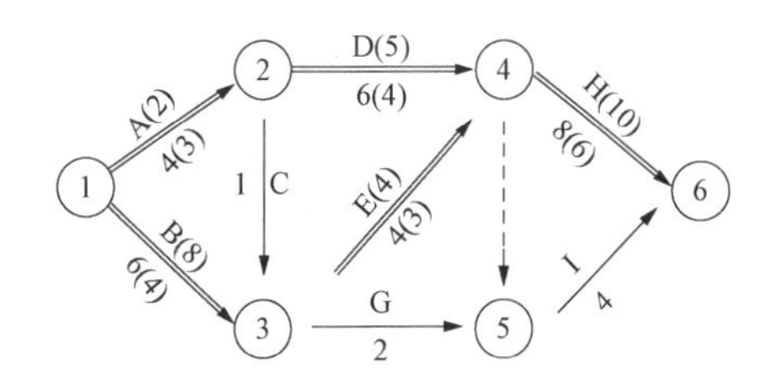

图 4-16　第一次压缩后的网络计划

15=3（天），需要继续压缩。共有 5 种压缩方案：

①同时压缩工作 A 和工作 B，组合优选系数为：2+8=10；

②同时压缩工作 A 和工作 E，组合优选系数为：2+4=6；

③同时压缩工作 D 和工作 B，组合优选系数为：5+8=13；

④同时压缩工作 D 和工作 E，组合优选系数为：5+4=9；

⑤压缩工作 H，优选系数为 10。

由于②方案的优选系数最小，所以同时压缩工作 A 和工作 E。将它们各压缩 1 天，如图 4-17 所示，计算工期为 17 天，关键线路仍为 2 条，即①—②—④—⑥和①—③—④—⑥。

（4）由于此时计算工期为 17 天，仍大于要求工期，$\Delta T_2=17-15=2$ 天，故需要继续压缩。此时有两个压缩方案：

①同时压缩工作 B 和工作 D，组合优选系数为：8+5=13；

②压缩工作 H，优选系数为 10。

由于工作 H 的优选系数最小，故压缩工作 H。将 H 压缩 2 天，如图 4-18 所示，此时，计算工期为 15 天，已等于要求工期，即为优化方案。

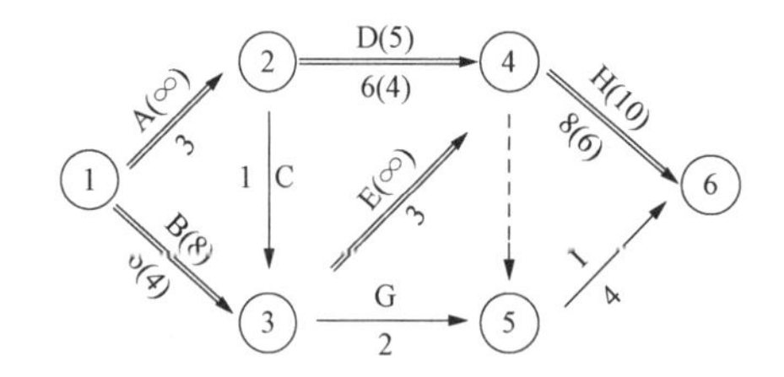

图 4-17 第二次压缩后的网络计划

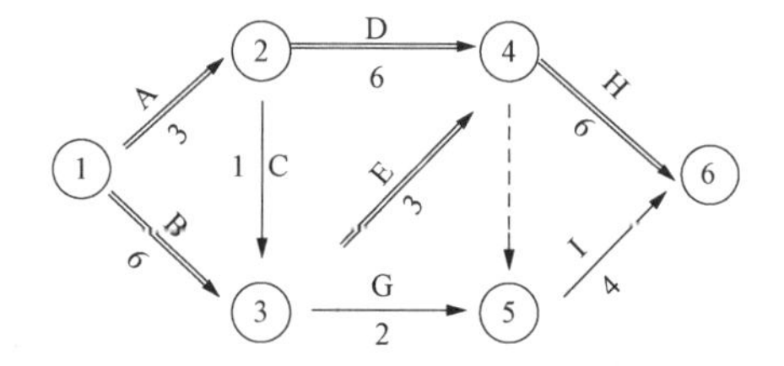

图 4-18 工期优化后的网络计划

4.3.2 费用优化

费用优化又称工期—成本优化，是指寻求工程总成本最低时的工期安排，或按要求工期寻求最低成本的计划安排的过程。

1. 费用和时间的关系

（1）工程总费用与工期的关系。工程总费用由直接费和间接费组成。直接费由人工费、材料费、机械使用费、其他直接费及现场经费等组成。施工方案不同，直接费也就不同；如果施工方案一定，工期不同，直接费也不同。直接费会随着工期的缩短而增加。间接费包括企业经营管理的全部费用，它一般会随着工期的缩短而减少。在考虑工程总费用时，还应考虑工期变化带来的其他损益，包括效益增量和资金的时间价值等。工程费用与工期的关系如图 4-19 所示。

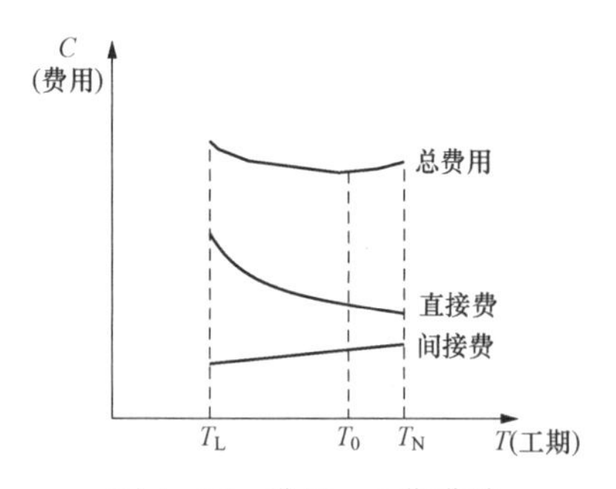

图 4-19 费用—工期曲线

T_L—最短工期；T_0—最优工期；T_N—正常工期

（2）工作直接费与持续时间的关系。由于网络计划的工期取决于关键工作的持续时间，为了进行工期成本优化，必须分析网络计划中各项工作的直接费与持续时间之间的关系，它是网络计划工期成本优化的基础。

工作的直接费随着持续时间的缩短而增加，如图 4-20 所示。为简化计算，工作的直接费与持续时间之间的关系被近似地认为是一条直线关系。当工作划分不是很粗时，其计算结果还是比较精确的。工作的持续时间每缩短单位时间而增加的直接费称为直接费用率。直接费用率可按式（4-42）计算：

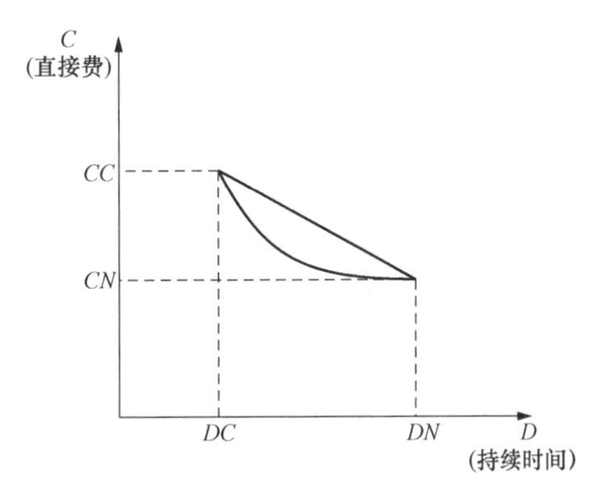

图 4-20　直接费—持续时间曲线

$$\Delta C_{i-j}=\frac{CC_{i-j}-CN_{i-j}}{DN_{i-j}-DC_{i-j}} \qquad (4-42)$$

式中　ΔC_{i-j}——工作 $i-j$ 的直接费用率；

CC_{i-j}——按最短持续时间完成工作 $i-j$ 时所需的直接费；

CN_{i-j}——按正常持续时间完成工作 $i-j$ 时所需的直接费；

DN_{i-j}——工作 $i-j$ 的正常持续时间；

DC_{i-j}——工作 $i-j$ 的最短持续时间。

从式（4-42）可以看出，工作的直接费用率越小，说明将该工作的持续时间缩短一个时间单位，所需增加的直接费就越少。因此，在压缩关键工作的持续时间以达到缩短工期的目的时，应将直接费用率最小的关键工作作为压缩对象。当有多条关键线路出现而需要同时压缩多个关键工作的持续时间时，应将它们的直接费用率之和（组合直接费用率）最小者作为压缩对象。

2. 费用优化步骤

（1）计算正常作业条件下工程网络计划的工期、关键线路和总直接费、总间接费及总费用。

（2）计算各项工作的直接费率。

（3）在关键线路上，选择直接费率（或组合直接费率）最小并且不超过工程间接费率的工作作为被压缩对象。

（4）将被压缩对象压缩至最短，当被压缩对象为一组工作时，将该组工作压缩同一数值，并找出关键线路，如果被压缩对象变成了非关键工作，则需适当延长其持续时间，使其刚好恢复为关键工作为止。

（5）重新计算和确定网络计划的工期、关键线路和总直接费、总间接费、总费用。

（6）重复上述步骤（3）至步骤（5），直至找不到直接费率或组合直接费率不超过工程间接费率的压缩对象为止。此时即求出总费用最低的最优工期。

（7）绘制出优化后的网络计划。

3. 费用优化示例

【例 4-6】　已知某双代号网络图如图 4-21 所示，图中箭线下方括号外数字为工作的正常时间，括号内数字为最短持续时间；箭线上方括号外数字为工作按正常持续时间完成时所需要的直接费，括号内数字为工作按最短持续时间完成时所需要的直接费。该工程的间接费用率为 0.8 万元/天，试对其进行费用优化。

【解】

（1）计算该网络计划的计算工期和关键线路，如图 4-22 所示，计算工期为 19 天，关键线路有 2 条，即①—③—④—⑥和①—③—④—⑤—⑥。

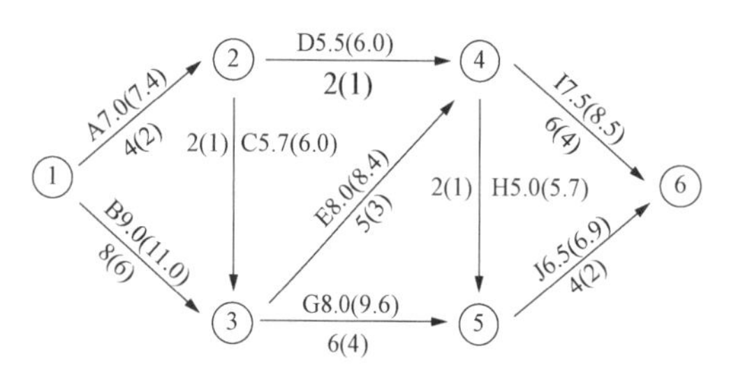

图 4-21　初始网络计划

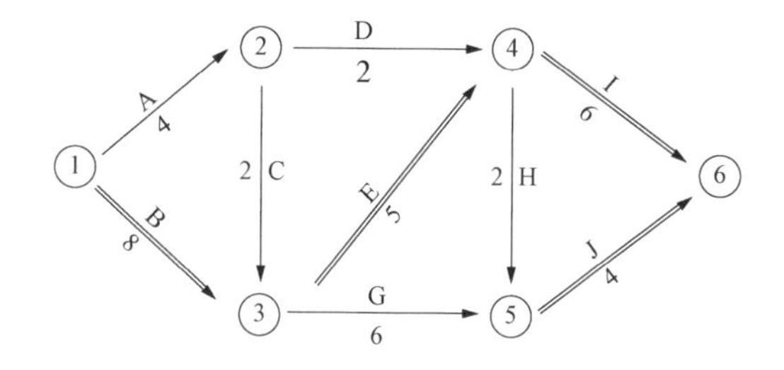

图 4-22　初始网络计划中的关键线路

（2）参照式（4-42），计算各项工作的直接费用率为：

$\Delta C_{1-2}=\frac{7.4-7.0}{4-2}=0.2$（万元/天），$\Delta C_{1-3}=1.0$ 万元/天，$\Delta C_{2-3}=0.3$ 万元/天 $\Delta C_{2-4}=0.5$ 万元/天，$\Delta C_{3-4}=0.2$ 万元/天，$\Delta C_{3-5}=0.8$ 万元/天，$\Delta C_{4-5}=0.7$ 万元/天 $\Delta C_{4-6}=0.5$ 万元/天，$\Delta C_{5-6}=0.2$ 万元/天。

（3）计算工程总费用：

1）直接费总和：$C_d=7.0+9.0+5.7+5.5+8.0+8.0+5.0+7.5+6.5=62.2$（万元）；

2）间接费总和：$C_i=0.8\times19=15.2$（万元）；

3）工程总费用：$C_t=C_d+C_i=62.2+15.2=77.4$（万元）。

（4）通过压缩关键工作的持续时间进行费用优化如下：

1）第一次压缩：

有 4 个压缩方案可供选择：

①压缩工作 B，直接费用率为 1.0 万元/天；

②压缩工作 E，直接费用率为 0.2 万元/天；

③同时压缩工作 H 和工作 I，组合直接费用率为 0.7+0.5=1.2（万元/天）；

④同时压缩工作 I 和工作 J，组合直接费用率为 0.5+0.2=0.7（万元/天）。

在上述方案中，压缩工作 E，压缩 1 天（不能压缩 2 天，防止 E 被压缩成非关键线路），压缩后的网络计划如图 4-23 所示。图中箭线上方括号内数字为工作的直接费用率。

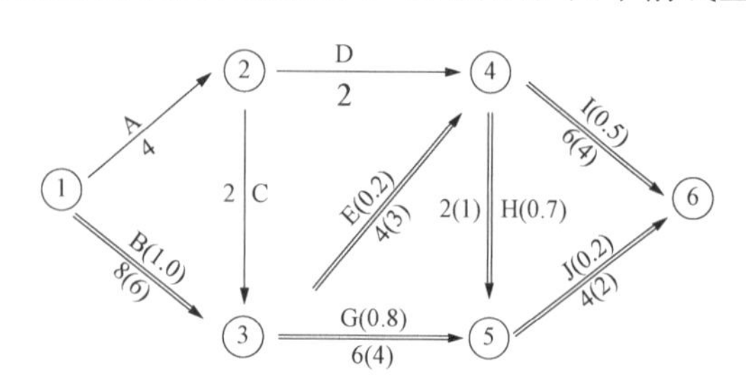

图 4-23　第一次压缩后的网络计划

2）第二次压缩：

由图 4-23 可知，该网络计划有 3 条关键线路，即①—③—④—⑥、①—③—④—⑤—⑥和①—③—⑤—⑥。为同时缩短 3 条关键线路的总持续时间，有 5 个压缩方案可供选择：

①压缩工作 B，直接费用率为 1.0 万元/天；

②同时压缩工作 E 和工作 G，组合直接费用率为 0.2+0.8=1.0（万元/天）；

③同时压缩工作 E 和工作 J，组合直接费用率为 0.2+0.2=0.4（万元/天）；

④同时压缩工作 G、工作 H 和工作 I，组合直接费用率为 0.8＋0.7＋0.5＝2.0（万元/天）；

⑤同时压缩工作 I 和工作 J，组合直接费用率为 0.5＋0.2＝0.7（万元/天）。

在上述方案中，同时压缩工作 E 和工作 J，同时压缩 1 天后，关键线路变为 2 条，即①—③—④—⑥和①—③—⑤—⑥。原来的关键工作 H 未经压缩而被动地变成了非关键线路，如图 4-24 所示。

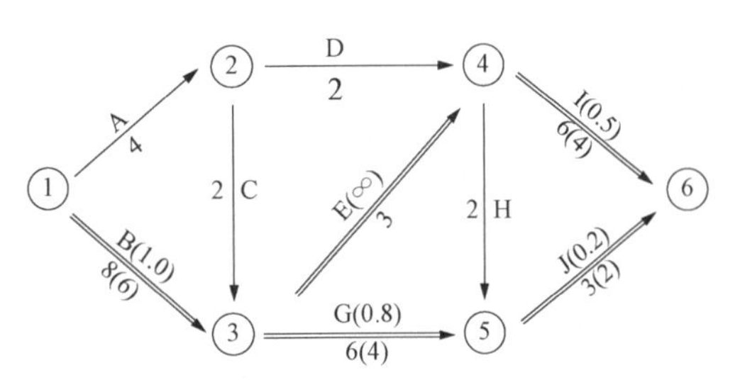

图 4-24　第二次压缩后的网络计划

3）第三次压缩：

由图 4-24 可知，该网络计划有 2 条关键线路，即①—③—④—⑥和①—③—⑤—⑥。为同时缩短 2 条关键线路的总持续时间，有 3 个压缩方案可供选择：

①压缩工作 B，直接费用率为 1.0 万元/天；

②同时压缩工作 G 工作 I，组合直接费用率为 0.8＋0.5＝1.3（万元/天）；

③同时压缩工作 I 和工作 J，组合直接费用率为 0.5＋0.2＝0.7（万元/天）。

在上述方案中，同时压缩工作 I 和工作 J，同时压缩 1 天后，关键线路仍为 2 条，即①—③—④—⑥和①—③—⑤—⑥，如图 4-25 所示。

4）第四次压缩：

由图 4-25 可知，该网络计划有 2 条关键线路，即①—③—④—⑥和①—③—⑤—⑥。为同时缩短 2 条关键线路的总持续时间，有 2 个压缩方案可供选择：

①压缩工作 B，直接费用率为 1.0 万元/天；

②同时压缩工作 G 工作 I，组合直接费用率为 0.8＋0.5＝1.3（万元/天）。

在上述方案中，压缩工作 B 的直接费用率最小，但是大于间接费用率，说明不能压缩 B，优化方案已经得到，优化后的网络计划如图 4-26 所示。

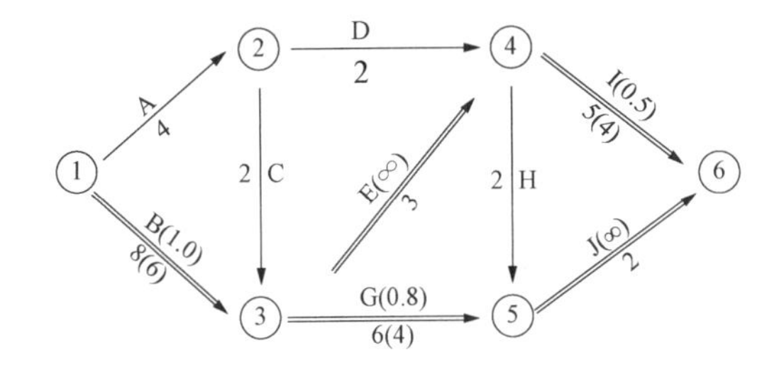

图 4-25　第三次压缩后的网络计划

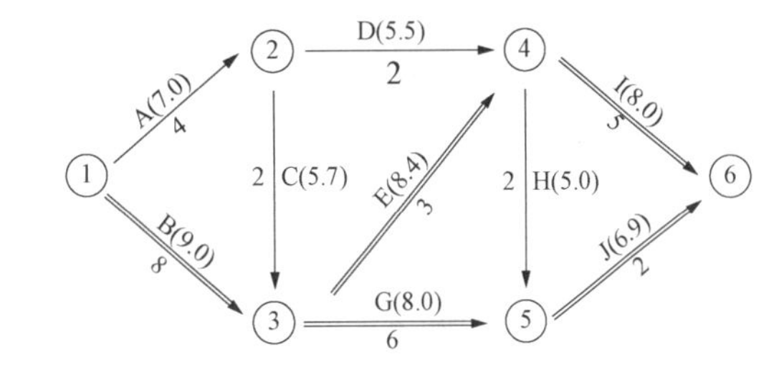

图 4-26　费用优化后的网络计划

5）计算优化后的工程总费用：

①直接费总和：C_{d0}＝7.0＋9.0＋5.7＋5.5＋8.4＋8.0＋5.0＋8.0＋6.9＝63.5（万元）；

②间接费总和：C_{i0}＝0.8×16＝12.8（万元）；

③工程总费用：C_{t0}＝C_{d0}＋C_{i0}＝63.5＋12.8＝76.3（万元）。

4.3.3　资源优化

资源是指为完成一项计划任务所需投入的人力、材料、机械设备和资金等。完成一项工程任务所需要的资源量基本上是不变的，不可能通过资源优化将其减少。资源优化的目的是通过改变工作的开始时间和完成时间，使资源按照时间的分布符合优化目标。

资源优化的前提条件包括：在优化过程中，不改变网络计划中各项工作之间的逻辑关系；在优化过程中，不改变网络计划中各项工作的持续时间；网络计划中各项工作的资源强度（单位时间所需资源数量）为常数，而且是合理的；除规定可中断的工作外，一般不允许中断工作，应保持其连续性。

在通常情况下，网络计划的资源优化分为两种，即“资源有限，工期最短”的优化和“工期固定，资源均衡”的优化。前者是通过调整计划安排，在满足资源限制条件下，使工期延长最少的过程；而后者是通过调整计划安排，在工期保持不变的条件下，使资源需用量尽可能均衡的过程。

1.“资源有限，工期最短”的优化

在满足有限资源的条件下，通过调整某些工作的投入作业的开始时间，使工期不延误或最少延误。优化步骤如下：

（1）绘制时标网络计划，逐时段计算资源需用量 R_t。

（2）从网络计划开始的第一天起，从左至右逐时段计算资源需用量，并检查是否超过资源限量，如检查到网络计划最后一天均不超过，则符合要求，无须优化；若超过进入第（3）步。

（3）对于超过的时段，按总时差从小到大累计该时段中的各项工作的资源强度，累计不超过资源限量的最大值，其余的工作推移到下一时段（在各项工作不允许间断作业的假定条件下，在前一时段已经开始的工作应优先累计）。

（4）重复上述步骤，直至所有时段的资源需用量均不超过资源限量为止。

2.“工期固定，资源均衡”的优化

在工期不变的条件下，尽量使资源需用量均衡既有利于工程施工组织与管理，又有利于降低工程施工费用。

（1）衡量资源均衡程度的指标。衡量资源需用量均衡程度的指标有三个，分别为不均衡系数、极差值、均方差值。

1）不均衡系数 K：

$$K = \frac{R_{\mathrm{max}}}{R_{\mathrm{m}}} \tag{4-43}$$

式中 R_{max}——最大资源需要量；

R_{m}——资源需要量的平均值。

2）极差值 ΔR：

$$\Delta R = \max[\,|R_t - R_m|\,] \tag{4-44}$$

3）均方差值 σ^2：

$$\sigma^2 = \frac{1}{T}\sum_{t=1}^{T} R_t^2 - R_m^2 \tag{4-45}$$

（2）优化步骤与方法。

1）绘制时标网络计划，计算资源需用量；

2）计算资源均衡性指标，用均方差值来衡量资源均衡程度；

3）从网络计划的终点节点开始，按非关键工作最早开始时间的先后顺序进行调整（关键工作不得调整)；

4)绘制调整后的网络计划。

4.4 施工项目进度控制

4.4.1 施工项目进度控制概述

1. 影响施工项目进度的因素

为了对安装工程的施工进度进行有效控制，必须在施工进度计划实施之前对影响项目施工进度的因素进行分析，进而提出保证施工进度计划成功实施的措施，以实现对施工项目进度计划的主动控制。

影响安装工程施工进度的不利因素有很多，其中，人为因素是最大的干扰因素。在工程建设过程中，常见的影响因素如下：

(1) 建设单位因素。如建设单位即业主因使用要求改变而进行设计变更；应提供的施工场地条件不能及时提供或所提供的场地不能满足工程正常需要；不能及时向材料供应商付款；没有给足工程预付款，拖欠工程进度款，影响承包单位的流动资金；影响承包单位的材料采购，劳务费的支付，影响施工进度。

(2) 勘察设计因素。如勘察资料不准确，特别是地质资料错误或遗漏；设计内容不完善，规范应用不恰当，设计有缺陷或错误；设计对施工的可能性未考虑或考虑不周；施工图纸供应不及时、不配套，或出现重大差错等。

(3) 施工技术因素。如施工工艺错误；不合理的施工方案；施工安全措施不当；不可靠技术的应用等。

(4) 自然环境因素。如复杂的工程地质条件；不明的水文气象条件；地下埋藏文物的保护、处理；洪水、地震、台风等不可抗力等。

(5) 社会环境因素。如外单位临近工程施工干扰；节假日交通、市容整顿的限制；临时停水、停电、断路；以及在国外常见的法律及制度变化，经济制裁，战争、骚乱、罢工、企业倒闭等。

(6) 组织管理因素。如向有关部门提出各种申请审批手续的延误；合同签订时遗漏条款、表达失当；计划安排不周密，组织协调不力，导致停工待料、相关作业脱节；领导不力，指挥失误，使参加工程建设的各个单位、各个专业、各个施工过程之间交接、配合上发生矛盾等。

(7) 材料、设备因素。如材料、构配件、机具、设备供应环节的差错，品种、规格、质量、数量、时间不能满足工程的需要；特殊材料及新材料的不合理使用；施工设备不配套，选型不当，安装失误，有故障等。

(8) 资金因素。如有关方拖欠资金，资金不到位，资金短缺，汇率浮动和通货膨胀等。

2. 施工项目进度控制的措施

施工项目进度控制的措施主要有管理信息措施、组织措施、技术措施、合同措施和经济措施等，具体见表4-6。

表 4-6 施工项目进度控制措施

措施种类	措施内容
管理信息措施	·建立对施工进度能有效控制的监测、分析、调整、反馈信息系统和信息管理工作制度 ·随时监控施工过程的信息流，实现连续、动态的全过程进度目标控制
组织措施	·建立施工项目进度实施和控制的组织系统 ·订立进度控制工作制度：检查时间、方法，召开协调会议时间、人员等 ·落实各层次进度控制人员、具体任务和工作职责 ·确定施工项目进度目标，建立施工项目进度控制目标体系
技术措施	·尽可能采用先进施工技术、方法和新材料、新工艺、新技术，保证进度目标实现 ·落实施工方案，在发生问题时，能适时调整工作之间的逻辑关系，加快施工进度
合同措施	以合同形式保证工期进度的实现，即： ·保持总进度控制目标与合同总工期相一致 ·分包合同的工期与总包合同的工期相一致 ·供货、供电、运输、构件加工等合同规定的提供服务时间与有关的进度控制目标一致
经济措施	·落实实现进度目标的保证资金 ·签订并实施关于工期和进度的经济承包责任制 ·建立并实施关于工期和进度的奖惩制度

3. 施工项目进度控制程序（见图 4-27）

(1) 项目经理部要根据施工合同的要求确定施工进度目标，明确计划开竣工日期，确定项目分期分批的开竣工日期。

(2) 编制施工进度计划，具体安排实现计划目标的工艺关系、组织关系、搭接关系、起止时间、劳动力计划、材料计划、机械计划及其他保证性计划。分包人负责根据项目施工进度计划编制分包工程施工进度计划。

(3) 向监理工程师提出开工申请报告，按监理工程师开工指令确定的日期开工。

(4) 实施施工进度计划。项目经理部首先建立进度实施、控制的科学组织系统和严密的工作制度，然后依据施工项目进度控制目标体系，对施工的全过程进行系统控制。随着施工活动的进行，信息管理系统会不断地将施工实际进度信息反馈给进度控制者，经过统计整理，比较分析后，一旦发现实际进度与计划进度有偏差，系统将发挥调控职能，分析偏差产生的原因，及对后续施工和总工期的影响。必要时，可对原计划进度做出相应地调整，提出纠正偏差方案和实施的技术、经济、合同保证措施，确认切实可行后，将调整后的新进度计划输入到进度实施系统，施工活动继续在新的控制下运行。

(5) 全部任务完成后，进行进度控制总结并编写进度控制报告。

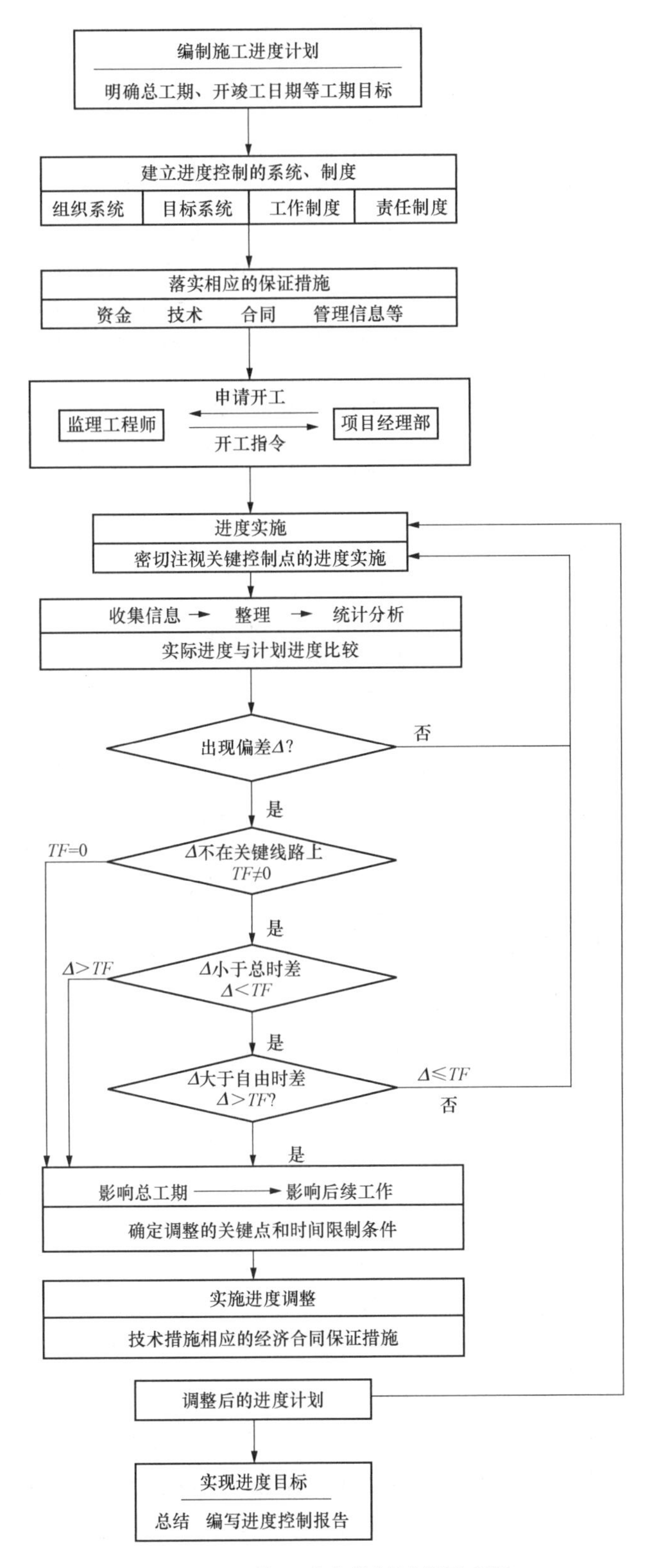

图 4-27　施工进度控制过程示意图

4.4.2 施工项目进度计划的实施与检查

1. 施工项目进度计划的实施

施工项目进度计划实施的主要内容见表4-7。

表4-7 施工项目进度计划实施的主要内容

项目	内容
编制月（旬或周）作业计划	·每月（旬或周）末，项目经理提出下期目标和作业项目，通过工地例会协调后编制 ·应根据规定的计划任务，当前施工进度，现场施工环境、劳动力、机械等资源条件编制 ·作业计划是施工进度计划的具体化，应具有实施性，使施工任务更加明确、具体、可行，便于测量、控制、检查 ·对总工期跨越一个年度以上的施工项目，应根据不同年度的施工内容编制年度和季度的控制性施工进度计划，确定并控制项目的施工总进度的重要节点目标 ·项目经理部应将资源供应进度计划和分包工程施工进度计划纳入项目进度控制范畴
做好施工进度记录、填施工进度统计表	·各级施工进度计划的执行者做好施工记录，如实记载计划执行情况 ·每项工作的开始和完成时间，每日完成数量 ·记录现场发生的各种情况、干扰因素的排除情况 ·跟踪做好形象进度、工程量、总产值、耗用的人工、材料、机械台班、能源等数量 ·及时进行统计分析并填表上报，为施工项目进度检查和控制分析提供反馈信息
做好施工调度工作	施工调度是掌握计划实施情况，组织施工中各阶段、环节、专业和工种的互相配合，协调各方面关系，采取措施，排除各种干扰、矛盾，加强薄弱环节，发挥生产指挥作用，实现连续均衡顺利施工，以保证完成各项作业计划，实现进度目标。其具体工作包括： ·执行施工合同中对进度、开工及延期开工、暂停施工、工期延误、工程竣工的承诺 ·落实控制进度措施应具体到执行人、目标、任务、检查方法和考核办法 ·监督检查施工准备工作、作业计划的实施，协调各方面的进度关系 ·督促资源供应单位按计划供应劳动力、施工机具、材料构配件、运输车辆等，并对临时出现问题采取解决的调配措施 ·由于工程变更引起资源需求的数量变更和品种变化时，应及时调整供应计划 ·按施工平面图管理施工现场，遇到问题做必要调整，保证文明施工 ·及时了解气候和水、电供应情况，采取相应的防范和调整保证措施 ·及时发现和处理施工中各种事故和意外事件 ·协助分包人解决项目进度控制中的相关问题 ·定期、及时召开现场调度会议，贯彻项目主管人的决策，发布调度令 ·当发包人提供的资源供应进度发生变化不能满足施工进度要求时，应敦促发包人执行原计划，并对造成的工期延误及经济损失进行索赔

2. 施工项目进度计划的检查

在施工项目的实施进程中，为了进行进度控制，进度控制人员应经常地、定期地跟踪检查施工实际进度情况，主要是收集施工项目进度材料，进行统计整理和对比分析，确定实际进度与计划进度之间的关系。跟踪检查施工实际进度是项目施工进度控制的关键措施，其有关内容见表4-8。

表 4-8　　施工项目进度计划检查

项目	说　　明
检查依据	·施工进度计划、作业计划及施工进度计划实施记录
检查目的	·检查实际施工进度，收集整理有关资料，并与计划对比，为进度分析和计划调整提供信息
检查时间	·根据施工项目的类型，规模、施工条件和对进度执行要求的程度确定检查时间和间隔时间 ·常规性检查可确定为每月、半月、旬或周进行一次 ·施工中遇到天气、资源供应等不利因素严重影响时，间隔时间临时可缩短，次数应频繁 ·对施工进度有重大影响的关键施工作业可每日检查或派人驻现场督阵
检查内容	·对日施工作业效率、周、旬作业进度及月作业进度分别进行检查，对完成情况做出记录 ·检查期内实际完成和累计完成工程量 ·实际参加施工的人力、机械数量和生产效率 ·窝工人数、窝工机械台班及其原因分析 ·进度偏差情况 ·进度管理情况 ·影响进度的特殊原因及分析
检查方法	·建立内部施工进度报表制度 ·定期召开进度工作会议，汇报实际进度情况 ·进度控制、检查人员经常到现场实地查看
数据整理比较分析	·将实际收集的进度数据和资料进行整理加工，使之与相应的进度计划具有可比性 ·一般采用实物工程量、施工产值、劳动消耗量、累计百分比等和形象进度统计 ·将整理后的实际数据、资料与进度计划比较。通常采用的方法有：横道图法、列表比较法、S 形曲线比较法、“香蕉”形曲线比较法、前锋线比较法等 ·得出实际进度与计划进度是否存在偏差的结论：相一致、超前、落后
检查报告	由计划负责人或进度管理人员与其他管理人员协作，在检查后即时编写进度控制报告，也可按月、旬、周的间隔时间编写上报。施工项目进度控制报告的基本内容有： ·对施工进度执行情况做综合描述：检查期的起止时间、当地气象及晴雨天数统计、计划目标及实际进度、检查期内施工现场主要大事记 ·项目实施、管理、进度概况的总说明：施工进度、形象进度及简要说明；施工图纸提供进度；材料、物资、构配件供应进度；劳务记录及预测；日历计划；对建设单位和施工者的工程变更、指令、价格调整、索赔及工程款收支情况；停水、停电、事故发生及处理情况；实际进度与计划目标相比较的偏差状况及其原因分析；解决问题措施；计划调整意见等

4.4.3　施工项目进度计划执行情况对比分析

施工项目进度计划的执行情况对比分析是将施工实际进度与计划进度对比，计算出计划的完成程度与存在的差距，也可结合与计划表达方式一致的图表进行图解分析。其对比分析方法主要有图形对比法、列表比较法等。

1. 图形对比法

图形对比法是在表示计划进度的图形上，标注出实际进度，根据两个进度之间的相对位置差距或形态差异，对进度计划的完成情况作出判断和预测的方法。它具有形象直观的优点。

由于施工过程包含的施工作业工作多样、复杂，因而施工进度的图形表达方式有很多种，主要分为横道图法、垂直进度图法、S形曲线图法、香蕉形曲线图法、网络图法、模型图法、列表检查法等。一般是根据施工的特点和检查要求来选择适当的方法。

（1）单比例横道图法。对分项工程检查时，匀速施工条件下，时间进度与完成工程量进度一致，仅按时间进度标注、检查即可。具体做法是：将检查结果得到的实际进度（施工时间）用另一种颜色（或标记）标注在相应的计划进度横道图上。如果实际施工速度与计划速度不同，则应将实际完成施工任务量按计划速度换算为施工时间（天数）标注。将到检查日止的实际进度线与计划进度线的长度进行比较，二者之差为时间进度差 Δt。$\Delta t=0$，为按期完成；$\Delta t>0$，为提前时间；$\Delta t<0$，为拖期时间。

表 4-9 所示例中，在第 10d 检查时，A 工程按期完成计划；B 工程进度落后 2d；C 工程因早开工 1d，实际进度提前了 1d。

当进行单位（单项）工程或整个项目的进度计划检查，特别注重的是各组成部分的工期目标（完工或交工时间）是否实现，而不计较具体的施工速度时，也可采用单比例横道图法。

表 4-9　　单比例横道图进度表

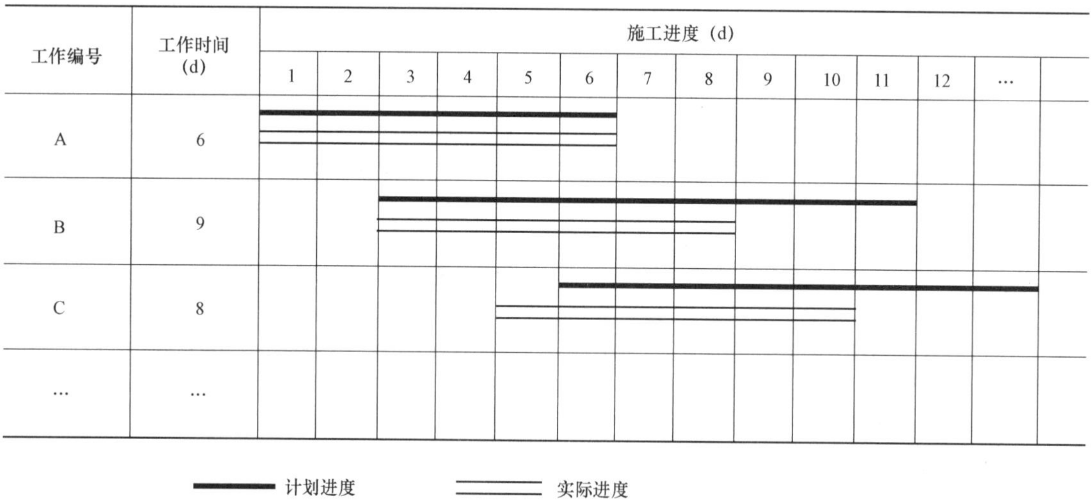

工作编号	工作时间(d)	施工进度（d）												
		1	2	3	4	5	6	7	8	9	10	11	12	…
A	6													
B	9													
C	8													
…	…													

计划进度　　实际进度

（2）双比例单侧（双侧）横道图法。双比例单侧（双侧）横道图法用于检查变速施工进度或多项施工的综合进度。变速施工或多项施工条件下，单位时间完成的施工任务数量不同，且不能简单相加，时间进度与数量进度不一致，因而，应对时间坐标及计划和实际两个进度的累计完成百分比同时标注检查，才能准确地反映施工进度完成情况。具体做法是：

1）在计划横道图上方平行绘制出标注有时间及对应的累计计划完成百分比的横坐标。

2）检查后，用明显标识将自开工日（或上一检查日）起至检查日止的实际施工时间标注在计划横道图的一侧。

3）在计划横道图下方平行标注出检查结果，即绘制出自开工日起至检查日止的实际累计完成百分比的横坐标，于是就得到了双比例单侧横道图。

4）如果将每次检查的实际施工时间交替标注在计划横道图的上下两侧，得到的是双比例双侧横道图。双侧标注可以提供各段检查期间的施工进度情况等更多信息。

5）观察同一时间的计划与实际累计完成百分比的差距，进行进度比较。

如图 4-28 所示示例，该项施工工期 8 个月。7 月末计划应完成计划的 90%，但实际只完成了计划的 80%，和 6 月末的计划要求相同，故拖延工期 1 个月；进度计划的完成程度为 89%（=80%/90%），少完成了 10 个百分点（=90%−80%）。

若该项工程每月末检查一次，其结果按双侧标注，将得到更多信息：前两个月尚能完成计划，从第 3 个月开始都没有完成计划。因而及早检查发现，采取措施是必要的。

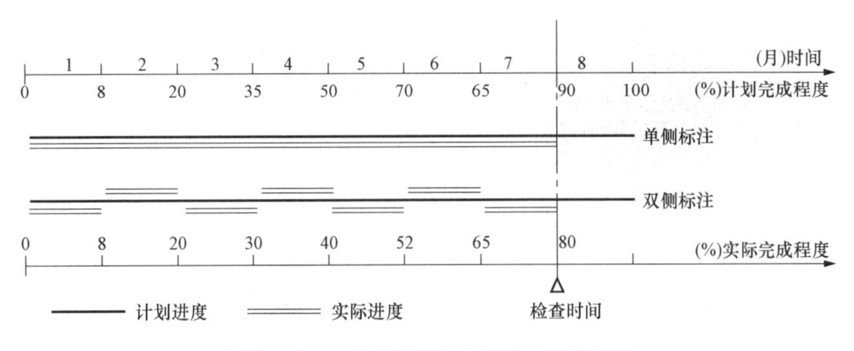

图 4-28　双比例单侧（双侧）横道图法

（3）*S* 形曲线比较法。*S* 形曲线比较法适用于变速施工作业或多项工程的综合进度检查。具体做法是：

1）建立直角坐标系，其横轴 t 表示进度时间，纵轴 Y 表示施工任务的累计完成任务百分比（%）。

2）在图中绘制出表示计划进度时间和相应计划累计完成程度的计划线。因为是变速施工，所以计划线是曲线形态，若施工速度（单位时间完成工程任务）是先快后慢，计划累计曲线呈抛物线形态；若施工速度是先慢后快，计划累计曲线呈指数曲线形态；若施工速度是快慢相间，曲线呈上升的波浪线；若施工速度是中期快首尾慢，计划累计曲线呈 *S* 形曲线形态，其中后者居多，故而得名。计划线上各点切线的斜率表示即时施工速度。

3）对进度计划执行情况检查，并在图上标注出每次检查的实际进度点，将各点连接成实际进度线。然后可按纵横两个坐标方向进行完成数量（进度百分比%）和工期进度的比较分析，具体判别关系见表 4-10。

表 4-10　*S* 形曲线比较判别关系

纵向（数量）比较	同一时间内实际完成与计划完成数量（进度百分比%）Q 相比较		
实际点位于 *S* 线	上方	重合	下方
ΔQ	>0	$=0$	<0
进度计划执行情况	超额完成	刚好完成	未完成
横向（时间）比较	完成相同工作（进度百分比%）实际所用时间与计划需要时间 t 相比较		
实际点位于 *S* 线	左侧	重合	右侧
Δt	<0	$=0$	>0
进度计划执行情况	工期提前	按期完成	工期拖延

在图 4-29 示例中，计划工期 90d。第 40d 检查时，实际进度点 a 落在了计划线的上方左侧，从纵向比较看：实际完成进度 30%，与同期计划比 $\Delta Q_a \approx 30\%-20\%=10\%$，即多

完成 10 个百分点；从横向看：相当于完成了第 50d 的计划任务，$\Delta t_a = 40 - 50 = -10$，故工期提前了 10d。第 70d 检查时，实际进度点 b 落在了计划线的下方右侧，从纵向比较看：实际完成进度 60%，与同期计划比，$\Delta Q_b = 60\% - 80\% = -20\%$，即少完成 20 个百分点；从横向看：相当于完成了第 60d 的计划任务，$\Delta t_b \approx 70 - 60 = 10$，故工期拖延了 10d。若继续保持当前速度施工（施工进度呈直线），预计总工期有可能拖后 $\Delta t_c = 10$d。

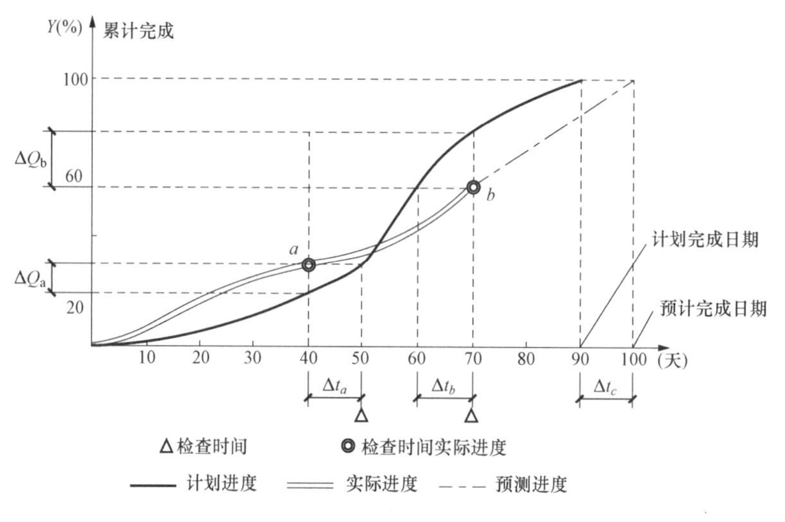

图 4-29　S 形曲线比较法

（4）香蕉形曲线比较法。

1）香蕉形曲线的特征。香蕉形曲线是两条 S 形曲线组合成的闭合图形。如前所述，工程项目的计划时间和累计完成任务量之间的关系都可用一条 S 形曲线表示。在工程项目的网络计划中，各项工作一般可分为最早和最迟开始时间，于是根据各项工作的计划最早开始时间安排进度，就可绘制出一条 S 形曲线，称为 ES 曲线，而根据各项工作的计划最迟开始时间安排进度，绘制出的 S 形曲线，称为 LS 曲线。这两条曲线都是起始于计划开始时刻，终止于计划完成之时，因而图形是闭合的；一般情况下，在其余时刻，ES 曲线上各点均应在 LS 曲线的左侧，其图形如图 4-30 所示，形似香蕉，因而得名。

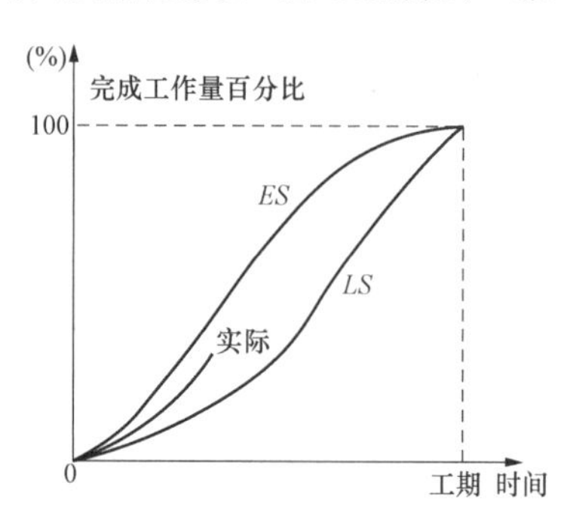

图 4-30　香蕉形曲线比较图

因为在项目的进度控制中，除了开始点和结束点之外，香蕉形曲线的 ES 和 LS 上的点不会重合，即同一时刻两条曲线所对应的计划完成量形成了一个允许实际进度变动的弹性区间，只要实际进度曲线落在这个弹性区间内，就表示项目进度是控制在合理的范围内。在实践中，每次进度检查后，将实际点标注于图上，并连成实际进度线，便可以对工程实际进度与计划进度进行比较分析，对后续工作进度做出预测和相应安排。

2）香蕉形曲线的绘制。

①以工程项目的网络计划为基础，确定该工程项目的工作数目 n 和计划检查次数 m，并计算时间参数 ES_i、LS_i（$i=1, 2, \cdots, n$）。

②确定各项工作在不同时间的计划完成任务量，分为两种情况：

a. 按工程项目的最早时标网络计划，确定各工作在各单位时间的计划完成任务量，用 $q_{i,j}^{ES}$ 表示，即第 i 项工作按最早开始时间开工，第 j 时间完成的任务量（$1\leqslant i\leqslant n$；$1\leqslant j\leqslant m$）。

b. 按工程项目的最迟时标网络计划，确定各工作在各单位时间的计划完成任务量，用 $q_{i,j}^{LS}$ 表示；即第 i 项工作按最迟开始时间开工，第 j 时间完成的任务量（$1\leqslant i\leqslant n$；$1\leqslant j\leqslant m$）。

③计算工程项目总任务量 Q。工程项目的总任务量可用下式计算：

$$Q=\sum_{i=1}^{n}\sum_{j=1}^{m}q_{i,j}^{ES}$$

或

$$Q=\sum_{i=1}^{n}\sum_{j=1}^{m}q_{i,j}^{LS}$$

④计算到 j 时刻累计完成的总任务量，分为两种情况：

a. 按最早时标网络计划计算完成的总任务量 Q_j^{ES} 为

$$Q_j^{ES}=\sum_{i=1}^{n}\sum_{j=1}^{j}q_{i,j}^{ES}\quad(1\leqslant i\leqslant n;1\leqslant j\leqslant m)$$

b. 按最迟时标网络计划计算完成的总任务量 Q_j^{LS} 为

$$Q_j^{LS}=\sum_{i=1}^{n}\sum_{j=1}^{j}q_{i,j}^{LS}\quad(1\leqslant i\leqslant n;1\leqslant j\leqslant m)$$

⑤计算到 j 时刻累计完成项目总任务量百分比，分为两种情况：

a. 按最早时标网络计划计算完成的总任务量百分比 μ_j^{ES} 为

$$\mu_j^{ES}=\frac{Q_j^{ES}}{Q}\times 100\%$$

b. 按最迟时标网络计划计算完成的总任务量百分比 μ_j^{LS} 为

$$\mu_j^{LS}=\frac{Q_j^{LS}}{Q}\times 100\%$$

⑥绘制香蕉形曲线。按（j，μ_j^{ES}），描绘各点，其中 $j=1$，2，…，m，并连接各点得 ES 曲线；按（j，μ_j^{LS}），描绘各点，其中 $j=1$、2、…、m，并连接各点得 LS 曲线，由 ES 曲线和 LS 曲线组成香蕉形曲线。在项目实施过程中，按同样的方法，将每次检查的各项工作实际完成的任务量，代入上述各相应公式，计算出不同时间实际完成任务量的百分比，并在香蕉形曲线的平面内绘出实际进度曲线，便可以进行实际进度与计划进度的比较。

【例 4 - 7】　已知某工程项目网络计划如图 4 - 31 所示，有关网络计划时间参数见表 4 - 11，完成任务量以劳动量消耗数量表示，见表 4 - 12，绘制香蕉形曲线。

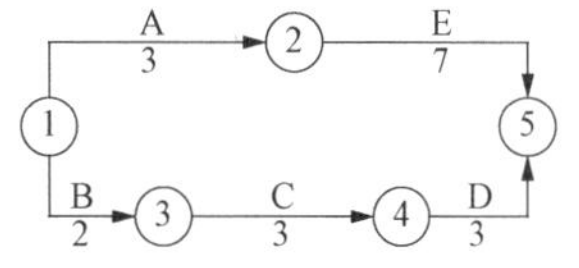

图 4 - 31　某施工项目网络计划

表 4 - 11　　**网络计划时间参数表**

t	工作编号	工作名称	D_i（天）	ES_i	LS_i
1	1—2	A	3	0	0
2	1—3	B	2	0	2
3	3—4	C	3	2	4
4	4—5	D	3	5	7
5	2—5	E	7	3	3

表 4-12 **劳动量消耗数量表**

q_{ij}（工日） / j(天) / i	q_{ij}^{ES}										q_{ij}^{LS}									
	1	2	3	4	5	6	7	8	9	10	1	2	3	4	5	6	7	8	9	10
1	3	3	3								3	3	3							
2	3	3											3	3						
3			3	3	3										3	3	3			
4						2	2	1										2	2	1
5				3	3	3	3	3	3	3				3	3	3	3	3	3	3

【解】 施工项目工作数 $n=5$，计划每天检查一次 $m=10$

（1）计算工程项目的总劳动消耗量 Q：

$$Q=\sum_{i=1}^{5}\sum_{j=1}^{10}q_{i,j}^{ES}=50$$

（2）计算到 j 时刻累计完成的总任务量 Q_j^{ES} 和 Q_j^{LS}，见表 4-13；

（3）计算到 j 时刻累计完成的总任务量百分比 μ_j^{ES}、μ_j^{LS} 见表 4-13。

表 4-13 **完成的总任务量及其百分比表**

j(d)	1	2	3	4	5	6	7	8	9	10
Q_j^{ES}（工日）	6	12	18	24	30	35	40	44	47	50
Q_j^{LS}（工日）	3	6	12	18	24	30	36	41	46	50
μ_j^{ES}(%)	12	24	36	48	60	70	80	88	94	100
μ_j^{LS}(%)	6	12	24	36	48	60	72	82	92	100

（4）根据 μ_j^{ES}、μ_j^{LS} 及其相应的 j 绘制 ES 曲线和 LS 曲线，得香蕉形曲线，如图 4-32 所示。

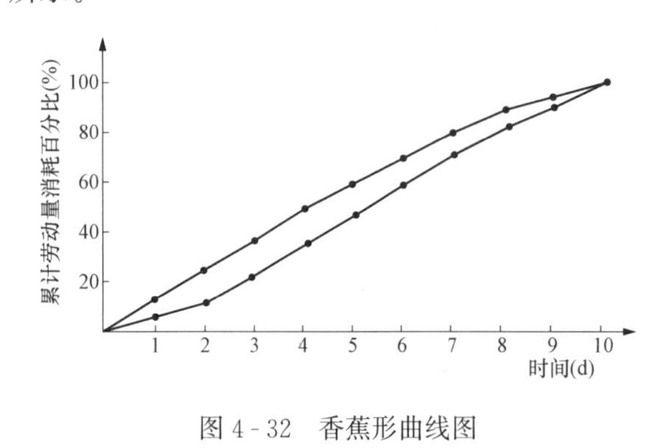

图 4-32 香蕉形曲线图

（5）前锋线比较法。

1）前锋线的概念。所谓前锋线，是指在原时标网络计划上，从检查时刻的时标点出发，用虚线或点画线依次将各项正在进行工作实际进展位置点连接而成的折线。前锋线比较法就是通过实际进度前锋线与原进度计划中各工作箭线交点的位置来判断工作实际进度与计划进度的偏差，进而判定该偏差对后续工作及总工期影响程度的一种方法。

2）前锋线的绘制。采用前锋线比较法进行实际进度与计划进度的比较，其步骤如下：

①绘制时标网络图。

②绘制实际进度前锋线。

3）前锋线的比较分析。前锋线能明显反映到检查日止有关工作实际进度与计划进度的关系，有以下三种情况：

①工作实际进展位置点落在检查日期的左侧，表明该工作实际进度拖后，拖后时间为二者之差。

②工作实际进展位置点与检查日期重合，表明该工作实际进度与计划进度一致。

③工作实际进展位置点落在检查日期的右侧，表明该工作实际进度超前，超前时间为二者之差。

通过实际进度与计划进度的比较确定进度偏差后，还可根据工作的自由时差和总时差预测该进度偏差对各自后续工作及项目总工期的影响，如图 4 - 33 所示绘制时标网络计划及前锋线，分析得出第 6 周末检查时，工作 D 实际进度比原计划拖后两周，而工作 D 只有 1 周的总时差和 1 周的自由时差，所以按工作 D 的进度必将使总工期延后 1 周，其紧后工作 F 最早可能开始时间延后 1 周；工作 E 实际进度比原计划拖后 1 周，而工作 E 有 1 周的总时差和 1 周的自由时差，所以按工作 E 的进度不影响总工期和其紧后工作 G 的最早可能开始时间；工作 C 实际进度比原计划拖后两周，由于工作 C 是关键工作，按工作 C 的实际进度必将使总工期拖后两周，其紧后工作 H、G 的最早可能开始时间拖后两周。

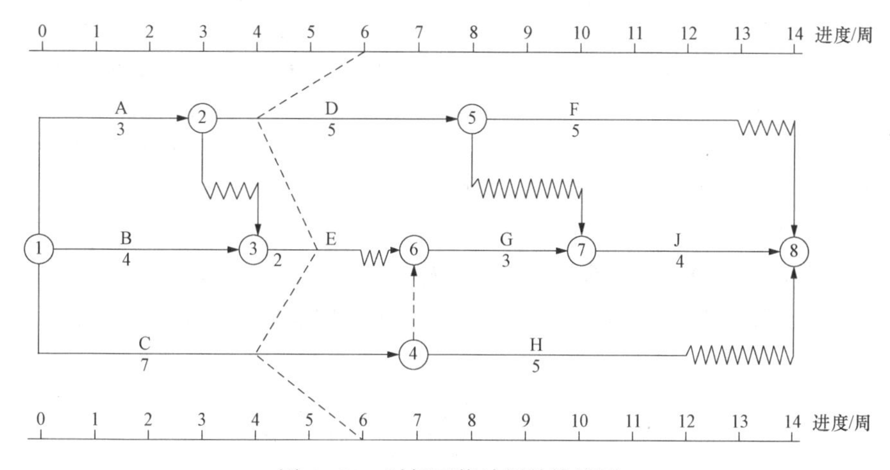

图 4 - 33　时标网络计划前锋线图

2. 列表比较法

当采用无时间坐标网络图计划时，也可以采用列表比较法，比较工程实际进度与计划进度的偏差情况。该方法是记录检查时应该进行的工作名称和已进行的天数，然后列表计算有关时间参数，根据原有总时差和尚有总时差判断实际进度与计划进度的比较方法。列表比较法步骤如下：

(1) 计算检查时应该进行的工作 $i-j$ 尚需作业时间 T_{i-j}^2，其计算公式为

$$T_{i-j}^2 = D_{i-j} - T_{i-j}^1$$

式中　D_{i-j}——工作 $i-j$ 的计划持续时间；

T_{i-j}^1——到检查日止工作 $i-j$ 已经进行的时间。

(2) 计算工作 $i-j$ 检查时至最迟完成时间的尚余时间 T_{i-j}^3，其计算公式为

$$T_{i-j}^3 = LF_{i-j} - t$$

式中　LF_{i-j}——工作 $i-j$ 的最迟完成时间；

t——检查时间。

(3) 计算工作 $i-j$ 尚有总时差 TF_{i-j}^{1}，其计算公式为

$$TF_{i-j}^{1}=T_{i-j}^{3}-T_{i-j}^{2}$$

(4) 填表分析工作实际进度与计划进度的偏差。可能有以下几种情况：

若工作尚有总时差与原总时差相等，则该工作的实际进度与计划进度一致；

若工作尚有总时差小于原有总时差，但仍为正值，则说明该工作的实际进度比计划进度拖后，产生的偏差值为二者之差，但不影响总工期；

若尚有总时差为负值，则说明对总工期有影响。

【例 4-8】 已知某网络计划如图 4-34 所示，在第 5d 检查时，发现工作 A 已完成，工作 B 已进行 1d，工作 C 已进行 2d，工作 D 尚未开始。试用列表比较法进行实际进度与计划进度比较。

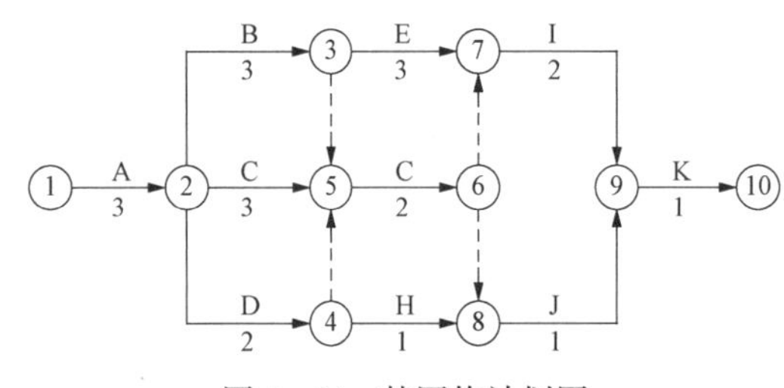

图 4-34 某网络计划图

【解】

(1) 计算检查时计划应进行工作尚需作业时间 T_{i-j}^{2}。如工作 B：

$$T_{2-3}^{2}=D_{2-3}-T_{2-3}^{1}=3-1=2(\mathrm{d})$$

(2) 计算工作检查时至最迟完成时间的尚余时间 T_{i-j}^{3}。如工作 B：

$$T_{2-3}^{3}=LF_{2-3}-t=6-5=1(\mathrm{d})$$

(3) 计算工作尚有总时差 TF_{i-j}^{2}。如工作 B：

$$TF_{2-3}^{1}=T_{2-3}^{3}-T_{2-3}^{2}=1-2=-1(\mathrm{d})$$

其余有关工作 C 和 D 的时间数据计算方法相同，见表 4-14。

(4) 从表中分析工作实际进度与计划进度的偏差。将有关数据填入表格的相应栏目内，并进行情况判断，见表 4-14。

表 4-14 工程进度检查比较表

工作代号	工作名称	检查计划时尚需作业天数 T_{i-j}^{2}	到计划最迟完成时尚余天数 T_{i-j}^{3}	原有总时差 TF_{i-j}	尚有总时差 TF_{i-j}^{1}	情况判断
2—3	B	2	1	0	−1	影响工期 1d
2—5	C	1	2	1	1	正常
2—4	D	2	2	2	0	拖后

4.4.4 施工进度计划的调整与总结

施工进度计划的调整应依据施工进度计划检查结果，在进度计划执行发生偏离的时候，通过对施工内容、工程量、起止时间、资源供应的调整，或通过局部改变施工顺序，重新确认作业过程相互协作方式等工作关系进行的调整，更充分利用施工的时间和空间进行合理交叉衔接，并编制调整后的施工进度计划，以保证施工总目标的实现。

1. 施工进度检查结果的处理意见

通过检查发现施工进度发生偏差 Δ 后，可利用网络图分析偏差 Δ 所处的位置及其与总时差 TF、自由时差 FF 的对比关系，判断 Δ 对总工期和后续工作的影响（见表 4-15），并依据施工工期要求提出处理意见，在必要时做出调整。每次检查之后都要及时调整，力争将

偏差在最短期间内，在所发生的施工阶段内自行消化、平衡，以免造成影响太大。对施工进度检查结果的处理意见表 4 - 15。

表 4 - 15　　施工进度检查结果的处理意见

工期要求	进度偏差（Δ）分析		处理意见
按期完工 总工期：T	$\Delta=0$		执行原计划
	$TF>0$	$\Delta<0$ $0<\Delta\leqslant FF$	不需调整
		$FF<\Delta\leqslant TF$	调整后续工作起止时间
		$\Delta>TF$	压缩后续工作时间 $\Delta-TF$
	$TF=0$	$\Delta<0$	延长后续耗资大的关键工作时间 Δ，以降低成本
		$\Delta>0$	压缩后续关键工作时间 Δ
工期延长 Δ' 新工期 $T+\Delta'$	$TF=0$	$\Delta>\Delta'>0$	压缩后续关键工作时间 $\Delta-\Delta'$
		$\Delta'>\Delta>0$	后续关键工作不必压缩、不必改变工作关系，只需按实际进度数据修改原网络计划的时间参数
工期提前 Δ' 新工期 $T-\Delta'$	$TF=0$	$\Delta=0$	压缩后续关键工作时间 Δ'
		$\Delta>0$	后续关键工作压缩时间 $\Delta'+\Delta$
		$\Delta<0$	后续关键工作不必压缩、不必改变工作关系，只需按实际进度数据修改原网络计划的时间参数

注　表中 Δ 为工期偏差，Δ＝实际进度工期－计划进度工期。

2. 施工进度计划的调整

（1）压缩后续工作持续时间。在原网络计划的基础上，不改变工作间的逻辑关系，而是采取必要的组织措施、技术措施和经济措施，压缩后续工作的持续时间，以弥补前面工作产生的负时差。一般是根据工期——费用优化的原理进行调整。具体做法是：

①研究后续各工作持续时间压缩的可能性，及其极限工作持续时间；

②确定由于计划调整，采取必要措施，而引起的各工作的费用变化率；

③选择直接引起拖期的工作及紧后工作优先压缩，以免拖期影响扩大；

④选择费用变化率最小的工作优先压缩；

⑤综合考虑③、④，确定新的调整计划。

具体调整示例如图 4 - 35 所示。图中（ ）内为极限工作时间；（ ）外为正常工作时间；[ ] 内为尚需工作时间；<>内为费用变化率

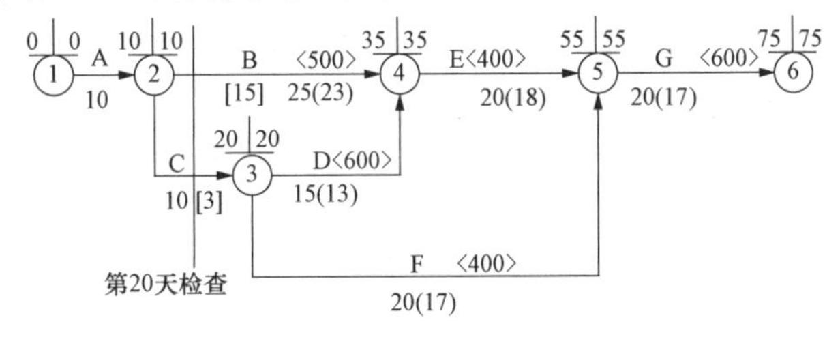

图 4 - 35　计划进度调整示例

图4-35中，第20d检查时，A工作已完成，B工作进度在正常范围内，C工作尚有3d才能完成，拖期3d，将影响总工期。若保持总工期75d不变，需在后续关键工作中压缩工期3d，可有多种方案供选择，考虑到若在D工作能尽量压缩工期，以减少D工作拖期造成的损失，最后选择的压缩途径是：D缩短2d；E缩短1d；调整工期所多花费用为：600×2+400×1=1600（元）。

（2）改变施工活动的逻辑关系及搭接关系。缩短工期的另一个途径是通过改变关键线路上各工作间的逻辑关系、搭接关系和平行流水途径来实现，而施工活动持续时间并不改变。对于大型群体工程项目，单位工程间的相互制约相对较小，可调幅度较大；对于单位工程内部，由于施工顺序和逻辑关系约束较大，可调幅度较小。

在施工进度拖期太长，某一种方式的可调幅度都不能满足工期目标要求，可以同时采用上述两种方法进行进度计划调整。

（3）资源供应的调整。对于因资源供应发生异常而引起进度计划执行问题，应采用资源优化方法对计划进行调整，或采取应急措施，使其对工期影响最小。

（4）增减施工内容。增减施工内容应做到不打乱原计划的逻辑关系，只对局部逻辑关系进行调整。在增减施工内容以后，应重新计算时间参数，分析对原网络计划的影响。当对工期有影响时，应采取调整措施，保证计划工期不变。

（5）增减工程量。增减工程量主要是指改变施工方案、施工方法，从而导致工程量的增加或减少。

（6）起止时间的改变。起止时间的改变应在相应的工作时差范围内进行：如延长或缩短工作的持续时间，或将工作在最早开始时间和最迟完成时间范围内移动。每次调整必须重新计算时间参数，观察该项调整对整个施工计划的影响。

3. 施工进度控制总结

项目经理部应在施工进度计划完成后，及时进行施工进度控制总结，为进度控制提供反馈信息。

（1）总结依据的资料有：①施工进度计划；②施工进度计划执行的实际记录；③施工进度计划检查结果；④施工进度计划的调整资料。

（2）总结的主要内容有：①合同工期目标和计划工期目标完成情况；②施工进度控制经验；③施工进度控制中存在的问题；④科学的施工进度计划方法的应用情况；⑤施工进度控制的改进意见。

任务五　施工成本管理

5.1　建筑安装工程的费用组成

5.1.1　按费用构成要素划分费用组成

建筑安装工程费按照费用构成要素划分：由人工费、材料（包含工程设备）费、施工机具使用费、企业管理费、利润、规费和税金组成。其中人工费、材料费、施工机具使用费、企业管理费和利润包含在分部分项工程费、措施项目费、其他项目费中（见图 5-1）。

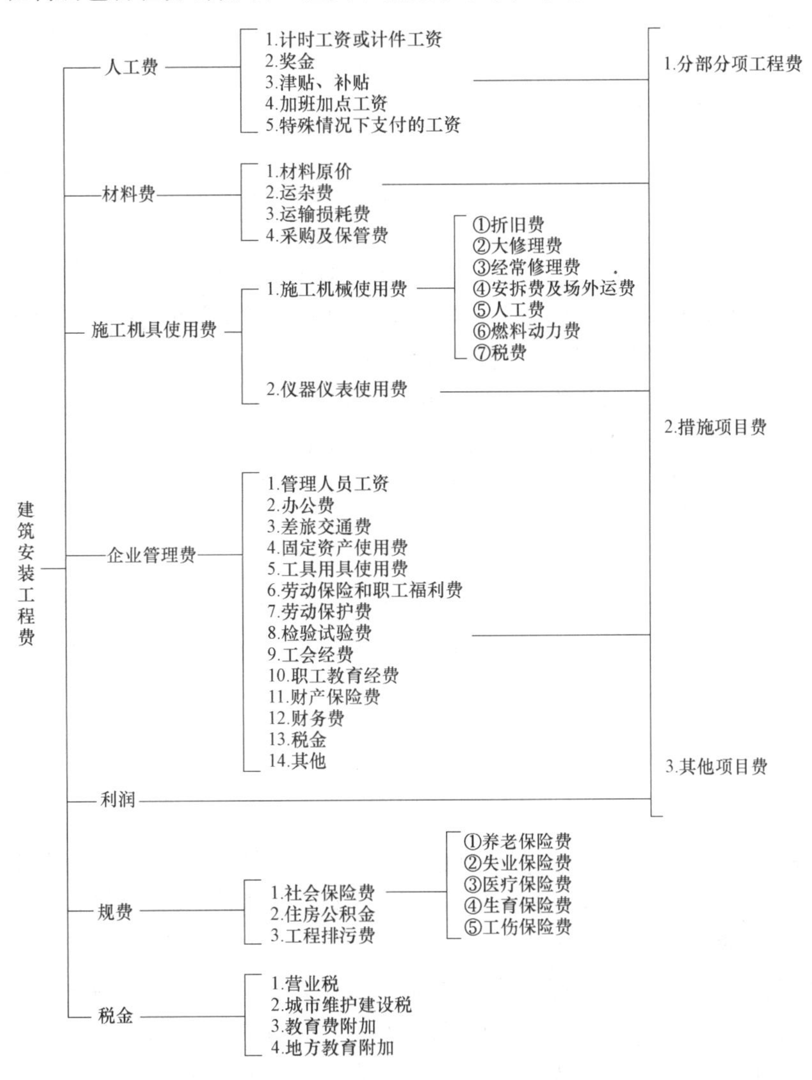

图 5-1　按费用构成要素划分费用组成

1. 人工费

人工费是指按工资总额构成规定，支付给从事建筑安装工程施工的生产工人和附属生产单位工人的各项费用。内容包括：

(1) 计时工资或计件工资，是指按计时工资标准和工作时间或对已做工作按计件单价支付给个人的劳动报酬。

(2) 奖金，是指对超额劳动和增收节支支付给个人的劳动报酬。如节约奖、劳动竞赛奖等。

(3) 津贴补贴，是指为了补偿职工特殊或额外的劳动消耗和因其他特殊原因支付给个人的津贴，以及为了保证职工工资水平不受物价影响支付给个人的物价补贴。如流动施工津贴、特殊地区施工津贴、高温（寒）作业临时津贴、高空津贴等。

(4) 加班加点工资，是指按规定支付的在法定节假日工作的加班工资和在法定日工作时间外延时工作的加点工资。

(5) 特殊情况下支付的工资，是指根据国家法律、法规和政策规定，因病、工伤、产假、计划生育假、婚丧假、事假、探亲假、定期休假、停工学习、执行国家或社会义务等原因按计时工资标准或计时工资标准的一定比例支付的工资。

2. 材料费

材料费是指施工过程中耗费的原材料、辅助材料、构配件、零件、半成品或成品、工程设备的费用。内容包括：

(1) 材料原价，是指材料、工程设备的出厂价格或商家供应价格。

(2) 运杂费，是指材料、工程设备自来源地运至工地仓库或指定堆放地点所发生的全部费用。

(3) 运输损耗费，是指材料在运输装卸过程中不可避免的损耗。

(4) 采购及保管费，是指为组织采购、供应和保管材料、工程设备的过程中所需要的各项费用。包括采购费、仓储费、工地保管费、仓储损耗。

工程设备是指构成或计划构成永久工程一部分的机电设备、金属结构设备、仪器装置及其他类似的设备和装置。

3. 施工机具使用费

施工机具使用费是指施工作业所发生的施工机械、仪器仪表使用费或其租赁费。

(1) 施工机械使用费以施工机械台班耗用量乘以施工机械台班单价表示，施工机械台班单价应由下列七项费用组成。

1) 折旧费：指施工机械在规定的使用年限内，陆续收回其原值的费用。

2) 大修理费：指施工机械按规定的大修理间隔台班进行必要的大修理，以恢复其正常功能所需的费用。

3) 经常修理费：指施工机械除大修理以外的各级保养和临时故障排除所需的费用。包括为保障机械正常运转所需替换设备与随机配备工具附具的摊销和维护费用，机械运转中日常保养所需润滑与擦拭的材料费用及机械停滞期间的维护和保养费用等。

4) 安拆费及场外运费：安拆费指施工机械（大型机械除外）在现场进行安装与拆卸所需的人工、材料、机械和试运转费用以及机械辅助设施的折旧、搭设、拆除等费用；场外运费指施工机械整体或分体自停放地点运至施工现场或由一施工地点运至另一施工地点的运输、装卸、辅助材料及架线等费用。

5) 人工费指机上司机（司炉）和其他操作人员的人工费。

6）燃料动力费指施工机械在运转作业中所消耗的各种燃料及水、电等。

7）税费指施工机械按照国家规定应缴纳的车船使用税、保险费及年检费等。

（2）仪器仪表使用费是指工程施工所需使用的仪器仪表的摊销及维修费用。

4. 企业管理费

企业管理费是指建筑安装企业组织施工生产和经营管理所需的费用。内容包括：

（1）管理人员工资：指按规定支付给管理人员的计时工资、奖金、津贴补贴、加班加点工资及特殊情况下支付的工资等。

（2）办公费：指企业管理办公用的文具、纸张、账表、印刷、邮电、书报、办公软件、现场监控、会议、水电、烧水和集体取暖降温（包括现场临时宿舍取暖降温）等费用。

（3）差旅交通费：指职工因公出差、调动工作的差旅费、住勤补助费，市内交通费和误餐补助费，职工探亲路费，劳动力招募费，职工退休、退职一次性路费，工伤人员就医路费，工地转移费以及管理部门使用的交通工具的油料、燃料等费用。

（4）固定资产使用费：指管理和试验部门及附属生产单位使用的属于固定资产的房屋、设备、仪器等的折旧、大修、维修或租赁费。

（5）工具用具使用费：指企业施工生产和管理使用的不属于固定资产的工具、器具、家具、交通工具和检验、试验、测绘、消防用具等的购置、维修和摊赁费。

（6）劳动保险和职工福利费：指由企业支付的职工退职金、按规定支付给离休干部的经费，集体福利费、夏季防暑降温、冬季取暖补贴、上下班交通补贴等。

（7）劳动保护费：是企业按规定发放的劳动保护用品的支出。如工作服、手套、防暑降温饮料以及在有碍身体健康的环境中施工的保健费用等。

（8）检验试验费：指施工企业按照有关标准规定，对建筑以及材料、构件和建筑安装物进行一般鉴定、检查所发生的费用，包括自设试验室进行试验所耗用的材料等费用。不包括新结构、新材料的试验费，对构件做破坏性试验及其他特殊要求检验试验的费用和建设单位委托检测机构进行检测的费用，对此类检测发生的费用，由建设单位在工程建设其他费用中列支。但对施工企业提供的具有合格证明的材料进行检测不合格的，该检测费用由施工企业支付。

（9）工会经费：指企业按《工会法》规定的全部职工工资总额比例计提的工会经费。

（10）职工教育经费：指按职工工资总额的规定比例计提，企业为职工进行专业技术和职业技能培训，专业技术人员继续教育、职工职业技能鉴定、职业资格认定以及根据需要对职工进行各类文化教育所发生的费用。

（11）财产保险费：指施工管理用财产、车辆等的保险费用。

（12）财务费：指企业为施工生产筹集资金或提供预付款担保、履约担保、职工工资支付担保等所发生的各种费用。

（13）税金：指企业按规定缴纳的房产税、车船使用税、土地使用税、印花税等。

（14）其他：包括技术转让费、技术开发费、投标费、业务招待费、绿化费、广告费、公证费、法律顾问费、审计费、咨询费、保险费等。

5. 利润

利润是指施工企业完成所承包工程获得的盈利。

6. 规费

规费是指按国家法律、法规规定，由省级政府和省级有关权力部门规定必须缴纳或计取的费用。包括：

（1）社会保险费。

1）养老保险费，是指企业按照规定标准为职工缴纳的基本养老保险费。

2）失业保险费，是指企业按照规定标准为职工缴纳的失业保险费。

3）医疗保险费，是指企业按照规定标准为职工缴纳的基本医疗保险费。

4）生育保险费，是指企业按照规定标准为职工缴纳的生育保险费。

5）工伤保险费，是指企业按照规定标准为职工缴纳的工伤保险费。

（2）住房公积金，是指企业按规定标准为职工缴纳的住房公积金。

（3）工程排污费，是指按规定缴纳的施工现场工程排污费。

其他应列而未列入的规费，按实际发生计取。

7. 税金

税金是指国家税法规定的应计入建筑安装工程造价内的营业税、城市维护建设税、教育费附加以及地方教育附加。

5.1.2 按造价形成划分费用组成

建筑安装工程费按照工程造价形成由分部分项工程费、措施项目费、其他项目费、规费、税金组成，分部分项工程费、措施项目费、其他项目费包含人工费、材料费、施工机具使用费、企业管理费和利润（见图5-2）。

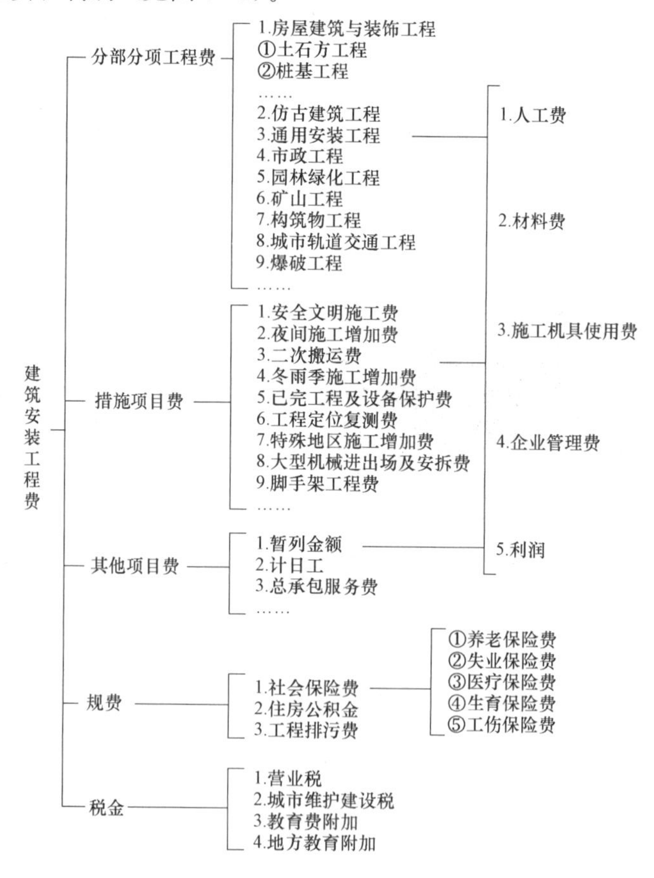

图5-2 按造价形成划分费用组成

1. 分部分项工程费

分部分项工程费是指各专业工程的分部分项工程应予列支的各项费用。

（1）专业工程是指按现行国家计量规范划分的房屋建筑与装饰工程、仿古建筑工程、通用安装工程、市政工程、园林绿化工程、矿山工程、构筑物工程、城市轨道交通工程、爆破工程等各类工程。

（2）分部分项工程是指按现行国家计量规范对各专业工程划分的项目。如房屋建筑与装饰工程划分的土石方工程、地基处理与桩基工程、砌筑工程、钢筋及钢筋混凝土工程等。

各类专业工程的分部分项工程划分见现行国家或行业计量规范。

2. 措施项目费

措施项目费是指为完成建设工程施工，发生于该工程施工前和施工过程中的技术、生活、安全、环境保护等方面的费用。内容包括：

（1）安全文明施工费。

①环境保护费，是指施工现场为达到环保部门要求所需要的各项费用。

②文明施工费，是指施工现场文明施工所需要的各项费用。

③安全施工费，是指施工现场安全施工所需要的各项费用。

④临时设施费，是指施工企业为进行建设工程施工所必须搭设的生活和生产用的临时建筑物、构筑物和其他临时设施费用。包括临时设施的搭设、维修、拆除、清理费或摊销费等。

（2）夜间施工增加费，是指因夜间施工所发生的夜班补助费、夜间施工降效、夜间施工照明设备摊销及照明用电等费用。

（3）二次搬运费，是指因施工场地条件限制而发生的材料、构配件、半成品等一次运输不能到达堆放地点，必须进行二次或多次搬运所发生的费用。

（4）冬雨季施工增加费，是指在冬季或雨季施工需增加的临时设施、防滑、排除雨雪，人工及施工机械效率降低等费用。

（5）已完工程及设备保护费，是指竣工验收前，对已完工程及设备采取的必要保护措施所发生的费用。

（6）工程定位复测费，是指工程施工过程中进行全部施工测量放线和复测工作的费用。

（7）特殊地区施工增加费，是指工程在沙漠或其边缘地区、高海拔、高寒、原始森林等特殊地区施工增加的费用。

（8）大型机械设备进出场及安拆费，是指机械整体或分体自停放场地运至施工现场或由一个施工地点运至另一个施工地点，所发生的机械进出场运输及转移费用及机械在施工现场进行安装、拆卸所需的人工费、材料费、机械费、试运转费和安装所需的辅助设施的费用。

（9）脚手架工程费，是指施工需要的各种脚手架搭、拆、运输费用以及脚手架购置费的摊销（或租赁）费用。

措施项目及其包含的内容详见各类专业工程的现行国家或行业计量规范。

3. 其他项目费

（1）暂列金额，是指建设单位在工程量清单中暂定并包括在工程合同价款中的一笔款项。用于施工合同签订时尚未确定或者不可预见的所需材料、工程设备、服务的采购，施工中可能发生的工程变更、合同约定调整因素出现时的工程价款调整以及发生的索赔、现场签证确认等的费用。

(2) 计日工，是指在施工过程中，施工企业完成建设单位提出的施工图纸以外的零星项目或工作所需的费用。

(3) 总承包服务费，是指总承包人为配合、协调建设单位进行的专业工程发包，对建设单位自行采购的材料、工程设备等进行保管以及施工现场管理、竣工资料汇总整理等服务所需的费用。

4. 规费

规费定义同 5.1.1 相关内容。

5. 税金

税金定义同 5.1.1 相关内容。

5.1.3 施工成本的含义

施工成本是指在建设工程项目的施工过程中所发生全部生产费用的总和，包括所消耗的原材料、辅助材料、构配件等的费用，周转材料的摊销费或租赁费等、施工机械的使用费或租赁费等，支付给生产工人的工资、奖金、工资性质的津贴等，以及进行施工组织与管理所发生的全部费用支出。是施工中各种物化劳动和活劳动的货币表现，它是建筑工程造价中的主要部分。一般分为预算成本、计划成本和实际成本。

建设工程项目施工成本由直接成本和间接成本所组成。

直接成本是指施工过程中耗费的构成工程实体或有助于工程实体形成的各项费用支出，其是可以直接计入工程对象的费用，包括人工费、材料费、施工机具使用费和施工措施费。

间接成本是指为施工准备、组织和管理施工生产的全部费用的支出，是非直接用于也无法直接计入工程对象，但为进行工程施工所必须发生的费用，包括管理人员工资、办公费、差旅交通费等。

5.2 施工成本管理概述

5.2.1 施工成本管理任务和原则

一、施工成本管理的任务

低成本、高品质是建筑市场竞争的焦点，也是建筑施工企业所追求的目标，施工项目的成本管理是建筑安装施工企业经营管理的基石。

根据建筑产品成本运行规律，成本管理责任体系应包括法人层和项目经理部。法人层的成本管理除生产成本以外，还包括经营管理费用。项目管理层应对生产成本进行管理。法人层贯穿于项目投标、实施和结算过程，体现效益中心的管理职能；项目管理层则着眼于执行法人确定的施工成本管理目标，发挥现场生产成本控制中心的管理职能。

施工成本管理就是要在保证工期和质量满足要求的情况下，利用各种措施把成本控制在计划范围内，并进一步寻求最大程度的成本节约。施工成本管理的任务主要包括：

1. 施工成本预测

施工成本预测是指通过取得的历史数字资料，采用经验总结、统计分析及数学模型的方法对成本进行判断和推测。通过项目施工成本预测，可以为施工企业经营决策和项目经理部编制成本计划等提供数据。它是实行施工项目科学管理的一项重要工具，越来越被人们所重视，并日益发挥其作用。成本预测在实际工作中虽然不常提到，而实际上人们往往不知不觉中会用到，例如施工企业在工程投标时或中标后都往往根据过去的经验对工程成本进行估计，这种估计实际上是一种预测，其发挥的作用是不能低估的。但是如何能够更加准确而有效地预测施工项目成本，仅依靠经验的估计很难做到，这需要掌握科学的系统的预测方法，以使其在工程经营和管理中发挥更大的作用。

2. 施工成本计划

一个施工项目成本计划应包括从开工到竣工所必需的施工成本，它是该施工项目降低成本的指导文件。施工成本计划是以货币形式编制施工项目在计划期内的生产费用、成本水平、成本降低率以及为降低成本所采取的主要措施和规划的书面方案，它是建立施工项目成本管理责任制、开展成本控制和核算的基础。

3. 施工成本控制

施工成本控制是成本管理的核心内容，主要是指在施工过程中，对影响施工项目成本的各种因素加强管理，并采用各种有效措施，将施工中实际发生的各种消耗和支出严格控制在成本计划范围内，随时揭示并及时反馈，严格审查各项费用是否符合标准，计算实际成本和计划成本之间的差异并进行分析，消除施工中的损失浪费现象。

施工项目成本控制应贯穿于施工项目从投标阶段开始直到项目竣工验收的全过程。因此，必须明确各级管理组织和各级人员的责任和权限，这是成本控制的基础之一，必须给以足够的重视。

4. 施工成本核算

施工成本核算就是定期地确认、记录施工过程中发生的费用支出，以反映工程项目发生的实际成本。建立项目成本核算制，明确项目成本核算的原则、范围、程序、方法、内容、责任及要求，可以反映、监督项目成本计划的完成情况，促进工程项目改善管理、降低成本、提高经济效益。

核算内容主要是“两算对比，三算分析”，即比较施工图预算（清单计价）和施工预算的差异，然后将预算成本、计划成本和实际成本进行比较，考核成本控制的效果，分析产生偏差的原因。

5. 施工成本分析

施工成本分析是工程成本管理的重要一环，通过成本分析，可以找出影响工程成本升降的原因和主要影响因素，总结成本管理的经验与问题，从而采取措施，进一步挖掘潜力，提高施工管理水平。

施工成本分析分单项成本分析和综合成本分析。前者是对分部（项）工程的人、材、机械费用与计划成本的差异分析；后者是对整个工程的盈亏分析。

6. 施工成本考核

通过定期和不定期地工程项目成本考核，可以贯彻项目经理责任制、项目成本核算制，更好地实现项目成本目标，促进成本管理工作的健康发展。

二、施工成本管理的原则

1. 全面控制原则

全面控制原则包括两个含义，即全员控制和全过程控制。

(1) 项目全员控制。成本控制涉及项目组织中的所有部门、班组和员工的工作，并与每一个员工的切身利益有关，因此应充分调动每个部门、班组和每一个员工控制成本、关心成本的积极性，真正树立起全员控制的观念，如果认为成本控制仅是负责预、结算及财务方面的事，就片面了。

（2）项目全过程成本控制。项目成本的发生涉及项目的整个周期，项目成本形成的全过程，从施工准备开始，经施工过程至竣工移交后的保修期结束。因此，成本控制工作要伴随项目施工的每一阶段，如在施工准备阶段制订最佳的施工方案，按照设计要求和施工规范施工，充分利用现有的资源，减少施工成本支出，并确保工程质量，减少工程返工费和工程移交后的保修费用。工程验收移交阶段，要及时追加合同价款办理工程结算，使工程成本自始至终处于有效控制之下。

2. 目标控制原则

目标管理是管理活动的基本技术和方法。它是把计划的方针、任务、目标和措施等加以逐一分解落实。在实施目标管理的过程中，目标的设定应切实可行，越具体越好，要落实到部门、班组甚至个人；目标的责任要全面，既要有工作责任，更要有成本责任；做到责、权、利相结合，对责任部门（人）的业绩进行检查和考评，并同其工资、奖金挂钩，做到奖罚分明。

3. 动态控制原则

成本控制是在不断变化的环境下进行的管理活动，所以必须坚持动态控制的原则，所谓动态控制就是将工、料、机投入到施工过程中，收集成本发生的实际值，将其与目标值相比较，检查有无偏离，若无偏差，则继续进行，否则要找出具体原因，采取相应措施。实施成本控制过程应遵循“例外”管理方法，所谓“例外”是指在工程项目建设活动中那些不经常出现的问题，但关键性问题对成本目标的顺利完成影响重大，也必须予以高度重视。在项目实施过程中属于“例外”的情况通常有如下几个方面：

（1）重要性：一般是从金额上来看有重要意义的差异，才称作“例外”，成本差额金额的确定，应根据项目的具体情况确定差异占原标准的百分率。差异分有利差异和不利差异。实际成本支出低于标准成本过多也不见得是一件好事，它可能造成两种情况：一种是给后续的分部分项工程或作业带来不利影响；另一种是造成质量低，除可能带来返工和增加保修费用外，质量成本控制还影响企业声誉。

（2）一贯性：尽管有些成本差异虽未超过规定的百分率或最低金额，但一直在控制线的上下限线附近徘徊，也应视为“例外”。意味着原来的成本预测可能不准确，要及时根据实际情况进行调整。

（3）控制能力：有些是项目管理人员无法控制的成本项目，即使发生重大的差异，也应视为“例外”，如征地、拆迁、临时租用费用的上升等。

（4）特殊性：凡对项目施工全过程都有影响的成本项目，即使差异没有达到重要性的地位，也应受到成本管理人员的密切注意。如机械维修费的片面强调节约。在短期内虽可再降低成本，但因维修不足可能造成未来的停工修理，从而影响施工生产的顺利进行。

5.2.2 施工成本管理措施和基本程序

一、施工成本管理的措施

为了取得施工成本管理的理想成果，应当从多方面采取措施实施管理，通常可以将这些措施归纳为组织措施、技术措施、经济措施、合同措施等四个方面。

1. 组织措施

采取组织措施控制工程成本，首先，要明确项目经理部的机构设置与人员配备，明确项目经理部、公司或施工队之间职权关系的划分。项目经理部是作业管理班子，是企业法人指定项目经理做他的代表人管理项目的工作班子，项目建成后即行解体，所以他不是一个经济实体，不应对整体利益负责任。同理应协调好公司与公司之间的责、权、利的关系。其次，要明确成本控制者及任务，从而使成本控制有人负责，避免成本大了，费用超了，项目亏了责任却不明的问题。

2. 技术措施

技术措施不仅对解决施工成本管理过程中的技术问题是不可缺少的，而且对纠正施工成本管理目标偏差也有相当重要的作用。因此，运用技术纠偏措施的关键，一是要能提出多个不同的技术方案，二是要对不同的技术方案进行技术经济分析。在实践中，要避免仅从技术角度选定方案而忽视对其经济效果的分析论证。另外，还应加强质量管理，控制返工率。在施工过程中，要严把工程质量关，始终贯彻“至精、至诚、更优、更新”的质量方针，各级质量自检人员定点、定岗、定责，加强施工工序的质量自检，将管理工作真正贯彻到整个过程中，采取防范措施，消除质量通病，做到工程一次成型，一次合格，杜绝返工现象的发生，避免造成因不必要的人、财、物等大量的投入而加大工程成本。

3. 经济措施

经济措施是最易为人接受和采用的措施。主要包括：

(1) 人工费控制：人工费占全部工程费用的比例较大，一般都在10%左右，所以要严格控制人工费。要从用工数量控制，有针对性地减少或缩短某些工序的工日消耗量，从而达到降低工日消耗，控制工程成本的目的。

(2) 材料费的控制：材料费一般占全部工程费的60%～70%，直接影响工程成本和经济效益。一般做法是要按量、价分离的原则，主要做好两个方面的工作。①对材料用量的控制。首先是坚持按定额确定材料消耗量，实行限额领料制度；其次是改进施工技术，推广使用降低料耗的各种新技术、新工艺、新材料；再就是对工程进行功能分析，对材料进行性能分析，力求用低价材料代替高价材料，加强周转料管理，延长周转次数等。②对材料价格进行控制。主要是由采购部门在采购中加以控制。首先对市场行情进行调查，在保质保量前提下，货比三家，择优购料；其次是合理组织运输，就近购料，选用最经济的运输方式，以降低运输成本；再就是要考虑资金的时间价值，减少资金占用，合理确定进货批量与批次，尽可能降低材料储备。

(3) 机械费的控制：尽量减少施工中所消耗的机械台班量，通过全面施工组织、机械调配，提高机械设备的利用率和完好率，同时，加强现场设备的维修、保养工作，降低大修、经常性修理等各项费用的开支，避免不正当使用造成机械设备的闲置；加强租赁设备计划的管理，充分利用社会闲置机械资源，从不同角度降低机械台班价格。

从经济的角度管制工程成本还包括对参与成本控制的部门和个人给予奖励的措施。由此可见，经济措施的运用绝不仅仅是财务人员的事情。

4. 合同措施

加强合同管理，控制工程成本合同管理是施工企业管理的重要内容，也是降低工程成本，提高经济效益的有效途径。项目施工合同管理的时间范围应从合同谈判开始，至保修期结束止，尤其加强施工过程中的合同管理，抓好合同管理的攻与守，攻意味着在合同执行期间密切注意我方履行合同的进展效果，以防止被对方索赔。合同管理者应是非曲直天天念合同经，注意字里行间攻的机会与守的措施。

二、施工成本管理的基本程序

（1）根据已批准的施工方案、进度计划等资料，按成本记账方式编制工程施工各分部（项）工程的费用并汇总。

（2）在工程实施过程中，对工程量、用工量、材料用量等基础数据进行全面的统计、记录、整理。

（3）按分部（项）工程进行实际成本和预算成本的比较分析和评价，找出成本差异的原因。

（4）预测工程竣工尚需的费用，工程施工成本的发展趋势。

（5）针对成本偏差，建议采取各种措施，以保持工程实际成本与计划成本相符合。上述基本程序如图 5-3 所示。

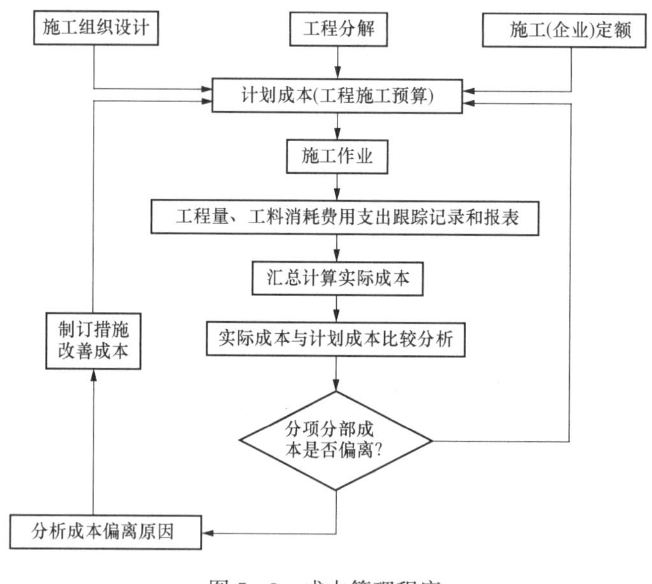

图 5-3　成本管理程序

5.3　施工成本计划、施工成本控制与施工成本分析

5.3.1　施工成本计划

一、施工成本计划的编制依据

施工成本计划是施工项目成本控制的一个重要环节，是实现降低施工成本任务的指导性文件。如果针对施工项目所编制的成本计划达不到目标成本要求时，就必须组织施工项目管理班子的有关人员重新研究寻找降低成本的途径，重新进行编制。同时，编制成本计划的过程也是动员全体施工项目管理人员的过程，是挖掘降低成本潜力的过程，是检验施工技术质量管理、工期管理、物资消耗和劳动力消耗管理等是否落实的过程。

编制施工成本计划，需要广泛收集相关资料并进行整理，以作为施工成本计划编制的依据。在此基础上，根据有关设计文件、工程承包合同、施工组织设计、施工成本预测资料等，按照施工项目应投入的生产要素，结合各种因素的变化和拟采取的各种措施，估算施工项目生产费用支出的总水平，进而提出施工项目的成本计划控制指标，确定目标总成本。目标成本确定后，应将总目标分解落实到各个机构、班组、便于进行控制的子项目或工序。最后，通过综合平衡，编制完成施工成本计划。

施工成本计划的编制依据包括：

（1）投标报价文件；

（2）企业定额、施工预算；

（3）施工组织设计或施工方案；

（4）人工、材料、机械台班的市场价；

（5）企业颁布的材料指导价、企业内部机械台班价格、劳动力内部挂牌价格；

（6）周转设备内部租赁价格、摊销损耗标准；

（7）已签订的工程合同、分包合同（或估价书）；

（8）结构件外加工计划和合同；

（9）有关财务成本核算制度和财务历史资料；

（10）施工成本预测资料；

（11）拟采取的降低施工成本的措施；

（12）其他相关资料。

二、施工成本计划的编制方法

施工成本计划的编制以成本预测为基础，关键是确定目标成本。计划的制订，需结合施工组织设计的编制过程，通过不断地优化施工技术方案和合理配置生产要素，进行工料机消耗的分析，制订一系列节约成本和挖潜措施，确定施工成本计划。一般情况下，施工成本计划总额应控制在目标成本的范围内，并使成本计划建立在切实可行的基础上。

施工总成本目标确定之后，还需通过编制详细的实施性施工成本计划把目标成本层层分解，落实到施工过程的每个环节，有效地进行成本控制。施工成本计划的编制方式有：

（1）按施工成本组成编制施工成本计划；

（2）按项目组成编制施工成本计划；

（3）按工程进度编制施工成本计划。

其中，按施工成本组成编制施工成本计划的方法，就是把施工成本按成本组成分解为人工费、材料费、施工机械使用费、企业管理费等。

可以通过各种表格的形式，将成本降低任务落实到整个项目的各施工过程，并依此在项目实施中对项目实行成本控制。常用的表格有项目工程成本计划表（见表5-1）、技术组织措施计划表（见表5-2）、降低成本计划表（见表5-3）。

表5-1　　项目工程成本计划表

项目	预算成本	计划成本	计划成本降低额	计划成本降低率
1. 人工费用 2. 材料费用 3. 机械费用 4. 企业管理费				
合计				

表 5-2　　技术组织措施计划表

措施项目	措施内容	涉及对象			降低成本来源		成本降低额				
		实物名称	单价	数量	预算收入	计划开支	合计	人工费用	材料费用	机械费用	企业管理费

表 5-3　　降低成本计划表

分项工程名称	成本降低额				
	总计	人工费用	材料费用	机械费用	企业管理费

三、施工计划成本目标的确定

施工计划成本目标按以下方法确定：

1. 直接计算法

这是最基本、最常用的方法。它以施工图为基础，以施工方案、施工定额为依据，通过编制施工预算方式确定出各分项工程的成本，然后将各分项工程成本汇总，得到整个项目的成本支出。最后考虑风险、物价等因素影响，予以调整。

分项工程成本＝工程量×单位工程量消耗量×实际单价

工程计划成本目标＝分项工程成本之和×（1＋间接费率）×（1＋风险、价格系数）

计划成本降低额＝工程成本收入额－工程计划成本目标

＝预算成本－计划成本

2. 降低成本计划法

这种方法是把各单项工程的预算成本汇总，根据计划年度各项主要因素对工程成本变动的影响程度百分数（可参考某一历史时期）以及各成本项目占工程预算成本的比重，按有关公式计算各成本项目在采取技术组织措施后的成本降低率与成本降低额。工程预算成本与成本降低额之差即为计划成本。这种方法的应用要求有成熟的成本管理经验和丰富的历史资料，并且要与本工程的具体情况、现实资料结合起来，综合运用。通常用这种方法确定的成本降低率、成本降低额和计划成本只具有参考和指导性的作用。

四、施工成本计划的风险分析

分析工程项目实施过程中可能遇到的影响目标成本的不确定因素及其影响程度，以便采取措施消除影响，保证成本目标的顺利实现。

成本风险分析内容：

（1）项目外部干扰，包括：气候条件；市场情况；项目所在地的条件；建设单位及监理单位的情况等。

（2）项目设计质量，包括：设计图纸的错误；设计粗糙，漏项；设计资料与项目实际不完全相符；图纸供应不及时等。

（3）项目内部影响，包括：人工、机械工作效率低下；缺乏科学的施工组织；非生产人员比例过大；动态管理不够；岗位培训不力，新技术不熟练；现场管理不善；资源浪费严重；安全隐患突出等。

5.3.2　施工成本控制

施工成本控制可分为事先控制、事中控制（过程控制）和事后控制。

一、施工成本控制的原则

（1）增收节支原则；

（2）全面控制原则；

（3）责权利相结合原则；

（4）目标管理原则。

二、成本控制的方法

成本控制的方法有很多，常用的是偏差控制法。

偏差控制法就是在计划成本的基础上，通过成本分析找出计划成本与实际成本之间的偏差。分析偏差产生的原因，并采取措施减少或消除不利偏差，从而实现目标成本的方法。

工程成本偏差有实际偏差、计划偏差和目标偏差，分别按下列各式计算：

实际偏差＝实际成本－预算成本

计划偏差＝预算成本－计划成本

目标偏差＝实际成本－计划成本

成本控制主要就是要减少目标偏差，目标偏差越小，成本控制效果越好。

偏差控制法进行成本控制的程序如下：

1. 找出目标偏差

施工过程中应定期（每日或每周）计算三种偏差，并以减少目标偏差为目标进行控制，即采用成本对比的方法，将施工中实际发生的各种费用支出汇总，得到实际成本，再将实际成本与计划成本对比，得出两者之间的偏差。

2. 分析偏差产生的原因

通过因素分析法、因果分析法等方法找出产生目标偏差的原因。

3. 纠正偏差，实现控制目标

针对产生偏差的各种原因，及时采取有效措施，减少成本的不利偏差，从而达到对成本有效控制的目的。对合理的有利偏差可不必纠正。

三、成本控制工作的主要内容

1. 落实主要成本支出控制措施

首先根据成本计划，逐一落实降低成本的技术组织措施，且优先安排控制主要成本支出的措施，如落实人工费用降低措施，采取改善劳动组织，加强劳动纪律，严格执行劳动定额，充分调动工人积极性，提高劳动生产率等措施控制人工费用支出。

2. 工程成本原始记录与报表

这是工程成本管理的基础工作，包括工程进度统计、人工用工记录与统计、材料消耗统计、机械使用台班统计以及各种间接费用支出的记录与统计工作，并根据统计积累的原始数据资料定期编写各种费用报表和报告。这些记录和报表一般都采用表格形式，现场施工管理人员应按时准确地记录施工中发生的各种支出，作为成本核算、成本分析和成本控制的基础。

3. 工程变更及现场签证管理

项目施工过程中，由于前期工作深度不够、不可预见事件发生等原因，经常会出现工程量变化、施工进度变化等问题，并由此影响工程项目的成本和工期。应按《施工合同（示范文本）》的规定，采用现场签证的方式处理工程变更对施工成本和工期的影响。

现场签证是指在工程预算、工期和工程合同（协议）中未包括，而在实际施工中发生的，由各方（尤其是建设单位）会签认可的一种凭证，属于合同的延伸。

现场签证关系到企业的切身经济利益和重大责任，因此，施工现场技术与管理人员对此一定要严肃认真对待，切不可掉以轻心。

现场签证涉及的内容很多，常见的有变更签证、工料签证、工期签证等。

（1）变更签证。

施工现场由于客观条件变化，使施工难于按照施工图或工程合同规定的内容进行。若变动较小，不会对工程产生大的影响，此时无须修改设计和合同，而是由建设单位（或其驻工地代表）签发变更签证，认可变更，并以此作为施工变更的依据。需办理变更签证的项目一般有以下几种：

①设计上出现的小错误或对设计进行小的改动，若此改动不对工程产生大的影响，此时无须修改设计和合同，而是由建设单位直接签发变更签证而不必进行设计变更。

②不同种类、规格的材料代换，在保证强度、刚度等的前提下，仍要取得建设单位的签证认可。

③由于施工条件变化，施工单位必须对经建设单位审核同意的施工方案、进度安排进行调整，制订新的计划，这也需要建设单位签证认可。

④凡非施工单位原因而造成的现场停工、窝工、返工质量、安全等事故，都要由建设单位现场签发证明，以作为追究原因、补偿损失的依据。

变更签证常常是工料签证和工期签证的基础。

（2）工料签证。

凡非施工原因而额外发生的一切涉及人工、材料和机具的问题，均需办理签证手续。需办签证项目一般有以下几种：

①建设单位供水、供电发生故障，致使施工现场断电停水的损失费。

②因设计原因而造成的施工单位停工、返工损失费及由此而产生的相关费用。

③因建设单位提供的设备、材料不及时，或因规格和质量不符合设计要求而发生的调换、试验加工等所造成的损失费用。

④材料代换和材料价差的增加费用。

⑤由于设计不同，未预留孔洞而造成的凿洞及修补的工料费用。

⑥因建设单位调整工程项目，或未按合同规定时间创造施工条件而造成的施工准备和停工、窝工的损失费。

⑦非施工单位原因造成的二次搬运费、现场临时设施搬迁损失费。

⑧其他。

工料签证在施工中应及时办理，作为追加预算及结算的依据。

（3）工期签证。

工程合同中都规定有合同工期，并且有些合同中明确规定了工期提前或拖后奖罚条款。在施工中，对于来自外部的各种因素所造成工期延长，必须通过工期签证予以扣除。工期签证常常也涉及工料问题，故也需要办理工料签证。通常需办理工期签证的有以下情形：

①由于不可抗拒的自然灾害（地震、洪水、台风等自然现象）和社会政治原因（战争、骚乱、罢工等），使工程难以进行的时间。

②建设单位不按合同规定日期提供施工图，供应材料、设备等，造成停工、窝工的时间。

③由于设计变更或设备变更的返工时间。

④由于建设单位所提供的水源、电源中断而造成的停工时间。

⑤由建设单位调整工程项目而造成的中途停工时间。

⑥其他。

四、施工成本控制的方法

施工阶段是控制建设工程项目成本发生的主要阶段，它通过确定成本目标并按计划成本进行施工资源配置对施工现场发生的各种成本费用进行有效控制，其具体的控制方法如下。

（一）人工费的控制

人工费的控制实行“量价分离”的方法，将作业用工及零星用工按定额工日的一定比例综合确定用工数量与单价，通过劳务合同进行控制。

（二）材料费的控制

材料费控制同样按照“量价分离”原则，控制材料用量和材料价格。

1. 材料用量的控制

在保证符合设计要求和质量标准的前提下，合理使用材料，通过定额管理、计量管理等手段有效控制材料物资的消耗，具体方法如下。

（1）定额控制。对于有消耗定额的材料，以消耗定额为依据，实行限额发料制度。在规定限额内分期分批领用，超过限额领用的材料，必须先查明原因，经过一定审批手续方可领料。

（2）指标控制。对于没有消耗定额的材料，则实行计划管理和按指标控制的办法。根据以往项目的实际耗用情况，结合具体施工项目的内容和要求，制订领用材料指标，据以控制发料。超过指标的材料，必须经过一定的审批手续方可领用。

（3）计量控制。准确做好材料物资的收发计量检查和投料计量检查。

（4）包干控制。在材料使用过程中，对部分小型及零星材料（如钢钉、钢丝等）根据工程量计算出所需材料量，将其折算成费用，由作业者包干控制。

2. 材料价格的控制

材料价格主要由材料采购部门控制。由于材料价格是由买价、运杂费、运输中的合理损耗等所组成，因此控制材料价格，主要是通过掌握市场信息，应用招标和询价等方式控制材料、设备的采购价格。

施工项目的材料物资，包括构成工程实体的主要材料和结构件，以及有助于工程实体形成的周转使用材料和低值易耗品。从价值角度看，材料物资的价值，约占建筑安装工程造价的60%～70%，其重要程度自然是不言而喻。由于材料物资的供应渠道和管理方式各不相同，所以控制的内容和所采取的控制方法也将有所不同。

（三）施工机械使用费的控制

合理选择施工机械设备，合理使用施工机械设备对成本控制具有十分重要的意义，尤其是高层建筑施工。据某些工程实例统计，高层建筑地面以上部分的总费用中，垂直运输机械费用约占6%～10%。由于不同的起重运输机械各有不同的用途和特点，因此在选择起重运输机械时，首先应根据工程特点和施工条件确定采取何种不同起重运输机械的组合方式。在确定采用何种组合方式时，首先应满足施工需要，同时还要考虑到费用的高低和综合经济效益。

施工机械使用费主要由台班数量和台班单价两方面决定，为有效控制施工机械使用费支出，主要从以下几个方面进行控制：

（1）合理安排施工生产，加强设备租赁计划管理，减少因安排不当引起的设备闲置；

（2）加强机械设备的调度工作，尽量避免窝工，提高现场设备利用率；

（3）加强现场设备的维修保养，避免因不正当使用造成机械设备的停置；

（4）做好机上人员与辅助生产人员的协调与配合，提高施工机械台班产量。

（四）施工分包费用的控制

分包工程价格的高低，必然对项目经理部的施工项目成本产生一定的影响。因此，施工项目成本控制的重要工作之一是对分包价格的控制。项目经理部应在确定施工方案的初期就要确定需要分包的工程范围。决定分包范围的因素主要是施工项目的专业性和项目规模。对分包费用的控制，主要是要做好分包工程的询价、订立平等互利的分包合同、建立稳定的分包关系网络、加强施工验收和分包结算等工作。

5.3.3 施工成本分析

施工成本分析，就是根据会计核算、业务核算和统计核算提供的资料，对施工成本的形成过程和影响成本升降的因素进行分析，以寻求进一步降低成本的途径。另一方面，通过成本分析，可从账簿、报表反映的成本现象看清成本的实质，从而增强项目成本的透明度和可控性，为加强成本控制，实现项目成本目标创造条件。

一、成本分析的内容

1. 按项目施工进展进行的成本分析

（1）分部分项工程成本分析。

（2）月（季）度成本分析。

（3）年度成本分析。

（4）竣工成本分析。

2. 按项目成本构成进行的成本分析

（1）人工费用分析。人工费用节超的主要原因有两个：一是工日差，即实际耗用工日数与预算定额工日数的差异；另一个是日工资单价差，即实际日平均工资与预算定额的日平均工资之差。

（2）材料费用分析。材料费用在工程成本中占最大比重，因此它是成本分析的重点。材料费用分析根据预算材料费用与实际材料费用以及地区材料价格的比较进行。影响材料费用节超的主要因素是量差和价差。量差是材料实际耗用量与预算定额用量之差，价差是材料实际单价与预算单价之差，通过分析找出量差和价差的原因。

（3）机械费用分析。机械费用分析根据预算与实际成本支出比较，按照自有机械和租赁机械分别进行分析。影响机械租赁费用的因素主要是预算台班数和实际台班数以及停置台班数。影响自有机械使用费用变动的因素则主要是台班数和台班成本的变动。

（4）企业管理费用的分析。企业管理费用按照费用项目划分，把管理费用的实际支出与预算收入或计划支出数进行比较，分析管理费用节超的原因。

二、成本分析的方法

1. 对比法，又称比较法

通过技术经济指标的对比，检查计划的完成情况，分析产生的差异及原因，从而进一步挖掘项目内部潜力的方法。

（1）实际指标与计划指标对比；

（2）本期实际指标与上期实际指标对比；

（3）与本行业平均水平、先进水平对比。

2. 连环替代法

（1）确定分析对象，并计算出实际数与计划数的差异；

（2）确定各个影响因素，并按其相互关系进行排序；

（3）以计划（预算）数为基础，将各个因素的计划（预算）数相乘，并作为分析代替的基数；

（4）将各个因素的实际数按照上述排序，逐一进行替换计算，并将替换后的实际数保留下来；

（5）将每次替换所得的结果，与前一次的计算结果相比较，两者的差异作为该因素对于分析对象的影响程度；

（6）各个因素的影响程度之和，应与分析对象的总差异相等。

3. 差额计算法

这是因素分析法的一种简化形式。它利用各个因素实际数与计划数的差额，来反映其对于成本的影响程度。

三、造成成本升高的原因分析

施工中造成成本升高的原因有很多，归纳起来，主要有以下几方面。

1. 设计变更的影响

若工程设计变更，则会带来很多问题，如追加材料、调整施工计划、增加劳动力等，使工程成本增加。

2. 价格变动的影响

若工程所需材料、机械、人工的价格变动，则会直接造成成本变动。

3. 停工影响造成的损失

（1）材料、机具供应不上，造成停工损失。

（2）意外事故造成的停工损失。

4. 协作不力的影响

在多个单位协作施工情况下，若缺乏统一领导，互相干扰，则会增加成本支出。

5. 施工管理不善的影响

（1）施工进度安排不合理，调整不及时，造成现场混乱，出现停工、返工现象，使工期拖长，成本升高。

（2）不按计划施工、造成返工、窝工、抢工，使工程成本提高。

（3）不遵守质量与安全规程，造成质量或安全事故，使成本上升。

（4）施工场地安排不合理，造成现场场地拥挤，材料、构件、设备多次搬运，浪费工时，使成本提高。

(5) 由于施工管理不善，造成材料的浪费，或材料、构件不合格造成的损失。

(6) 设备供应、运输安排不合理造成的损失。

(7) 工人技术等级达不到要求，造成返工损失或材料浪费。

复习思考题

1. 简述按费用构成要素划分的建筑安装工程费用项目的组成。
2. 简述按造价形成划分的建筑安装工程费用项目的组成。
3. 简述施工成本管理的任务。
4. 简述施工成本管理的措施。
5. 简述施工成本控制的内容。
6. 简述施工成本控制的方法。

任务六　施工安全与现场管理

6.1　施工安全管理

6.1.1　安全生产管理制度体系

由于建设工程规模大、周期长、参与单位多、技术复杂以及环境复杂多变等因素，导致建设工程安全生产的管理难度很大。因此，依据现行的法律法规，通过建立各项安全生产管理制度体系规范建设工程参与各方的安全生产行为，提高建设工程安全生产管理水平，防止和避免安全事故的发生是非常重要的。

一、施工安全管理制度体系建立的重要性

(1) 依法建立施工安全管理制度体系，能使劳动者获得安全与健康，是体现社会经济发展和社会公正、安全、文明的基本标志。

(2) 建立施工安全管理制度体系，可以改善企业安全生产规章制度不健全、管理方法不适当、安全生产状况不佳的现状。

(3) 施工安全管理管理体系对企业环境的安全卫生状态做了具体的要求和限定，从根本上促使施工企业健全安全卫生管理机制，改善劳动者的安全卫生条件，提升管理水平，增强企业参与国内外市场的竞争能力。

(4) 推行施工安全管理制度体系建设，是适应国内外市场经济一体化趋势的需要。

二、施工安全生产管理制度体系建立的原则

(1) 应贯彻“安全第一，预防为主”的方针，施工企业必须建立健全安全生产责任制和群防群治制度，确保工程施工劳动者的人身和财产安全。

(2) 施工安全管理管理体系的建立，必须适用于工程施工全过程的安全管理和控制。

(3) 施工安全管理管理体系必须符合《中华人民共和国建筑法》《中华人民共和国安全生产法》《建设工程安全生产管理条例》《安全生产许可证条例》《生产安全事故报告和调查处理条例》《特种设备安全监察条例》《职业安全健康管理体系》《职业安全卫生管理体系标准》和国际劳工组织（ILO）167 号公约等法律、行政法规及规程的要求。

(4) 项目经理部应根据本企业的安全生产管理制度体系，结合各项目的实际情况加以充实，确保工程项目的施工安全。

(5) 企业应加强对施工项目安全生产管理，指导、帮助项目经理部建立和实施安全生产管理制度体系。

三、施工安全生产管理制度体系的主要内容

《建筑法》、《安全生产法》、《特种设备安全法》、《建设工程安全生产管理条例》、《生产安全事故报告和调查处理条例》、《特种设备安全监察条例》、《安全生产许可证条例》等建设工程相关法律法规对政府主管部门、相关企业及相关人员的建设工程安全生产和管理行为进行了全面的规范，为建设工程施工安全生产管理制度体系的建立奠定了基础。现阶段涉及施工企业的安全生产管理制度主要包括：

1. 安全生产责任制度

安全生产责任制是最基本的安全管理制度，是所有安全生产管理制度的核心。安全生产责任制是按照安全生产管理方针和“管生产的同时必须管安全”的原则，将各级负责人员、各职能部门及其工作人员和各岗位生产工人在安全生产方面应做的事情及应负的责任加以明确规定的一种制度。安全生产责任制度的主要内容如下：

（1）企业和项目相关人员的安全职责。包括企业法定代表人和主要负责人，企业安全管理机构负责人和安全生产管理人员，施工项目负责人、技术负责人、项目专职安全生产管理人员以及班组长、施工员、安全员等项目各类人员的安全责任。

（2）对各级、各部门安全生产责任制的执行情况制订检查和考核办法，并按规定期限进行考核，对考核结果及兑现情况应有记录。

（3）明确总分包的安全生产责任。实行总承包的由总承包单位负责，分包单位向总包单位负责，服从总包单位对施工现场的安全管理，分包单位在其分包范围内建立施工现场安全生产管理制度，并组织实施。

（4）项目的主要工种应有相应的安全技术操作规程，一般应包括砌筑、拌灰、混凝土、木作、钢筋、机械、电气焊、起重、信号指挥、塔式起重机司机、架子、水暖、油漆等工种，特殊作业应另行补充。且应将安全技术操作规程列为日常安全活动和安全教育的主要内容，并应悬挂在操作岗位前。

（5）施工现场应按工程项目大小配备专（兼）职安全人员。以建筑工程为例，可按建筑面积1万m^2以下的工地至少有一名专职人员；1万m^2以上的工地设2～3名专职人员；5万m^2以上的大型工地，按不同专业组成安全管理组进行安全监督检查。

总之，安全生产责任制，纵向方面是各级人员的安全生产责任制，即从最高管理者、管理者代表到项目负责人（项目经理）、技术负责人（工程师）、专职安全生产管理人员、施工员、班组长和岗位人员等各级人员的安全生产责任制；横向方面是各个部门的安全生产责任制，即各职能部门（如安全环保、设备、技术、生产、财务等部门）的安全生产责任制。只有这样，才能建立健全安全生产责任制，做到群防群治。

2. 安全生产许可证制度

国务院2004年发布，2014年修订的《安全生产许可证条例》规定国家对建筑施工企业实施安全生产许可证制度。其目的是为了严格规范安全生产条件，进一步加强安全生产监督管理，防止和减少生产安全事故。国务院建设主管部门负责中央管理的建筑施工企业安全生产许可证的颁发和管理；其他企业由省、自治区、直辖市人民政府建设主管部门进行颁发和管理，并接受国务院建设主管部门的指导和监督。

施工企业进行生产前，应当依照《安全生产许可证条例》的规定向安全生产许可证颁发管理机关申请领取安全生产许可证。严禁未取得安全生产许可证建筑施工企业从事建筑施工活动。安全生产许可证的有效期为3年。安全生产许可证有效期满需要延期的，企业应当于期满前3个月向原安全生产许可证颁发管理机关办理延期手续。企业在安全生产许可证有效期内，严格遵守有关安全生产的法律法规，未发生死亡事故的，安全生产许可证有效期届满时，经原安全生产许可证颁发管理机关同意，不再审查，安全生产许可证有效期延期3年。企业不得转让、冒用安全生产许可证或者使用伪造的安全生产许可证。

3. 政府安全生产监督检查制度

政府安全监督检查制度是指国家法律、法规授权的行政部门，代表政府对企业的安全生产过程实施监督管理。依据《建设工程安全生产管理条例》第五章“监督管理”对建设工程安全监督管理的规定内容如下：

(1) 国务院负责安全生产监督管理的部门依照《中华人民共和国安全生产法》的规定，对全国建设工程安全生产工作实施综合监督管理。

(2) 县级以上地方人民政府负责安全生产监督管理的部门依照《中华人民共和国安全生产法》的规定，对本行政区域内建设工程安全生产工作实施综合监督管理。

(3) 国务院建设行政主管部门对全国的建设工程安全生产实施监督管理。国务院铁路、交通、水利等有关部门按照国务院规定的职责分工，负责有关专业建设工程安全生产的监督管理。

(4) 县级以上地方人民政府建设行政主管部门对本行政区域内的建设工程安全生产实施监督管理。县级以上地方人民政府交通、水利等有关部门在各自的职责范围内，负责本行政区域内的专业建设工程安全生产的监督管理。

(5) 县级以上人民政府负有建设工程安全生产监督管理职责的部门在各自的职责范围内履行安全监督检查职责时，有权纠正施工中违反安全生产要求的行为，责令立即排除检查中发现的安全事故隐患，对重大隐患可以责令暂时停止施工。建设行政主管部门或者其他有关部门可以将施工现场安全监督检查委托给建设工程安全监督机构具体实施。

4. 安全生产教育培训制度

施工企业安全生产教育培训一般包括对管理人员、特种作业人员和企业员工的安全教育。

(1) 管理人员的安全教育。

1) 企业领导的安全教育。主要内容包括：国家有关安全生产的方针、政策、法律、法规及有关规章制度；安全生产管理职责、企业安全生产管理知识及安全文化；有关事故案例及事故应急处理措施等。

2) 项目经理、技术负责人和技术干部的安全教育。主要内容包括：安全生产方针、政策和法律、法规；项目经理部安全生产责任；典型事故案例剖析；本系统安全及其相应的安全技术知识等。

3) 行政管理干部的安全教育。主要内容包括：安全生产方针、政策和法律、法规；基本的安全技术知识；本职的安全生产责任等。

4) 企业安全管理人员的安全教育。主要内容包括：国家有关安全生产的方针、政策、法律、法规和安全生产标准；企业安全生产管理、安全技术、职业病知识、安全文件；员工伤亡事故和职业病统计报告及调查处理程序；有关事故案例及事故应急处理措施等。

5) 班组长和安全员的安全教育。主要内容包括：安全生产法律、法规、安全技术及技能、职业病和安全文化的知识；本企业、本班组和工作岗位的危险因素、安全注意事项；本岗位安全生产职责；事故抢救与应急处理措施；典型事故案例等。

(2) 特种作业人员的安全教育。

特种作业是指对操作者本人，尤其对他人或公用设施的安全有重大危害因素的作业。

直接从事特种作业的人，称为特种作业人员。《特种作业人员安全技术培训考核管理规定》已于2010年4月26日国家安全生产监督管理总局局长办公会议审议通过，自2010年7月1日起施行。并经过了2013年与2015年两次修订。调整后的特种作业范围共11个作业类别、51个工种。这些特种作业具备以下特点：一是独立性，必须有独立的岗位，由专人操作的作业，操作人员必须具备一定的安全生产知识和技能；二是危险性，必须是危险性较大的作业，如果操作不当，容易对操作者本人、他人或物造成伤害，甚至发生重大伤亡事故；三是特殊性，从事特种作业的人员不能很多，总体上讲，每个类别的特种作业人员一般不超过该行业或领域全体从业人员的30%。

特种作业人员应具备的条件是：①年满18周岁，且不超过国家法定退休年龄；②身体健康，无妨碍从事相应做作的疾病和生理缺陷；③初中以上文化程度，具备相应工种的安全技术知识，参加国家规定的安全技术理论和实际操作考核并成绩合格；④如金属焊接的，要同时提交劳动部门职业技能培训中心的电气焊接培训结业证书；⑤相应特种作业规定的其他条件。

由于特种作业较一般作业的危险性更大，所以，特种作业人员必须经过安全培训和严格考核。对特种作业人员的安全教育应注意以下三点：

1）特种作业人员上岗作业前，必须进行专门的安全技术和操作技能的培训教育，这种培训教育要实行理论教学与操作技术训练相结合的原则，重点放在提高其安全操作技术和预防事故的实际能力上。

2）培训后，经考核合格方可取得操作证，并准许独立作业。

3）取得操作证特种作业人员，必须定期进行复审。特种作业操作证每3年复审1次。

特种作业人员在特种作业操作证有效期内，连续从事本工种10年以上，严格遵守有关安全生产法律法规的，经原考核发证机关或者从业所在地考核发证机关同意，特种作业操作证的复审时间可以延长至每6年1次。

（3）企业员工的安全教育。

企业员工的安全教育主要有新员工上岗前的三级安全教育、改变工艺和变换岗位安全教育、经常性安全教育三种形式。

1）新员工上岗前的三级安全教育，通常是指进厂、进车间、进班组三级，对建设工程来说，具体指企业（公司）、项目（或工区、工程处、施工队）、班组三级。

企业新员工上岗前必须进行三级安全教育，企业新员工须按规定通过三级安全教育和实际操作训练，并经考核合格后方可上岗。

①企业（公司）级安全教育由企业主管领导负责，企业职业健康安全管理部门会同有关部门组织实施，内容应包括安全生产法律、法规，通用安全技术、职业卫生和安全文化的基本知识，本企业安全生产规章制度及状况、劳动纪律和有关事故案例等内容。

②项目（或工区、工程处、施工队）级安全教育由项目级负责人组织实施，专职或兼职安全员协助，内容包括工程项目的概况，安全生产状况和规章制度，主要危险因素及安全事项，预防工伤事故和职业病的主要措施，典型事故案例及事故应急处理措施等。

③班组级安全教育由班组长组织实施，内容包括遵章守纪，岗位安全操作规程，岗位间工作衔接配合的安全生产事项，典型事故及发生事故后应采取的紧急措施，劳动防护用品（用具）的性能及正确使用方法等内容。

2）改变工艺和变换岗位时的安全教育。

①企业（或工程项目）在实施新工艺、新技术或使用新设备、新材料时，必须对有关人

员进行相应级别的安全教育，要按新的安全操作规程教育和培训参加操作的岗位员工和有关人员，使其了解新工艺、新设备、新产品的安全性能及安全技术，以适应新的岗位作业的安全要求。

②当组织内部员工发生从一个岗位调到另外一个岗位，或从某工种改变为另一工种，或因放长假离岗一年以上重新上岗的情况，企业必须进行相应的安全技术培训和教育，以使其掌握现岗位安全生产特点和要求。

3）经常性安全教育。

无论何种教育都不可能是一劳永逸的，安全教育同样如此，必须坚持不懈、经常不断地进行，这就是经常性安全教育。在经常性安全教育中，安全思想、安全态度教育最重要。进行安全思想、安全态度教育，要通过采取多种多样形式的安全教育活动，激发员工搞好安全生产的热情，促使员工重视和真正实现安全生产。经常性安全教育的形式有：每天的班前班后会上说明安全注意事项；安全活动日；安全生产会议；事故现场会；张贴安全生产招贴画、宣传标语及标志等。

5. 安全措施计划制度

安全措施计划制度是指企业进行生产活动时，必须编制安全措施计划，它是企业有计划地改善劳动条件和安全卫生设施，防止工伤事故和职业病的重要措施之一，对企业加强劳动保护，改善劳动条件，保障职工的安全和健康，促进企业生产经营的发展都起着积极作用。

安全技术措施计划的范围应包括改善劳动条件、防止事故发生、预防职业病和职业中毒等内容，具体包括：

（1）安全技术措施。

安全技术措施是预防企业员工在工作过程中发生工伤事故的各项措施，包括防护装置、保险装置、信号装置和防爆炸装置等。

（2）职业卫生措施。

职业卫生措施是预防职业病和改善职业卫生环境的必要措施，其中包括防尘、防毒、防噪声、通风、照明、取暖、降温等措施。

（3）辅助用房间及设施。

辅助用房间及设施是为了保证生产过程安全卫生所必需的房间及一切设施，包括更衣室、休息室、淋浴室、消毒室、妇女卫生室、厕所和冬季作业取暖室等。

（4）安全宣传教育措施。

安全宣传教育措施是为了宣传普及有关安全生产法律、法规、基本知识所需要的措施，其主要内容包括：安全生产教材、图书、资料，安全生产展览，安全生产规章制度，安全操作方法训练设施，劳动保护和安全技术的研究与实验等。

安全技术措施计划编制可以按照“工作活动分类→危险源识别→风险确定→风险评价→制订安全技术措施计划评价→安全技术措施计划的充分性”的步骤进行。

6. 特种作业人员持证上岗制度

根据《建设工程安全生产管理条例》第二十五条规定：垂直运输机械作业人员、起重机械安装拆卸工、爆破作业人员、起重信号工、登高架设作业人员等特种作业人员，必须按照同家有关规定经过专门的安全作业培训，并取得特种作业操作证后，方可上岗作业。

根据国家安全生产监督管理总局2010年颁布实施的《特种作业人员安全技术培训考核管理规定》，特种作业操作证书在全国范围内有效。特种作业操作证，每3年复审一次。

连续从事本工种10年以上的，经用人单位进行知识更新教育后，复审时间可延长至每6年一次；离开特种作业岗位达6个月以上的特种作业人员，应当重新进行实际操作考核，经确认合格后方可上岗作业。

对于未经培训考核，即从事特种作业的，条例第六十二条规定了行政处罚；造成重大安全事故，构成犯罪的，对直接责任人员，依照刑法的有关规定追究刑事责任。

7. 专项施工方案专家论证制度

依据《建设工程安全生产管理条例》第二十六条的规定：施工单位应当在施工组织设计中编制安全技术措施和施工现场临时用电方案，对下列达到一定规模的危险性较大的分部分项工程编制专项施工方案，并附具安全验算结果，经施工单位技术负责人、总监理工程师签字后实施，由专职安全生产管理人员进行现场监督。包括基坑支护与降水工程；土方开挖工程；模板工程；起重吊装工程；脚手架工程；拆除、爆破工程；国务院建设行政主管部门或者其他有关部门规定的其他危险性较大的工程。

对前款所列工程中涉及深基坑、地下暗挖工程、高大模板工程的专项施工方案，施工单位还应当组织专家进行论证、审查。

8. 严重危及施工安全的工艺、设备、材料淘汰制度

严重危及施工安全的工艺、设备、材料是指不符合生产安全要求，极有可能导致生产安全事故发生，致使人民生命和财产遭受重大损失的工艺、设备和材料。

《建设工程安全生产管理条例》第四十五条规定："国家对严重危及施工安全的工艺、设备、材料实行淘汰制度。具体目录由国务院建设行政主管部门会同国务院其他有关部门制定并公布。"淘汰制度的实施，一方面有利于保障安全生产；另一方面也体现了优胜劣汰的市场经济规律，有利于提高施工单位的工艺水平，促进设备更新。

对于已经公布的严重危及施工安全的工艺、设备和材料，建设单位和施工单位都应当严格遵守和执行，不得继续使用此类工艺和设备，也不得转让他人使用。

9. 施工起重机械使用登记制度

《建设工程安全生产管理条例》第二十五条规定："施工单位应当自施工起重机械和整体提升脚手架、模板等自升式架设设施验收合格之日起三十日内，向建设行政主管部门或者其他有关部门登记。登记标志应当置于或者附着于该设备的显著位置。"

这是对施工起重机械的使用进行监督和管理的一项重要制度，能够有效防止不合格机械和设施投入使用；同时，还有利于监管部门及时掌握施工起重机械和整体提升脚手架、模板等自升式架设设施的使用情况，以利于监督管理。

进行登记应当提交施工起重机械有关资料，应包括：

（1）生产方面的资料，如设计文件、制造质量证明书、监督检验证书、使用说明书、安装证明等。

（2）使用的有关情况资料，如施工单位对于这些机械和设施的管理制度和措施、使用情况、作业人员的情况等。监管部门应当对登记的施工起重机械建立相关档案，及时更新，加强监管，减少生产安全事故的发生。施工单位应当将标志置于显著位置，便于使用者监督，保证施工起重机械的安全使用。

10. 安全检查制度

(1) 安全检查的目的。安全检查制度是清除隐患、防止事故、改善劳动条件的重要手段，是企业安全生产管理工作的一项重要内容。通过安全检查可以发现企业及生产过程中的危险因素，以便有计划地采取措施，保证安全生产。

(2) 安全检查的方式。检查方式有企业组织的定期安全检查，各级管理人员的日常巡回安全检查，专业性安全检查，季节性安全检查，节假日前后的安全检查，班组自检、互检、交接检查，不定期安全检查等。

(3) 安全检查的内容。包括查思想、查制度、查管理、查隐患、查整改、查伤亡事故处理等。安全检查的重点是检查“三违”和安全责任制的落实。检查后应编写安全检查报告，报告应包括已达标项目、未达标项目、存在问题、原因分析、纠正和预防措施等内容。

(4) 安全隐患的处理程序。对查出的安全隐患，不能立即整改的，要制订整改计划，定人、定措施、定经费、定完成日期；在未消除安全隐患前，必须采取可靠的防范措施，如有危及人身安全的紧急险情，应立即停工；并应按照“登记—整改复查—销案”的程序处理安全隐患。

11. 生产安全事故报告和调查处理制度

关于生产安全事故报告和调查处理制度，《安全生产法》、《建筑法》、《建设工程安全生产管理条例》、《生产安全事故报告和调查处理条例》、《特种设备安全监察条例》等法律法规都对此做出相应规定。

《安全生产法》第七十条规定：“生产经营单位发生生产安全事故后，事故现场有关人员应当立即报告本单位负责人。”“单位负责人接到事故报告后，应当迅速采取有效措施，组织抢救，防止事故扩大，减少人员伤亡和财产损失，并按照国家有关规定立即如实报告当地负有安全生产监督管理职责的部门，不得隐瞒不报、谎报或者迟报，不得故意破坏事故现场、毁灭有关证据。”

《建筑法》第五十一条规定：“施工中发生事故时，建筑施工企业应当采取紧急措施减少人员伤亡和事故损失，并按照国家有关规定及时向有关部门报告。”

《建设工程安全生产管理条例》第五十条规定：“施工单位发生生产安全事故，应当按照国家有关伤亡事故报告和调查处理的规定，及时、如实地向负责安全生产监督管理的部门、建设行政主管部门或者其他有关部门报告；特种设备发生事故的，还应当同时向特种设备安全监督管理部门报告。接到报告的部门应当按照国家有关规定，如实上报。”本条是关于发生伤亡事故时的报告义务的规定。一旦发生安全事故，及时报告有关部门是及时组织抢救的基础，也是认真进行调查分清责任的基础。因此，施工单位在发生安全事故时，不能隐瞒事故情况。

《特种设备安全监察条例》第六十二条：“特种设备发生事故，事故发生单位应当迅速采取有效措施，组织抢救，防止事故扩大，减少人员伤亡和财产损失，并按照国家有关规定，及时、如实地向负有安全生产监督管理职责的部门和特种设备安全监督管理部门等有关部门报告。不得隐瞒不报、谎报或者拖延不报。”条例规定在特种设备发生事故时，应当同时向特种设备安全监督管理部门报告。这是因为特种设备的事故救援和调查处理专业性、技术性更强，因此，由特种设备安全监督部门组织有关救援和调查处理更方便一些。

2007年6月1日起实施的《生产安全事故报告和调查处理条例》对生产安全事故报告

和调查处理制度做了更加明确的规定。

12. “三同时”制度

“三同时”制度是指凡是我国境内新建、改建、扩建的基本建设项目（工程），技术改建项目（工程）和引进的建设项目，其安全生产设施必须符合国家规定的标准，必须与主体工程同时设计、同时施工、同时投入生产和使用。安全生产设施主要是指安全技术方面的设施、职业卫生方面的设施、生产辅助性设施。

《劳动法》第五十三条规定“新建、改建、扩建工程的劳动安全卫生设施必须与主体工程同时设计、同时施工、同时投入生产和使用。”

《安全生产法》第二十八条规定“生产经营单位新建、改建、扩建工程项目（以下统称建设项目）的安全设施，必须与主体工程同时设计、同时施工、同时投入生产和使用。安全设施投资应当纳入建设项目概算。”

新建、改建、扩建工程的初步设计要经过行业主管部门、安全生产管理部门、卫生部门和工会的审查，同意后方可进行施工；工程项目完成后，必须经过主管部门、安全生产管理行政部门、卫生部门和工会的竣工检验；建设工程项目投产后，不得将安全设施闲置不用，生产设施必须和安全设施同时使用。

13. 安全预评价制度

安全预评价是在建设工程项目前期，应用安全评价的原理和方法对工程项目的危险性、危害性进行预测性评价。

开展安全预评价工作，是贯彻落实“安全第一，预防为主”方针的重要手段，是企业实施科学化、规范化安全管理的工作基础。科学、系统地开展安全评价工作，不仅直接起到了消除危险有害因素、减少事故发生的作用，有利于全面提高企业的安全管理水平，而且有利于系统地、有针对性地加强对不安全状况的治理、改造，最大限度地降低安全生产风险。

14. 工伤和意外伤害保险制度

根据2010年12月20日修订后重新公布的《工伤保险条例》规定，工伤保险是属于法定的强制性保险。工伤保险费的征缴按照《社会保险费征缴暂行条例》关于基本养老保险费、基本医疗保险费、失业保险费的征缴规定执行。

而自2011年7月1日起实施的新《建筑法》第四十八条规定“建筑施工企业应当依法为职工参加工伤保险缴纳工伤保险费。鼓励企业为从事危险作业的职工办理意外伤害保险，支付保险费。”修正后的《建筑法》与修订后的《社会保险法》和《工伤保险条例》等法律法规的规定保持一致，明确了建筑施工企业作为用人单位，为职工参加工伤保险并交纳工伤保险费是其应尽的法定义务，但为从事危险作业的职工投保意外伤害险并非强制性规定，是否投保意外伤害险由建筑施工企业自主决定。

6.1.2 危险源的识别和风险控制

一、危险源的分类

危险源是安全管理的主要对象，在实际生活和生产过程中的危险源是以多种多样的形式存在的。虽然危险源的表现形式不同，但从本质上说，能够造成危害后果的（如伤亡事故、人身健康受损害、物体受破坏和环境污染等），均可归结为能量的意外释放或约束、限制能量和危险物质措施失控的结果。

根据危险源在事故发生发展中的作用，把危险源分为两大类，即第一类危险源和第二类危险源。

1. 第一类危险源

能量和危险物质的存在是危害产生的根本原因，通常把可能发生意外释放的能量（能源或能量载体）或危险物质称作第一类危险源。

第一类危险源是事故发生的物理本质，危险性主要表现为导致事故而造成后果的严重程度方面。第一类危险源危险性的大小主要取决于以下几方面：

（1）能量或危险物质的量；

（2）能量或危险物质意外释放的强度；

（3）意外释放的能量或危险物质的影响范围。

2. 第二类危险源

造成约束、限制能量和危险物质措施失控的各种不安全因素称作第二类危险源。第二类危险源主要体现在设备故障或缺陷（物的不安全状态）、人为失误（人的不安全行为）和管理缺陷等几方面。

3. 危险源与事故

事故的发生是两类危险源共同作用的结果，第一类危险源是事故发生的前提，第二类危险源是第一类危险源导致事故的必要条件。在事故的发生和发展过程中，两类危险源相互依存，相辅相成。第一类危险源是事故的主体，决定事故的严重程度，第二类危险源出现的难易，决定事故发生可能性的大小。

二、危险源识别

危险源识别是安全管理的基础工作，主要目的是找出与每项工作活动有关的所有危险源，并考虑这些危险源可能会对什么人造成什么样的伤害，或导致什么设备设施损坏等。

1. 危险源的识别

我国在2009年发布了国家标准《生产过程危险和有害因素分类与代码》GB/T 13861—2009，该标准适用于各个行业在规划、设计和组织生产时对危险源的预测和预防、伤亡事故的统计分析和应用计算机进行管理。在进行危险源识别时，可参照该标准的分类和编码。

按照该标准，危险源分为以下四类：

（1）人的因素；

（2）物的因素；

（3）环境因素；

（4）管理因素。

2. 危险源识别方法

危险源识别的方法有询问交谈、现场观察、查阅有关记录、获取外部信息、工作任务分析、安全检查表、危险与操作性研究、事故树分析、故障树分析等。这些方法各有特点和局限性，往往采用两种或两种以上的方法识别危险源。以下简单介绍常用的两种方法。

（1）专家调查法。

专家调查法是通过向有经验的专家咨询、调查，识别、分析和评价危险源的一类方法，其优点是简便、易行，缺点是受专家的知识、经验和占有资料的限制，可能出现遗漏。常用的有头脑风暴法（Brainstorming）和德尔菲（Delphi）法。

（2）安全检查表 SCL 法。

安全检查表（Safety Check List）实际上是实施安全检查和诊断项目的明细表。运用已编制好的安全检查表，进行系统的安全检查，识别工程项目存在的危险源。检查表的内容一般包括分类项目、检查内容及要求、检查以后处理意见等。可以用“是”、“否”作回答或“√”、“×”作标记，同时注明检查日期，同时由检查人员和被检单位签字。安全检查表法的优点是简单易懂、容易掌握，可以事先组织专家编制检查内容，使安全、检查做到系统化、完整化；缺点是只能做出定性评价。

三、危险源的评估

根据对危险源的识别，评估危险源造成风险的可能性和损失大小，对风险进行分级。

GB/T 28002—2011《职业健康安全管理体系实施指南》推荐的简单的风险等级评估见表 6-1，结果分为Ⅰ、Ⅱ、Ⅲ、Ⅳ、Ⅴ五个风险等级。通过评估，可对不同等级的风险采取相应的风险控制措施。

风险评价是一个持续不断的过程，应持续评审控制措施的充分性。当条件变化时，应对风险重新评估。

表 6-1　　风险等级评估表

可能性（p） 风险级别（大小） 后果（f）	轻度损失 （轻微伤害）	中度损失 （伤害）	重大损失 （严重伤害）
很大	Ⅲ	Ⅳ	Ⅴ
中等	Ⅱ	Ⅲ	Ⅳ
极小	Ⅰ	Ⅱ	Ⅲ

注　Ⅰ—可忽略风险，Ⅱ—可容许风险，Ⅲ—中度风险，Ⅳ—重大风险，Ⅴ—不容许风险。

四、风险的控制

1. 风险控制策划

风险评价后，应分别列出所有识别的危险源和重大危险源清单，对已经评价出的不容许的和重大风险（重大危险源）进行优先排序，由工程技术主管部门的相关人员进行风险控制策划，制订风险控制措施计划或管理方案。对于一般危险源可以通过日常管理程序来实施控制。

2. 风险控制措施计划

不同的组织，不同的工程项目需要根据不同的条件和风险量来选择适合的控制策略和管理方案。表 6-2 是针对不同风险水平的风险控制措施计划表。在实际应用中，应该根据风险评价所得出的不同风险源和风险量大小（风险水平），选择不同的控制策略。

表 6-2　　风险控制措施计划表

风险	措　　施
可忽略的	不采取措施且不必保留文件记录
可容许的	不需要另外的控制措施，应考虑投资效果更佳的解决方案或不增加额外成本的改进措施，需要监视来确保控制措施得以维持

续表

风险	措　施
中度的	应努力降低风险，但应仔细测定并限定预防成本，并在规定的时间期限内实施降低风险的措施。在中度风险与严重伤害后果相关的场合，必须进一步的评价，以更准确地确定伤害的可能性，以确定是否需要改进控制措施
重大的	直至风险降低后才能开始工作。为降低风险有时必须配给大量的资源。当风险涉及正在进行中的工作时，就应采取应急措施
不容许的	只有当风险已经降低时，才能开始或继续工作。如果无限的资源投入也不能降低风险，就必须禁止工作

风险控制措施计划在实施前宜进行评审。评审主要包括以下内容：

（1）更改的措施是否使风险降低至可允许水平；

（2）是否产生新的危险源；

（3）是否已选定了成本效益最佳的解决方案；

（4）更改的预防措施是否能得以全面落实。

3. 风险控制方法

（1）第一类危险源控制方法。

可以采取消除危险源、限制能量和隔离危险物质、个体防护、应急救援等方法。建设工程可能遇到不可预测的各种自然灾害引发的风险，只能采取预测、预防、应急计划和应急救援等措施，以尽量消除或减少人员伤亡和财产损失。

（2）第二类危险源控制方法。

提高各类设施的可靠性以消除或减少故障、增加安全系数、设置安全监控系统、改善作业环境等。最重要的是加强员工的安全意识培训和教育，克服不良的操作习惯，严格按章办事，并在生产过程保持良好的生理和心理状态。

6.1.3　安全隐患的处理

一、施工安全隐患的处理

施工安全隐患，是指在建筑施工过程中，给生产施工人员的生命安全带来威胁的不利因素，一般包括人的不安全行为、物的不安全状态以及管理不当等。在工程建设过程中，安全隐患是难以避免的，但要尽可能预防和消除安全隐患的发生。首先需要项目参与各方加强安全意识，做好事前控制，建立健全各项安全生产管理制度，落实安全生产责任制，注重安全生产教育培训，保证安全生产条件所需资金的投入，将安全隐患消除在萌芽之中；其次是根据工程的特点确保各项安全施工措施的落实，加强对工程安全生产的检查监督，及时发现安全隐患；再者是对发现的安全隐患及时进行处理，查找原因，防止事故隐患的进一步扩大。

1. 施工安全隐患处理原则

（1）冗余安全度处理原则。

为确保安全，在处理安全隐患时应考虑、设置多道防线，即使有一两道防线无效，还有冗余的防线可以控制事故隐患。例如：道路上有一个坑，既要设防护栏及警示牌，又要设照明及夜间警示红灯。

（2）单项隐患综合处理原则。

“人、机、料、法、环”五者任一环节产生安全隐患，都要从五者安全匹配的角度考虑，调整匹配的方法，提高匹配的可靠性。一件单项隐患问题的整改需综合（多角度）处理。人的隐患，既要治人也要治机具及生产环境等各环节。例如某工地发生触电事故，一方面要进行人的安全用电操作教育，同时现场也要设置漏电开关，对配电箱、用电电路进行防护改造，也要严禁非专业电工乱接乱拉电线。

（3）直接隐患与间接隐患并治原则。

对人机环境系统进行安全治理，同时还需治理安全管理措施。

（4）预防与减灾并重处理原则。

治理安全事故隐患时，需尽可能减少突发事故的可能性，如果不能控制事故的发生，也要设法将事故等级减低。但是不论预防措施如何完善，都不能保证事故绝对不会发生，还必须对事故减灾做充分准备，研究应急技术操作规范。

（5）重点处理原则。

按对隐患的分析评价结果实行危险点分级治理，也可以用安全检查表打分对隐患危险程度分级。

（6）动态处理原则。

动态治理就是对生产过程进行动态随机安全化治理，生产过程中发现问题及时治理，既可以及时消除隐患，又可以避免小的隐患发展成大的隐患。

2. 施工安全隐患的处理

在建设工程中，安全隐患的发现可以来自于各参与方，包括建设单位、设计单位、监理单位、施工单位自身、供货商、工程监管部门等。各方对于事故安全隐患处理的义务和责任，以及相关的处理程序在《建设工程安全生产管理条例》已有明确的界定。这里仅从施工单位角度谈其对事故安全隐患的处理方法。

（1）当场指正，限期纠正，预防隐患发生。

对于违章指挥和违章作业行为，检查人员应当场指出，并限期纠正，预防事故的发生。

（2）做好记录，及时整改，消除安全隐患。

对检查中发现的各类安全事故隐患，应做好记录，分析安全隐患产生的原因，制订消除隐患的纠正措施，并报相关方审查批准后进行整改，及时消除隐患。对重大安全事故隐患排除前或者排除过程中无法保证安全的，责令从危险区域内撤出作业人员或者暂时停止施工，待隐患消除再行施工。

（3）分析统计，查找原因，制订预防措施。

对于反复发生的安全隐患，应通过分析统计，属于多个部位存在的同类型隐患，即通病；属于重复出现的隐患，即顽症，查找产生通病和顽症的原因，修订和完善安全管理措施，制订预防措施，从源头上消除安全事故隐患的发生。

（4）跟踪验证。

检查单位应对受检单位的纠正和预防措施的实施过程和实施效果，进行跟踪验证，并保存验证记录。

二、施工安全隐患的防范

1. 施工安全隐患防范的主要内容

施工安全隐患防范主要包括基坑支护和降水工程、土方开挖工程、人工挖扩孔桩工程、地下暗挖、顶管及水下作业工程、模板工程和支撑体系、起重吊装和安装拆卸工程、脚手架工程、拆除及爆破工程、现浇油凝土工程、钢结构、网架和索膜结构安装工程、预应力工程、建筑幕墙安装工程以及采用新技术、新工艺、新材料、新设备及尚无相关技术标准的危险性较大的分部分项工程等方面的防范。防范的主要内容包括掌握各工程的安全技术规范，归纳总结安全隐患的主要表现形式，及时发现可能造成安全事故的迹象，抓住安全控制的要点，制订相应的安全控制措施等。

2. 施工安全隐患防范的一般方法

安全隐患主要包括人、物、管理三个方面。人的不安全因素，主要是指个人在心理、生理和能力等方面的不安全因素，以及人在施工现场的不安全行为；物的不安全状态，主要是指设备设施、现场场地环境等方面的缺陷；管理上的不安全因素，主要是指对物、人、工作的管理不当。根据安全隐患的内容而采用的安全隐患防范的一般方法包括：

（1）对施工人员进行安全意识的培训；

（2）对施工机具进行有序监管，投入必要的资源进行保养维护；

（3）建立施工现场的安全监督检查机制。

6.1.4　生产安全事故应急预案的内容

一、生产安全事故应急预案的概念

生产安全事故应急预案是指事先制订的关于生产安全事故发生时进行紧急救援的组织、程序、措施、责任及协调等方面的方案和计划，是对特定的潜在事件和紧急情况发生时所采取措施的计划安排，是应急响应的行动指南。

编制应急预案的目的，是避免紧急情况发生时出现混乱，确保按照合理的响应流程采取适当的救援措施，预防和减少可能随之引发的职业健康安全和环境影响。

二、生产安全事故应急预案体系的构成

生产安全事故应急预案应形成体系，针对各级各类可能发生的事故和所有危险源制订专项应急预案和现场应急处置方案，并明确事前、事中、事后的各个过程中相关部门和有关人员的职责。生产规模小、危险因素少的施工单位，综合应急预案和专项应急预案可以合并编写。

1. 综合应急预案

综合应急预案是从总体上阐述事故的应急方针、政策，应急组织结构及相关应急职责，应急行动、措施和保障等基本要求和程序，是应对各类事故的综合性文件。

2. 专项应急预案

专项应急预案是针对具体的事故类别（如基坑开挖、脚手架拆除等事故）、危险源和应急保障而制订的计划或方案，是综合应急预案的组成部分，应按照综合应急预案的程序和要求组织制订，并作为综合应急预案的附件。专项应急预案应制订明确的救援程序和具体的应急救援措施。

3. 现场处置方案

现场处置方案是针对具体的装置、场所或设施、岗位所制订的应急处置措施。现场处置方案应具体、简单、针对性强。现场处置方案应根据风险评估及危险性控制措施逐一编制，做到事故相关人员应知应会，熟练掌握，并通过应急演练，做到迅速反应、正确处置。

三、生产安全事故应急预案编制原则和主要内容

1. 生产安全事故应急预案编制原则

制订安全生产事故应急预案时，应当遵循以下原则：

（1）重点突出、针对性强。应急预案编制应结合本单位安全方面的实际情况，分析可能导致发生事故的原因，有针对性地制订预案。

（2）统一指挥、责任明确。预案实施的负责人以及施工单位各有关部门和人员如何分工、配合、协调，应在应急救援预案中加以明确。

（3）程序简明、步骤明确。应急预案程序要简明，步骤要明确，具有高度可操作性，保证发生事故时能及时启动、有序实施。

2. 生产安全事故应急预案编制的主要内容

（1）制订应急预案的目的和适用范围。

（2）组织机构及其职责。明确应急预案救援组织机构、参加部门、负责人和人员及其职责、作用和联系方式。

（3）危害辨识与风险评价。确定可能发生的事故类型、地点、影响范围及可能影响的人数。

（4）通告程序和报警系统。包括确定报警系统及程序、报警方式、通信联络方式，向公众报警的标准、方式、信号等。

（5）应急设备与设施。明确可用于应急救援的设施和维护保养制度，明确有关部门可利用的应急设备和危险监测设备。

（6）求援程序。明确应急反应人员向外求援的方式，包括与消防机构、医院、急救中心的联系方式。

（7）保护措施程序。保护事故现场的方式方法，明确可授权发布疏散作业人员及施工现场周边居民指令的机构及负责人，明确疏散人员的接收中心或避难场所。

（8）事故后的恢复程序。明确决定终止应急、恢复正常秩序的负责人，宣布应急取消和恢复正常状态的程序。

（9）培训与演练。包括定期培训、演练计划及定期检查制度，对应急人员进行培训，并确保合格者上岗。

（10）应急预案的维护。更新和修订应急预案的方法，根据演练、检测结果完善应急预案。

6.1.5 生产安全事故应急预案的管理

建设工程生产安全事故应急预案的管理包括应急预案的评审、备案、实施和奖惩。国家应急管理部负责应急预案的综合协调管理工作。国务院其他负有安全生产监督管理职责的部门按照各自的职责负责本行业、本领域内应急预案的管理工作。

县级以上地方各级人民政府安全生产监督管理部门负责本行政区域内应急预案的综合协调管理工作。县级以上地方各级人民政府其他负有安全生产监督管理职责的部门按照各自的职责负责辖区内本行业、本领域应急预案的管理工作。

一、生产安全事故应急预案的评审

地方各级安全生产监督管理部门应当组织有关专家对本部门编制的应急预案进行审定；必要时，可以召开听证会，听取社会有关方面的意见。涉及相关部门职能或者需要有关部门配合的，应当征得有关部门同意。

参加应急预案评审的人员应当包括应急预案涉及的政府部门工作人员和有关安全生产及应急管理方面的专家。

评审人员与所评审预案的施工单位有利害关系的，应当回避。

应急预案的评审或者论证应当注重应急预案的实用性、基本要素的完整性、预防措施的针对性、组织体系的科学性、响应程序的操作性、应急保障措施的可行性、应急预案的衔接性等内容。

二、生产安全事故应急预案的备案

地方各级安全生产监督管理部门的应急预案，应当报同级人民政府和上一级安全生产监督管理部门备案。

其他负有安全生产监督管理职责的部门的应急预案，应当抄送同级安全生产监督管理部门。

中央管理的总公司（总厂、集团公司、上市公司）的综合应急预案和专项应急预案，报国务院国有资产监督管理部门、国务院安全生产监督管理部门和国务院有关主管部门备案；其所属单位的应急预案分别抄送所在地的省、自治区、直辖市或者设区的市人民政府安全生产监督管理部门和有关主管部门备案。

上述规定以外的其他生产经营单位中涉及实行安全生产许可的，其综合应急预案和专项应急预案，按照隶属关系报所在地县级以上地方人民政府安全生产监督管理部门和有关主管部门备案；未实行安全生产许可的，其综合应急预案和专项应急预案的备案，由省、自治区、直辖市人民政府安全生产监督管理部门确定。

三、生产安全事故应急预案的实施

各级安全生产监督管理部门、施工单位应当采取多种形式开展应急预案的宣传教育，普及生产安全事故预防、避险、自救和互救知识，提高从业人员安全意识和应急处置技能。

施工单位应当制订本单位的应急预案演练计划，根据本单位的事故预防重点，每年至少组织一次综合应急预案演练或者专项应急预案演练，每半年至少组织一次现场处置方案演练。

有下列情形之一的，应急预案应当及时修订。

（1）施工单位因兼并、重组、转制等导致隶属关系、经营方式、法定代表人发生变化的；

（2）生产工艺和技术发生变化的；

（3）周围环境发生变化，形成新的重大危险源的；

（4）应急组织指挥体系或者职责已经调整的；

（5）依据的法律、法规、规章和标准发生变化的；

（6）应急预案演练评估报告要求修订的；

（7）应急预案管理部门要求修订的。

施工单位应当及时向有关部门或者单位报告应急预案的修订情况，并按照有关应急预案报备程序重新备案。

四、生产安全事故应急预案有关奖惩

施工单位应急预案未按照本办法规定备案的，由县级以上安全生产监督管理部门给予警告，并处三万元以下罚款。

施工单位未制订应急预案或者未按照应急预案采取预防措施，导致事故救援不力或者造成严重后果的，由县级以上安全生产监督管理部门依照有关法律、法规和规章的规定，责令停产停业整顿，并依法给予行政处罚。

6.1.6 职业健康安全事故的分类和处理

一、职业健康安全事故的分类

1. 按照安全事故伤害程度分类

根据《企业职工伤亡事故分类》(GB 6441—1986）规定，安全事故按伤害程度分为：

(1）轻伤，指损失1个工作日至105个工作日的失能伤害；

(2）重伤，指损失工作日等于和超过105个工作日的失能伤害，重伤的损失工作日最多不超过6000工日；

(3）死亡，指损失工作日超过6000工作日，这是根据我国职工的平均退休年龄和平均寿命计算出来的。

2. 按照安全事故类别分类

《企业职工伤亡事故分类》(GB 6441—1986）将事故类别划分为20类，即物体打击、车辆伤害、机械伤害、起重伤害、触电、淹溺、灼烫、火灾、高处坠落、坍塌、冒顶片帮、透水、放炮、瓦斯爆炸、火药爆炸、锅炉爆炸、容器爆炸、其他爆炸、中毒和窒息、其他伤害。

3. 按照安全事故受伤性质分类

受伤性质是指人体受伤的类型，实质上是从医学的角度给予创伤的具体名称，常见的有：电伤、挫伤、割伤、擦伤、刺伤、撕脱伤、扭伤、倒塌压埋伤、冲击伤等。

4. 按照生产安全事故造成的人员伤亡或直接经济损失分类

根据2007年4月9日国务院发布的《生产安全事故报告和调查处理条例》(国务院令第493号，以下简称《条例》）第三条规定：生产安全事故（以下简称事故）造成的人员伤亡或者直接经济损失，事故一般分为以下等级：

(1）特别重大事故，是指造成30人以上死亡，或者100人以上重伤（包括急性工业中毒，下同)，或者1亿元以上直接经济损失的事故；

(2）重大事故，是指造成10人以上30人以下死亡，或者50人以上100人以下重伤，或者5000万元以上1亿元以下直接经济损失的事故；

(3）较大事故，是指造成3人以上10人以下死亡，或者10人以上50人以下重伤，或者1000万元以上5000万元以下直接经济损失的事故；

(4）一般事故，是指造成3人以下死亡，或者10人以下重伤，或者1000万元以下直接经济损失的事故。

本等级划分所称的“以上”包括本数，所称的“以下”不包括本数。

二、施工生产安全事故的处理

1. 生产安全事故报告和调查处理的原则

根据国家法律法规的要求，在进行生产安全事故报告和调查处理时，要坚持实事求是，尊重科学的原则，既要及时、准确地查明事故原因，明确事故责任，使责任人受到追究；又要总结经验教训，落实整改和防范措施，防止类似事故再次发生。因此，施工项目一旦发生安全事故，必须实施“四不放过”的原则：

(1）事故原因没有查清不放过；

(2）责任人员没有受到处理不放过；

（3）职工群众没有受到教育不放过；

（4）防范措施没有落实不放过。

2. 事故报告的要求

根据《生产安全事故报告和调查处理条例》等相关规定的要求，事故报告应当及时、准确、完整，任何单位和个人对事故不得迟报、漏报、谎报或者瞒报。

（1）施工单位事故报告要求。

生产安全事故发生后，受伤者或最先发现事故的人员应立即用最快的传递手段，将发生事故的时间、地点、伤亡人数、事故原因等情况，向施工单位负责人报告；施工单位负责人接到报告后，应当在1小时内向事故发生地县级以上人民政府建设主管部门和有关部门报告。实行施工总承包的建设工程，由总承包单位负责上报事故。

情况紧急时，事故现场有关人员可以直接向事故发生地县级以上人民政府建设主管部门和有关部门报告。

（2）建设主管部门事故报告要求。

1）安全生产监督管理部门和负有安全生产监督管理职责的有关部门接到事故报告后，应当依照下列规定上报事故情况，并通知公安机关、劳动保障行政主管部门、工会和人民检察院。

①特别重大事故、重大事故逐级上报至国务院安全生产监督管理部门和负有安全生产监督管理职责的有关部门；

②较大事故逐级上报至省、自治区、直辖市人民政府安全生产监督管理部门和负有安全生产监督管理职责的有关部门；

③一般事故上报至设区的市级人民政府安全生产监督管理部门和负有安全生产监督管理职责的有关部门。

安全生产监督管理部门和负有安全生产监督管理职责的有关部门依照前款规定上报事故情况，应当同时报告本级人民政府。国务院安全生产监督管理部门和负有安全生产监督管理职责的有关部门以及省级人民政府接到发生特别重大事故、重大事故的报告后，应当立即报告国务院。

必要时，安全生产监督管理部门和负有安全生产监督管理职责的有关部门可以越级上报事故情况。

2）安全生产监督管理部门和负有安全生产监督管理职责的有关部门按照上述规定逐级上报事故情况时，每级上报的时间不得超过2小时。

（3）事故报告的内容。

1）事故发生单位概况；

2）事故发生的时间、地点以及事故现场情况；

3）事故的简要经过；

4）事故已经造成或者可能造成的伤亡人数（包括下落不明的人数）和初步估计的直接经济损失；

5）已经采取的措施；

6）其他应当报告的情况。

事故报告后出现新情况，以及事故发生之日起30日内伤亡人数发生变化的，应当及时补报。

3. 事故调查

根据《条例》等相关规定的要求，事故调查处理应当坚持实事求是、尊重科学的原则，及时、准确地查清事故经过、事故原因和事故损失，查明事故性质，认定事故责任，总结事故教训，提出整改措施，并对事故责任者依法追究责任。

事故调查报告的内容应包括：

(1) 事故发生单位概况；

(2) 事故发生经过和事故救援情况；

(3) 事故造成的人员伤亡和直接经济损失；

(4) 事故发生的原因和事故性质；

(5) 事故责任的认定和对事故责任者的处理建议；

(6) 事故防范和整改措施。

事故调查报告应当附具有关证据材料，事故调查组成人员应当在事故调查报告上签名。

4. 事故处理

(1) 施工单位的事故处理。

1) 事故现场处理。事故处理是落实“四不放过”原则的核心环节。当事故发生后，事故发生单位应当严格保护事故现场，做好标识，排除险情，采取有效措施抢救伤员和财产，防止事故蔓延扩大。

事故现场是追溯判断发生事故原因和事故责任人责任的客观物质基础。因抢救人员、疏导交通等原则，需要移动现场物件时，应当做出标志，绘制现场简图并做出书面记录，妥善保存现场重要痕迹、物证，有条件的可以拍照或录像。

2) 事故登记。施工现场要建立安全事故登记表，作为安全事故档案，对发生事故人员的姓名、性别、年龄、工种等级，负伤时间、伤害程度、负伤部门及情况、简要经过及原因记录归档。

3) 事故分析记录。施工现场要有安全事故分析记录，对发生轻伤、重伤、死亡、重大设备事故及未遂事故必须按“四不放过”的原则组织分析，查出主要原因，分清责任，提出防范措施，应吸取的教训要记录清楚。

4) 要坚持安全事故月报制度，若当月无事故也要报空表。

(2) 建设主管部门的事故处理。

1) 建设主管部门应当依据有关人民政府对事故的批复和有关法律法规的规定，对事故相关责任者实施行政处罚。处罚权限不属本级建设主管部门的，应当在收到事故调查报告批复后 15 个工作日内，将事故调查报告（附具有关证据材料）、结案批复、本级建设主管部门对有关责任者的处理建议等转送有权限的建设主管部门。

2) 建设主管部门应当依照有关法律法规的规定，对因降低安全生产条件导致事故发生的施工单位给予暂扣或吊销安全生产许可证的处罚；对事故负有责任的相关单位给予罚款、停业整顿、降低资质等级或吊销资质证书的处罚。

3) 建设主管部门应当依照有关法律法规的规定，对事故发生负有责任的注册执业资格人员给予罚款、停止执业或吊销其注册执业资格证书的处罚。

5. 法律责任

（1）事故报告和调查处理的违法行为。

根据《条例》规定，对事故报告和调查处理中的违法行为，任何单位和个人有权向安全生产监督管理部门、监察机关或者其他有关部门举报，接到举报的部门应当依法及时处理。

事故报告和调查处理中的违法行为，包括事故发生单位及其有关人员的违法行为，还包括政府、有关部门及有关人员的违法行为，其种类主要有以下几种：

1）不立即组织事故抢救；

2）在事故调查处理期间擅离职守；

3）迟报或者漏报事故；

4）谎报或者瞒报事故；

5）伪造或者故意破坏事故现场；

6）转移、隐匿资金、财产，或者销毁有关证据、资料；

7）拒绝接受调查或者拒绝提供有关情况和资料；

8）在事故调查中作伪证或者指使他人作伪证；

9）事故发生后逃匿；

10）阻碍、干涉事故调查工作；

11）对事故调查工作不负责任，致使事故调查工作有重大疏漏；

12）包庇、袒护负有事故责任的人员或者借机打击报复；

13）故意拖延或者拒绝落实经批复的对事故责任人的处理意见。

（2）法律责任。

1）事故发生单位主要负责人有上述1）～3）条违法行为之一的，处上一年年收入40％～80％的罚款；属于国家工作人员的，并依法给予处分；构成犯罪的，依法追究刑事责任。

2）事故发生单位及其有关人员有上述4）～9）条违法行为之一的，对事故发生单位处100万元以上500万元以下的罚款；对主要负责人、直接负责的主管人员和其他直接责任人员处上一年年收入60％～100％的罚款；属于国家工作人员的，并依法给予处分；构成违反治安管理行为的，由公安机关依法给予治安管理处罚；构成犯罪的，依法追究刑事责任。

3）有关地方人民政府、安全生产监督管理部门和负有安全生产监督管理职责的有关部门有上述1）、3）、4）、8）、10）条违法行为之一的，对直接负责的主管人员和其他直接责任人员依法给予处分；构成犯罪的，依法追究刑事责任。

4）参与事故调查的人员在事故调查中有上述11）、12）条违法行为之一的，依法给予处分；构成犯罪的，依法追究刑事责任。

5）有关地方人民政府或者有关部门故意拖延或者拒绝落实经批复的对事故责任人的处理意见的，由监察机关对有关责任人员依法给予处分。

6.2 施工现场管理

6.2.1 施工现场文明施工的要求

文明施工是指保持施工现场良好的作业环境、卫生环境和工作秩序。文明施工主要包括规范施工现场的场容，保持作业环境的整洁卫生；科学组织施工，使生产有序进行；减少施工对周围居民和环境的影响；遵守施工现场文明施工的规定和要求，保证职工的安全和身体健康等。

一、施工现场文明施工的要求

施工文明施工应符合以下要求：

（1）有整套的施工组织设计或施工方案，施工总平面布置紧凑、施工场地规划合理，符合环保、市容、卫生的要求。

（2）有健全的施工组织管理机构和指挥系统，岗位分工明确；工序交叉合理，交接责任明确。

（3）有严格的成品保护措施和制度，大小临时设施和各种材料构件、半成品按平面布置堆放整齐。

（4）施工场地平整，道路畅通，排水设施得当，水电线路整齐，机具设备状况良好，使用合理。施工作业符合消防和安全要求。

（5）搞好环境卫生管理，包括施工区、生活区环境卫生和食堂卫生管理。

（6）文明施工应贯穿施工结束后的清场。

二、施工现场文明施工的措施

1. 文明施工的组织措施

（1）建立文明施工的管理组织。

应确立项目经理为现场文明施工的第一责任人，以各专业工程师、施工质量、安全、材料、保卫、后勤等现场项目经理部人员为成员的施工现场文明管理组织，共同负责本工程现场文明施工工作。

（2）健全文明施工的管理制度。

包括建立各级文明施工岗位责任制、将文明施工工作考核列入经济责任制，建立定期的检查制度，实行向检、互检、交接检制度，建立奖惩制度，开展文明施工立功竞赛，加强文明施工教育培训等。

2. 文明施工的管理措施

（1）现场围挡设计。

围挡封闭是创建文明工地的重要组成部分。工地四周设置连续、密闭的砖砌围墙，与外界隔绝进行封闭施工，围墙高度按不同地段的要求进行砌筑，市区主要路段和其他涉及市容景观路段的工地设置围挡的高度不低于2.5m，其他工地的围挡高度不低于1.8m，围挡材料要求坚固、稳定、统一、整洁、美观。

结构外墙脚手架设置安全网，防止杂物、灰尘外散，也防止人与物的坠落。安全网使用不得超出其合理使用期限，重复使用的应进行检验，检验不合格的不得使用。

（2）现场工程标志牌设计。

按照文明工地标准，严格按照相关文件规定的尺寸和规格制作各类工程标志牌。“五牌一图”，即工程概况牌、管理人员名单及监督电话牌、消防保卫（防火责任）牌、安全生产牌、文明施工牌和施工现场平面图。

（3）临设布置。

现场生产临设及施工便道总体布置时，必须同时考虑工程基地范围内的永久道路，避免冲突，影响管线的施工。

临时建筑物、构筑物，包括办公用房、宿舍、食堂、卫生间及化粪池、水池皆用砖砌。临时建筑物、构筑物要求稳固、安全、整洁，满足消防要求。集体宿舍与作业区隔离，人均床铺面积不小于 $2m^2$ 时，适当分隔，防潮、通风，采光性能良好。按规定架设用电线路，严禁任意拉线接电，严禁使用电炉和明火烧煮食物。对于重要材料设备，搭设相应适用存储保护的场所或临时设施。

（4）成品、半成品、原材料堆放。

仓库做到账物相符。进出仓库有手续，凭单收发，堆放整齐。保持仓库整洁，专人负责管理。严格按施工组织设计中的平面布置图划定的位置堆放成品、半成品和原材料，所有材料应堆放整齐。

（5）现场场地和道路。

场内道路要平整、坚实、畅通。主要场地应硬化，并设置相应的安全防护设施和安全标志。施工现场内有完善的排水措施，不允许有积水存在。

（6）现场卫生管理。

①明确施工现场各区域的卫生责任人。

②食堂必须有卫生许可证，并应符合卫生标准，生、熟食操作应分开，熟食操作时应有防蝇间或防蝇罩。禁止使用食用塑料制品作熟食容器，炊事员和茶水工需持有效的健康证明和上岗证。

③施工现场应设置卫生间，并有水源供冲洗，同时设简易化粪池或集粪池，加盖并定期喷药，每日有专人负责清洁。

④设置足够的垃圾池和垃圾桶，定期搞好环境卫生、清理垃圾，施药除“四害”。

⑤建筑垃圾必须集中堆放并及时清运。

⑥施工现场按标准制作有顶盖茶棚，茶桶必须上锁，茶水和消毒水有专人定时更换，并保证供水。

⑦夏季施工备有防暑降温措施。

③配备保健药箱，购置必要的急救、保健药品。

（7）文明施工教育。

①做好文明施工教育，管理者首先应为建设者营造一个良好的施工、生活环境。保障施工人员的身心健康。

②开展文明施工教育，教育施工人员应遵守和维护国家的法律法规，防止和杜绝盗窃、斗殴及黄、赌、毒等非法活动的发生。

③现场施工人员均佩戴胸卡，按工种统一编号管理。

④进行多种形式的文明施工教育，如例会、报栏、录像及辅导，参观学习。

⑤强调全员管理的概念，提高现场人员的文明施工的意识。

6.2.2　施工现场环境保护的要求

一、施工现场环境保护的要求

1. 环境保护的目的

（1）保护和改善环境质量，从而保护人民的身心健康，防止人体在环境污染影响下产生遗传突变和退化；

（2）合理开发和利用自然资源，减少或消除有害物质对环境的影响，加强生物多样性的保护，维护生物资源的生产能力，使之得以恢复。

2. 环境保护的原则

（1）经济建设与环境保护协调发展的原则；

（2）预防为主、防治结合、综合治理的原则；

（3）依靠群众保护环境的原则；

（4）环境经济责任原则，即污染者付费的原则。

3. 环境保护的要求

（1）工程的施工组织设计中应有防治扬尘、噪声、固体废物和废水等污染环境的有效措施，并在施工作业中认真组织实施；

（2）施工现场应建立环境保护管理体系，层层落实，责任到人，并保证有效运行；

（3）对施工现场防治扬尘、噪声、水污染及环境保护管理工作进行检查；

（4）定期对职工进行环保法规知识的培训考核。

二、施工现场环境保护的措施

1. 施工环境影响的类型

通常施工环境影响的类型见表 6 - 3。

表 6 - 3　　施工环境影响的类型

序号	环境因素	产生的地点、工序和部位	环境影响
1	噪声	施工机械、运输设备、电动工具	影响人体健康、居民休息
2	粉尘的排放	施工场地平整、土堆、沙滩、石灰、现场路面、进出车辆车轮带泥沙、水泥搬运、混凝土搅拌、木工房锯末、喷砂、除锈、衬里	污染大气、影响居民身体健康
3	运输的遗撒	现场渣土、商品混凝土、生活垃圾、原材料运输	污染路面和人员健康
4	化学危险品、油品泄漏或挥发	实验室、油料库、油库、化学材料库及其作业面	污染土地和人员健康
5	有毒有害废物排放	施工现场、办公室、生活区废弃物、	污染土地、水体、大气
6	生产、生活污水的排放	现场搅拌站、厕所、现场洗车处、生活服务设施、食堂等	污染水体
7	生产用水、用电的消耗	现场、办公室、生活区	资源浪费
8	办公用纸的消耗	办公室、现场	资源浪费
9	光污染	现场焊接、切割作业、夜间照明	影响居民生活、休息和邻近人员健康
10	离子辐射	放射源储存、运输、使用中	严重危害居民、人员健康
11	混凝土防冻剂排放	混凝土使用	影响健康

施工单位应当遵守国家有关环境保护的法律规定，对施工造成的环境影响采取针对性措施，有效控制施工现场的各种粉尘、废气、废水、固体废弃物以及噪声、振动对环境的污染

和危害。

2. 施工现场环境保护的措施

(1) 环境保护的组织措施。

施工现场环境保护的组织措施是施工组织设计或环境管理专项方案中的重要组成部分，是具体组织与指导环保施工的文件，旨在从组织和管理上采取措施，消除或减轻施工过程中的环境污染与危害。主要的组织措施包括：

①建立施工现场环境管理体系，落实项目经理责任制。

项目经理全面负责施工过程中的现场环境保护的管理工作，并根据工程规模、技术复杂程度和施工现场的具体情况，建立施工现场管理责任制并组织实施，将环境管理系统化、科学化、规范化，做到责权分明，管理有序，防止互相扯皮，提高管理水平和效率。主要包括环境岗位责任制、环境检查制度、环境保护教育制度以及环境保护奖惩制度。

②加强施工现场环境的综合治理。

加强全体职工的自觉保护环境意识，做好思想教育、纪律教育与社会公德、职业道德和法制观念相结合的宣传教育。

(2) 环境保护的技术措施。

施工单位应当采取下列防止环境污染的技术措施：

①妥善处理泥浆水，未经处理不得直接排入城市排水设施和河流；

②除设有符合规定的装置外，不得在施工现场熔融沥青或者焚烧油毡、油漆以及其他会产生有毒有害烟尘和恶臭气体的物质；

③使用密封式的带盖铁筒或者采取其他措施处理高空废弃物；

④采取有效措施控制施工过程中的扬尘；

⑤禁止将有毒有害废弃物用作土方回填；

⑥对产生噪声、振动的施工机械，应采取有效控制措施，减轻噪声扰民。

建设工程施工由于受技术、经济条件限制，对环境的污染不能控制在规定范围内的，建设单位应当会同施工单位事先报请当地人民政府建设行政主管部门和环境保护行政主管部门批准。

三、施工现场环境污染的处理

1. 大气污染的处理

(1) 施工现场外围围挡不得低于1.8m，以避免或减少污染物向外扩散。

(2) 施工现场垃圾杂物要及时清理。清理多、高层建筑物的施工垃圾时，采用定制带盖铁桶吊运或利用永久性垃圾道，严禁凌空随意抛撒。

(3) 施工现场堆土，应合理选定位置进行存放堆土，并洒水覆膜封闭或表面临时固化或植草，防止扬尘污染。

(4) 施工现场道路应硬化。采用焦渣、级配砂石、混凝土等作为道路面层，有条件的可利用永久性道路，并指定专人定时洒水和清扫养护，防止道路扬尘。

(5) 易飞扬材料入库密闭存放或覆盖存放。如水泥、白灰、珍珠岩等易飞扬的细颗粒散体材料，应入库存放。若室外临时露天存放时，必须下垫上盖，严密遮盖防止扬尘。运输水泥、白灰、珍珠岩粉等易飞扬的细颗粒粉状材料时，要采取遮盖措施，防止沿途遗洒、扬尘。卸货时，应采取措施，以减少扬尘。

（6）施工现场易扬尘处使用密目式安全网封闭，使一网两用，并定人定时清洗粉尘，防止施工过程扬尘或二次污染。

（7）在大门口设置清洗装置，自动清理车轮或人工清扫车轮车身。装车时不应装得过满，行车时不应猛拐，不急刹车。卸货后清扫干净车厢，注意关好车厢门。场区内外定人定时清扫，做到车辆不外带泥沙、不洒污染物、不扬尘，消除或减轻对周围环境的污染。

（8）禁止施工现场焚烧有毒、有害烟尘和恶臭气体的物资。如焚烧沥青、包装箱袋和建筑垃圾等。

（9）尾气排放超标的车辆，应安装净化消声器，防止噪声和冒黑烟。

（10）施工现场炉灶（如茶炉、锅炉等）采用消烟除尘型，烟尘排放控制在允许范围内。

（11）拆除旧有建筑物时，应适当洒水，并且在旧有建筑物周围采用密目式安全网和草帘搭设屏障，防止扬尘。

（12）施工现场尽量使用商品混凝土和成品砂浆。条件不具备时，在施工现场建立集中搅拌站，由先进设备控制混凝土原材料的取料、称料、进料、混合料搅拌、混凝土出料等全过程，在进料仓上方安装除尘器，可使粉尘降低98%以上。

（13）在城区、郊区城镇和居民稠密区、风景旅游区、疗养区及国家规定的文物保护区内施工的工程，严禁使用敞口锅熬制沥青。凡进行沥青防水作业时，要使用密闭和带有烟尘处理装置的加热设备。

2. 水污染的处理

（1）施工现场搅拌站的污水、水磨石的污水等须经排水沟排放和沉淀池沉淀后再排入城市污水管道或河流，污水未经处理不得直接排入城市污水管道或河流。

（2）禁止将有毒有害废弃物作土方回填，避免污染水源。

（3）施工现场存放油料、化学溶剂等设有专门的库房，必须对库房地面和高250mm墙面进行防渗处理，如采用防渗混凝土或刷防渗漏涂料等。领料使用时，要采取措施，防止油料跑、冒、滴、漏而污染水体。

（4）对于现场气焊用的乙炔发生罐产生的污水严禁随地倾倒，要求专用容器集中存放，并倒入沉淀池处理，以免污染环境。

（5）施工现场100人以上的临时食堂，污水排放时可设置简易有效的隔油池，定期掏油、清理杂物，防止污染水体。

（6）施工现场临时厕所的化粪池应采取防渗漏措施，防止污染水体。

（7）施工现场化学药品、外加剂等要妥善入库保存，防止污染水体。

3. 噪声污染的处理

（1）合理布局施工场地，优化作业方案和运输方案，尽量降低施工现场附近敏感点的噪声强度，避免噪声扰民。

（2）在人口密集区进行较强噪声施工时，须严格控制作业时间，一般避开晚10时到次日早6时的作业；对环境的污染不能控制在规定范围内的，必须昼夜连续施工时，要尽量采取措施降低噪声。

（3）夜间运输材料的车辆进入施工现场，严禁鸣笛和乱轰油门，装卸材料要做到轻拿轻放。

（4）进入施工现场不得高声喊叫和乱吹哨、不得无故甩打模板、钢筋铁件和工具设备等，严禁使用高音喇叭、机械设备空转和不应当的碰撞其他物件（如混凝土振捣器碰撞钢筋或模板等），减少噪声扰民。

（5）加强各种机械设备的维修保养，缩短维修保养周期，尽可能降低机械设备噪声的排放。

（6）施工现场超噪声值的声源，采取如下措施降低噪声或转移声源：

①尽量选用低噪声设备和工艺来代替高噪声设备和工艺（如用电动空压机代替柴油空压机；用静压桩施工方法代替锤击桩施工方法等），降低噪声。

②在声源处安装消声器消声，即在鼓风机、内燃机、压缩机各类排气装置等进出风管的适当位置设置消声器（如阻性消声器、抗性消声器、阻抗复合消声器、穿微孔板消声器等），降低噪声。

③加工成品、半成品的作业（如预制混凝土构件、制作门窗等），尽量放在工厂车间生产，以转移声源来消除噪声。

（7）在施工现场噪声的传播途径上，采取吸声、隔声等的声学处理的方法来降低噪声。

（8）建筑施工过程中场界环境噪声不得超过《建筑施工场界环境噪声排放标准》GB 12523—2011规定的排放限值（见表6-4）。夜间噪声最大声级超过限值的幅度不得高于15dB。

表6-4　　建筑施工场界噪声限值表　　dB

昼间	夜间
70	15

4. 固体废物污染的处理

（1）施工现场设立专门的固体废弃物临时贮存场所，用砖砌成池，废弃物应分类存放，对有可能造成二次污染的废弃物必须单独贮存、设置安全防范措施且有醒目标识。对储存物应及时收集并处理，可回收的废弃物做到回收再利用。

（2）固体废弃物的运输应采取分类、密封、覆盖，避免泄露、遗漏，并送到政府批准的单位或场所进行处理。

（3）施工现场应使用环保型的建筑材料、工器具、临时设施、灭火器和各种物质包装箱袋等，减少固体废弃物污染。

（4）提高工程施工质量，减少或杜绝工程返工，避免产生固体废弃物污染。

（5）施工中及时回收使用落地灰和其他施工材料，做到工完料尽，减少固体废弃物污染。

5. 光污染的处理

（1）对施工现场照明器具的种类、灯光亮度加以控制，不对着居民区照射，并利用隔离屏障（如灯罩、搭设排架挂密目网等）。

（2）电气焊应尽量远离居民区或在工作面设蔽光屏障。

1. 简述施工安全管理制度体系建立的重要性。

2. 简述施工安全生产管理制度体系的主要内容。
3. 特种作业人员应具备的条件有哪些?
4. 简述“三同时”制度的内容。
5. 风险控制措施计划在实施前宜进行评审，评审主要包括哪些内容?
6. 风险控制方法有哪些?
7. 简述施工安全隐患处理原则。
8. 简述生产安全事故应急预案体系的构成。
9. 简述生产安全事故应急预案编制的主要内容。
10. 如何按照生产安全事故造成的人员伤亡或直接经济损失分类?
11. 事故处理时落实“四不放过”包含的内容有哪些?
12. 施工文明施工应符合哪些要求?
13. 简述施工现场环境保护的措施。

任务七　施工合同管理

合同管理是工程项目管理的重要内容之一。施工合同管理是对工程施工合同的签订、履行、变更和解除等进行筹划和控制的过程，其主要内容有：根据项目特点和要求确定工程施工发承包模式（也称为承发包模式）和合同结构、选择合同文本、确定合同计价和支付方法、合同履行过程的管理与控制、合同索赔和反索赔等。

7.1　施工发承包模式的选择

建设工程施工任务委托的模式（又称作施工发承包模式）反映了建设工程项目发包方和施工任务承包方之间、承包方与分包方等相互之间的合同关系。大量建设工程的项目管理实践证明，一个项目的建设能否成功，能否进行有效的投资控制、进度控制、质量控制、合同管理及组织协调，很大程度上取决于发承包模式的选择，因此应该慎重考虑和选择。

常见的施工任务委托模式主要有施工平行发承包模式、施工总承包模式和施工总承包管理模式。

一、施工平行发承包模式

施工平行发承包，又称为分别发承包，是指发包方根据建设工程项目的特点、项目进展情况和控制目标的要求等因素，将建设工程项目按照一定的原则分解，将其施工任务分别发包给不同的施工单位，各个施工单位分别与发包方签订施工承包合同，其合同结构图如图 7-1 所示。施工平行发承包的一般工作程序为：施工图设计完成→施工招投标→施工→完工验收。一般情况下，发包人在选择施工承包单位时通常根据施工图设计进行施工招标。

施工平行发承包模式适用于：

(1) 当项目规模很大，不可能选择一个施工单位进行施工总承包或施工总承包管理，也没有一个施工单位能够进行施工总承包或施工总承包管理；

(2) 由于项目建设的时间要求紧迫，业主急于开工，来不及等所有的施工图全部出齐，只有边设计、边施工；

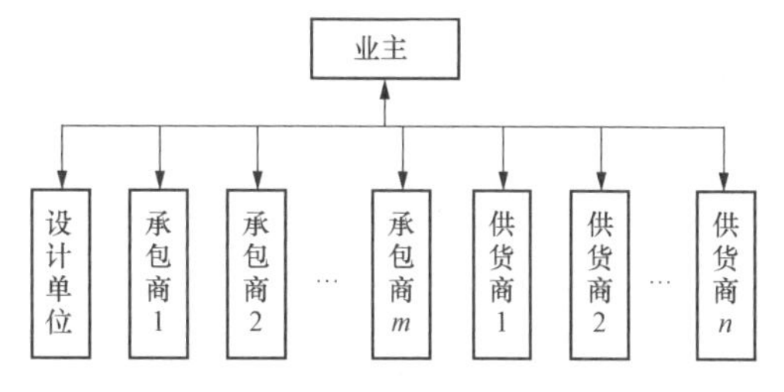

图 7-1　施工平行发承包模式的合同结构图

(3) 业主有足够的经验和能力应对多家施工单位；

(4) 将工程分解发包，业主可以尽可能多地照顾各种关系。

对施工任务的平行发包，发包方可以根据建设项目的结构进行分解发包，也可以根据建设项目施工的不同专业系统进行分解发包。

例如，某办公楼建设项目中，业主将打桩工程发包给甲施工单位，将主体土建工程发包给乙施工单位，将机电安装工程发包给丙施工单位，将精装修工程发包给丁施工单位等。而某地铁工程施工中，业主将 10 座车站的土建工程分别发包给 10 个土建施工单位，10 座车站的机电安装工程分别发包给10个机电安装单位，就是典型的施工平行发包模式。

二、施工总承包模式

施工总承包是指发包人将全部施工任务发包给一个施工单位或由多个施工单位组成的施工联合体或施工合作体，施工总承包单位主要依靠自己的力量完成施工任务。当然，经发包人同意，施工总承包单位可以根据需要将施工任务的一部分分包给其他符合资质的分包人。施工总承包的合同结构图如图7-2所示。

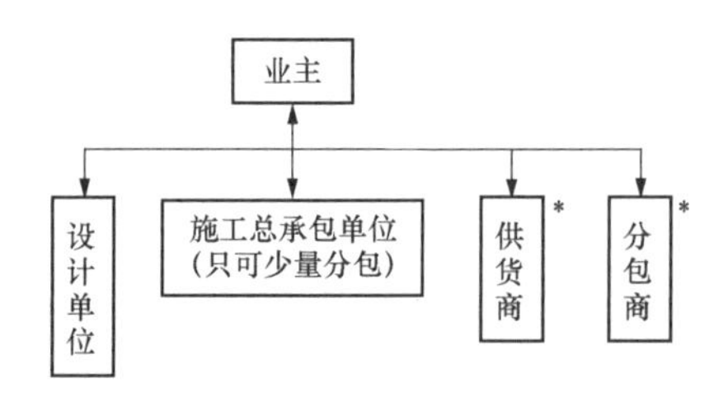

图7-2 施工总承包的合同结构

与施工平行发承包相似，采用施工总承包模式发包的一般工作程序为：施工图设计完成→施工总承包的招投标→施工→竣工验收。一般情况下，招标人在通过招标选择承包人时通常以施工图设计为依据。与施工平行发承包模式相比，采用施工总承包模式，业主的合同管理工作量大大减小了，组织和协调工作量也大大减小，协调比较容易。但建设周期可能比较长，对项目总进度控制不利。

三、施工总承包管理模式

施工总承包管理模式的英文名称是Managing Contractor，简称MC，意为管理型承包。它不同于施工总承包模式。采用该模式时，业主与某个具有丰富施工管理经验的单位或者由多个单位组成的联合体或合作体签订施工总承包管理协议，由其负责整个项目的施工组织与管理。一般情况下，施工总承包管理单位不参与具体工程的施工，而具体工程的施工需要再进行分包单位的招标与发包，把具体工程的施工任务分包给分包商来完成。但有时也存在另一种情况，即施工总承包管理单位也想承担部分具体工程的施工，这时它也可以参加这一部分工程施工的投标，通过竞争取得任务。

施工总承包管理模式与施工总承包模式不同，其差异性主要表现在以下几个方面。

1. 工作开展程序不同

施工总承包模式的一般工作程序是：先完成工程项目的设计，即待施工图设计结束后再进行施工总承包的招投标，然后再进行工程施工，对许多大型工程项目来说，要等到设计图纸全部出齐后再进行工程招标，显然是很困难的。如果采用施工总承包管理模式，对施工总承包管理单位的招标可以不依赖完整的施工图。施工总承包管理模式的招投标可以提前到项目尚处于设计阶段进行。另外，工程实体可以化整为零，分别进行分包单位的招标，即每完成一部分工程的施工图就招标一部分，从而使该部分工程的施工提前到整个项目设计阶段尚未完全结束之前进行。

2. 合同关系不同

施工总承包管理模式的合同关系有两种可能，即业主与分包单位直接签订合同或者由施工总承包管理单位与分包单位签订合同。在国内的工程实践中，也有采用业主、施工总承包管理单位和分包单位三方共同签订的形式。

3. 对分包单位的选择和认可

在施工总承包模式中，如果业主同意将某几个部分的工程进行分包，施工分包单位往往由施工总承包单位选择，由业主认可。而在施工总承包管理模式中，所有分包单位的选择都是由业主决策的。业主通常通过招标选择分包单位。一般情况下，分包合同由业主与分包单位直接签订，但每一个分包人的选择和每一个分包合同的签订都要经过施工总承包管理单位的认可，因为施工总承包管理单位要承担施工总体管理和目标控制的任务和责任。如果施工总承包管理单位认为业主选定的某个分包人确实没有能力完成分包任务，而业主执意不肯更换该分包人，施工总承包管理单位也可以拒绝认可该分包合同，并且不承担该分包人所负责工程的管理责任。有时，在业主要求下并且在施工总承包管理单位同意的情况下，分包合同也可以由施工总承包管理单位与分包单位签订。

4. 对分包单位的付款

对各个分包单位的各种款项可以通过施工总承包管理单位支付，也可以由业主直接支付。

5. 施工总承包管理的合同价格

施工总承包管理合同中一般只确定总承包管理费（通常是按工程建安造价的一定百分比计取，也可以确定一个总价），而不需要事先确定建安工程总造价，这也是施工总承包管理模式的招标可以不依赖于设计图纸出齐的原因之一。分包合同价，由于是在该部分施工图出齐后再进行分包的招标，因此应该采用实价（即单价或总价合同）。由此可以看出，施工总承包管理模式与施工总承包模式相比具有以下优点：

（1）合同总价不是一次确定，某一部分施工图设计完成以后，再进行该部分工程的施工招标，确定该部分工程的合同价，因此整个项目的合同总额的确定较有依据；

（2）所有分包合同和分供货合同的发包，都通过招标获得有竞争力的投标报价，对业主方节约投资有利；

（3）施工总承包管理单位只收取总包管理费，不赚总包与分包之间的差价；

（4）业主对分包单位的选择具有控制权；

（5）每完成一部分施工图设计，就可以进行该部分工程的施工招标，可以边设计边施工，可以提前开工，缩短建设周期，有利于进度控制。

以上的比较分析说明，施工总承包管理模式与施工总承包模式有很多的不同，但两者也存在一些相同的方面，比如总包单位承担的责任和义务，以及对分包单位的管理和服务。两者都要承担相同的管理责任，对施工管理目标负责，负责对现场施工的总体管理和协调，负责向分包人提供相应的服务。

7.2　施工合同内容及计价方式

7.2.1　施工合同的内容

一、施工合同内容

为了指导建设工程施工合同当事人的签约行为，维护合同当事人的合法权益，依据《中华人民共和国合同法》《中华人民共和国建筑法》《中华人民共和国招标投标法》以及相关法律法规，住房城乡建设部、国家工商行政管理总局制定了《建设工程施工合同（示范文本）》（GF－2017－0201）（以下简称《示范文本》）。《示范文本》由合同协议书、通用合同条款和专用合同条款三部分组成。

（一）合同协议书

《示范文本》合同协议书共计13条，主要包括：工程概况、合同工期、质量标准、签约合同价和合同价格形式、项目经理、合同文件构成、承诺以及合同生效条件等重要内容，集中约定了合同当事人基本的合同权利义务。

（二）通用合同条款

通用合同条款是合同当事人根据《中华人民共和国建筑法》、《中华人民共和国合同法》等法律法规的规定，就工程建设的实施及相关事项，对合同当事人的权利义务做出的原则性约定。

通用合同条款共计 20 条，具体条款分别为：一般约定、发包人、承包人、监理人、工程质量、安全文明施工与环境保护、工期和进度、材料与设备、试验与检验、变更、价格调整、合同价格、计量与支付、验收和工程试车、竣工结算、缺陷责任与保修、违约、不可抗力、保险、索赔和争议解决。前述条款安排既考虑了现行法律法规对工程建设的有关要求，也考虑了建设工程施工管理的特殊需要。

（三）专用合同条款

专用合同条款是对通用合同条款原则性约定的细化、完善、补充、修改或另行约定的条款。合同当事人可以根据不同建设工程的特点及具体情况，通过双方的谈判、协商对相应的专用合同条款进行修改补充。在使用专用合同条款时，应注意以下事项：

（1）专用合同条款的编号应与相应的通用合同条款的编号一致；

（2）合同当事人可以通过对专用合同条款的修改，满足具体建设工程的特殊要求，避免直接修改通用合同条款；

（3）在专用合同条款中有横道线的地方，合同当事人可针对相应的通用合同条款进行细化、完善、补充、修改或另行约定；如无细化、完善、补充、修改或另行约定，则填写“无”或划“/”。

二、《示范文本》的性质和适用范围

《示范文本》为非强制性使用文本。《示范文本》适用于房屋建筑工程、土木工程、线路管道和设备安装工程、装修工程等建设工程的施工承发包活动，合同当事人可结合建设工程具体情况，根据《示范文本》订立合同，并按照法律法规规定和合同约定承担相应的法律责任及合同权利义务。

7.2.2 合同计价方式及合同价款约定

一、合同计价方式的选择

建设工程施工合同根据合同计价方式的不同，一般可以划分为单价合同、总价合同和成本加酬金合同三种类型。根据价款是否可以调整，总价合同可以分为固定总价合同和可调总价合同两种不同形式；单价合同也可以分为固定单价合同和可调单价合同。具体工程项目选择何种合同计价形式，主要依据设计图纸深度、工期长短、工程规模和复杂程度进行确定。

1. 单价合同

当发包工程的内容和工程量一时尚不能明确、具体地予以规定时，则可以采用单价合同形式，即根据计划工程内容和估算工程量，在合同中明确每项工程内容的单位价格（如每米、每平方米或者每立方米的价格），实际支付时则根据实际完成的工程量乘以合同单价计算应付的工程款。

单价合同的特点是单价优先，例如在招投标活动中，业主给出的工程量清单表中的数字是参考数字，对于施工单位投标书中明显的数字计算错误，业主有权力先作修改再评标，当总价和单价的计算结果不一致时，以单价为准调整总价。

由于单价合同允许随工程量变化而调整工程总价，业主和承包商都不存在工程量方面的风险，因此对合同双方都比较公平。另外，在招标前，发包单位无需对工程范围做出完整的、详尽的规定，从而可以缩短招标准备时间，投标人也只需对所列工程内容报出自包的单价，从而缩短投标时间。

采用单价合同对业主的不足之处是，业主需要安排专门力量来核实已经完成的工程量，需要在施工过程中花费不少精力，协调工作量大。另外，实际工程量可能超过预测的工程量，即实际投资容易超过计划投资，对投资控制不利。

单价合同又分为固定单价合同和变动单价合同。固定单价合同适用于工期较短、工程量变化幅度不会太大的项目。固定单价合同条件下，无论发生哪些影响价格的因素都不对单价进行调整，因而对承包商而言就存在一定的风险。当采用变动单价合同时，合同双方可以约定一个估计的工程量，当实际工程量发生较大变化时可以对单价进行调整，同时还应该约定如何对单价进行调整；当然也可以约定，当通货膨胀达到一定水平或者国家政策发生变化时，可以对哪些工程内容的单价进行调整以及如何调整等。因此，承包商的风险就相对较小。

2. 总价合同

所谓总价合同是指根据合同规定的工程施工内容和有关条件，业主应付给承包商的款额是一个规定的金额，即明确的总价。总价合同也称作总价包干合同，即根据施工招标时的要求和条件，当施工内容和有关条件不发生变化时，业主付给承包商的价款总额就不发生变化。如果由于承包人的失误导致投标价计算错误，合同总价格也不予调整。总价合同又分固定总价合同和变动总价合同两种。

(1) 固定总价合同。

固定总价合同的价格计算是以图纸及规定、规范为基础，工程任务和内容明确、业主的要求和条件清楚，合同总价一次包死，固定不变，即不再因为环境的变化和工程量的增减而变化。在这类合同中承包商承担了全部的工作量和价格的风险，因此，承包商在报价时对一切费用的价格变动因素以及不可预见因素都做了充分估计，并将其包含在合同价格之中。

在国际上，这种合同被广泛接受和采用，因为有比较成熟的法规和先例的经验对业主而言，在合同签订时就可以基本确定项目的总投资额，对投资控制有利在双方都无法预测的风险条件下和可能有工程变更的情况下，承包商承担了较大的风险，业主的风险较小。但是，工程变更和不可预见的困难也常常引起合同双方的纠纷或者诉讼，最终导致其他费用的增加。

当然，在固定总价合同中还可以约定，在发生重大工程变更、累计工程变更超过一定幅度或者其他特殊条件下可以对合同价格进行调整。因此，需要定义重大工程变更的含义、累计工程变更的幅度以及什么样的特殊条件才能调整合同价格，以及如何调整合同价格等。

采用固定总价合同，双方结算比较简单，但是由于承包商承担了较大的风险，因此报价中不可避免地要增加一笔较高的不可预见风险费。承包商的风险主要有两个方面一是价格风险，二是工作量风险。价格风险有报价计算错误、漏报项目、物价和人工费上涨等工作量风险有工程量计算错误、工程范围不确定、工程变更或者由于设计深度不够所造成的误差。固定总价合同适用于以下情况：

①工程量小、工期短，估计在施工过程中环境因素变化小，工程条件稳定；

②工程设计详细，图纸完整、清楚，工程任务和范围明确；

③工程结构和技术简单，风险小；

④投标期相对宽裕，承包商可以有充足的时间详细考察现场，复核工程量，分析招标文件，拟订施工计划；

⑤合同条件中双方的权利和义务十分清楚，合同条件完备。

(2) 变动总价合同。

变动总价合同又称为可调总价合同，合同价格是以图纸及规定、规范为基础，按照时价进行计算，得到包括全部工程任务和内容的暂定合同价格。它是一种相对固定的价格，在合同执行过程中，由于通货膨胀等原因而使所使用的工、料成本增加时，可以按照合同约定对合同总价进行相应的调整。当然，一般由于设计变更、工程量变化或其他工程条件变化所引起的费用变化也可以进行调整。因此，通货膨胀等不可预见因素的风险由业主承担，对承包商而言，其风险相对较小，但对业主而言，不利于其进行投资控制，突破投资的风险就大了。

3. 成本加酬金合同

成本加酬金合同也称为成本补偿合同，这是与固定总价合同正好相反的合同，工程施工的最终合同价格将按照工程的实际成本再加上一定的酬金进行计算。在合同签订时，工程实际成本往往不能确定，只能确定酬金的取值比例或者计算原则。

采用这种合同，承包商不承担任何价格变化或工程量变化的风险，这些风险主要由业主承担，对业主的投资控制很不利。而承包商则往往缺乏控制成本的积极性，常常不仅不愿意控制成本，客观还会期望提高成本以提高自己的经济效益，因此这种合同容易被那些不道德或不称职的承包商滥用，从而损害工程的整体效益。所以，应该尽量避免采用这种合同。

成本加酬金合同的形式包括成本加固定费用合同、成本加固定比例费用合同、成本加奖金合同、最大成本加费用合同等。

成本加酬金合同通常适用于如下情况：

(1) 工程特别复杂，工程技术、结构方案不能预先确定，或者尽管可以确定工程技术和结构方案，但是不可能进行竞争性的招标活动并以总价合同或单价合同的形式确定承包商，如研究开发性质的工程项目。

(2) 时间特别紧迫，如抢险、救灾工程，来不及进行详细的计划和商谈。

二、合同价款约定

合同价款的约定是建设工程合同的主要内容。实行招标的工程合同价款应在中标通知书发出之日 30 天内，由承发包双方依据招标文件和中标人的投标文件在书面合同中约定；合同约定不得违背招、投标文件中关于工期、造价、质量等方面的实质性内容；招标文件与中标人投标文件不一致的地方，以投标文件为准。不实行招标的工程合同价款，在承发包双方认可的工程价款的基础上，由承发包双方在合同中约定。承发包双方认可的工程价款的形式可以是承包方或设计人编制的施工图预算，也可以是承发包双方认可的其他形式。承发包双方应在合同条款中，对下列事项进行约定：

(1) 预付工程款的数额、支付时间及抵扣方式；

(2) 安全文明施工措施费的支付计划，使用要求等；

（3）工程计量与支付工程进度款的方式、数额及时间；

（4）工程价款的调整因素、方法、程序、支付及时间；

（5）施工索赔与现场签证的程序、金额确认与支付时间；

（6）承担计价风险的内容、范围以及超出约定内容、范围的调整办法；

（7）工程竣工价款结算编制与核对、支付及时间；

（8）工程质量保证金的数额、扣留方式及时间；

（9）违约责任以及发生工程价款争议的解决方法及时间；

（10）与履行合同、支付价款有关的其他事项。

7.3　施工合同履行过程的管理

合同是整个项目管理的核心，是建设工程项目管理的重要内容之一。合同的履行是指工程建设项目的发包方和承包方根据合同规定的时间、地点、方式、内容和标准等要求，各自完成合同义务的行为。合同的履行，是合同当事人双方都应尽的义务。任何一方违反合同，不履行合同义务，或者未完全履行合同义务，给对方造成损失时，都应当承担赔偿责任。

7.3.1　施工合同跟踪与控制

合同签订以后，合同中各项任务的执行要落实到具体的项目经理部或具体的项目参与人员身上，承包单位作为履行合同义务的主体，必须对合同执行者（项目经理部或项目参与人）的履行情况进行跟踪、监督和控制，确保合同义务的完全履行。

一、施工合同跟踪

施工合同跟踪有两个方面的含义。一是承包单位的合同管理职能部门对合同执行者（项目经理部或项目参与人）的履行情况进行的跟踪、监督和检查，二是合同执行者（项目经理部或项目参与人）本身对合同计划的执行情况进行的跟踪、检查与对比。在合同实施过程中二者缺一不可。

对合同执行者而言，应该掌握合同跟踪的以下几方面内容。

1. 合同跟踪的依据

合同跟踪的重要依据是合同以及依据合同而编制的各种计划文件；其次还要依据各种实际工程文件如原始记录、报表、验收报告等；另外，还要依据管理人员对现场情况的直观了解，如现场巡视、交谈、会议、质量检查等。

2. 合同跟踪的对象

（1）承包的任务。

①工程施工的质量，包括材料、构件、制品和设备等的质量，以及施工或安装质量，是否符合合同要求等；

②工程进度，是否在预定期限内施工，工期有无延长，延长的原因是什么等；

③工程数量，是否按合同要求完成全部施工任务，有无合同规定以外的施工任务等；

④成本的增加和减少。

（2）工程小组或分包人的工程和工作。

可以将工程施工任务分解交由不同的工程小组或发包给专业分包单位完成，工程承包人必须对这些工程小组或分包人及其所负责的工程进行跟踪检查，协调关系，提出意见、建议或警告，保证工程总体质量和进度。

对专业分包人的工作和负责的工程，总承包商负有协调和管理的责任，并承担由此造成的损失，所以专业分包人的工作和负责的工程必须纳入总承包工程的计划和控制中，防止因分包人工程管理失误而影响全局。

（3）业主和其委托的工程师（监理人）的工作。

①业主是否及时、完整地提供了工程施工的实施条件，如场地、图纸、资料等；

②业主和工程师（监理人）是否及时给予了指令、答复和确认等；

③业主是否及时并足额地支付了应付的工程款项。

二、合同实施的偏差分析

通过合同跟踪，可能会发现合同实施中存在着偏差，即工程实施实际情况偏离了工程计划和工程目标，应该及时分析原因，采取措施，纠正偏差，避免损失。

合同实施偏差分析的内容包括以下几个方面。

1. 产生偏差的原因分析

通过对合同执行实际情况与实施计划的对比分析，不仅可以发现合同实施的偏差，而且可以探索引起差异的原因。原因分析可以采用鱼刺图、因果关系分析图（表）、成本量差、价差、效率差分析等方法定性或定量地进行。

2. 合同实施偏差的责任分析

责任分析即分析产生合同偏差的原因是由谁引起的，应该由谁承担责任。责任分析必须以合同为依据，按合同规定落实双方的责任。

3. 合同实施趋势分析

针对合同实施偏差情况，可以采取不同的措施，应分析在不同措施下合同执行的结果与趋势。包括：

（1）最终的工程状况，包括总工期的延误、总成本的超支、质量标准、所能达到的生产能力（或功能要求）等；

（2）承包商将承担什么样的后果，如被罚款、被清算，甚至被起诉，对承包商资信、企业形象、经营战略的影响等；

（3）最终工程经济效益（利润）水平。

三、合同实施偏差处理

根据合同实施偏差分析的结果，承包商应该采取相应的调整措施，调整措施可以分为以下三类。

（1）组织措施，如增加人员投入，调整人员安排，调整工作流程和工作计划等；

（2）技术措施，如变更技术方案，采用新的高效率的施工方案等；

（3）经济措施，如增加投入，采取经济激励措施等。

7.3.2　施工合同变更管理

合同变更是指合同成立以后和履行完毕以前由双方当事人依法对合同的内容所进行的修改，包括合同价款、工程内容、工程的数量、质量要求和标准、实施程序等的一切改变都属于合同变更。

工程变更一般是指在工程施工过程中，根据合同约定对施工的程序、工程的内容、数量、质量要求及标准等做出的变更。工程变更属于合同变更，合同变更主要是由于工程变更而引起的，合同变更的管理也主要是进行工程变更的管理。

一、工程变更的原因

（1）业主新的变更指令，对建筑的新要求。如业主有新的意图，业主修改项目计划削减项目预算等。

（2）由于设计人员、监理方人员、承包商事先没有很好地理解业主的意图，或设计的错误，导致图纸修改。

（3）工程环境的变化，预定的工程条件不准确，要求实施方案或实施计划变更。

（4）由于产生新技术和知识，有必要改变原设计、原实施方案或实施计划，或由于业主指令及业主责任的原因造成承包商施工方案的改变。

（5）政府部门对工程新的要求，如国家计划变化、环境保护要求、城市规划变动等。

（6）由于合同实施出现问题，必须调整合同目标或修改合同条款。

二、变更程序

1. 发包人提出变更

发包人提出变更的，应通过监理人向承包人发出变更指示，变更指示应说明计划变更的工程范围和变更的内容。

2. 监理人提出变更建议

监理人提出变更建议的，需要向发包人以书面形式提出变更计划，说明计划变更工程范围和变更的内容、理由，以及实施该变更对合同价格和工期的影响。发包人同意变更的，由监理人向承包人发出变更指示。发包人不同意变更的，监理人无权擅自发出变更指示。

3. 变更执行

承包人收到监理人下达的变更指示后，认为不能执行，应立即提出不能执行该变更指示的理由。承包人认为可以执行变更的，应当书面说明实施该变更指示对合同价格和工期的影响，且合同当事人应当按照约定确定变更估价。

（1）变更估计的原则。

除专用合同条款另有约定外，变更估价按照下列规定处理：

①已标价工程量清单或预算书有相同项目的，按照相同项目单价认定；

②已标价工程量清单或预算书中无相同项目，但有类似项目的，参照类似项目的单价认定；

③变更导致实际完成的变更工程量与已标价工程量清单或预算书中列明的该项目工程量的变化幅度超过15％的，或已标价工程量清单或预算书中无相同项目及类似项目单价的，按照合理的成本与利润构成的原则，由合同当事人商定变更工作的单价。

（2）变更估价程序。

承包人应在收到变更指示后14天内，向监理人提交变更估价申请。监理人应在收到承包人提交的变更估价申请后7天内审查完毕并报送发包人，监理人对变更估价申请有异议，通知承包人修改后重新提交。发包人应在承包人提交变更估价申请后14天内审批完毕。发包人逾期未完成审批或未提出异议的，视为认可承包人提交的变更估价申请。因变更引起的价格调整应计入最近一期的进度款中支付。

（3）变更引起的工期调整。

因变更引起工期变化的，合同当事人均可要求调整合同工期，由合同当事人商定，并参考工程所在地的工期定额标准确定增减工期天数。

7.4　施工合同的索赔与反索赔

建设工程索赔通常是指在工程合同履行过程中，合同当事人一方因对方不履行或未能正确履行合同或者由于其他非自身因素而受到经济损失或权利损害，通过合同规定的程序向对方提出经济或时间补偿要求的行为。索赔是一种正当的权利要求，它是合同当事人之间一项正常的而且普遍存在的合同管理业务，是一种以法律和合同为依据的合情合理的行为。

在建设工程施工承包合同执行过程中，业主可以向承包商提出索赔要求，承包商也可以向业主提出索赔要求，合同的双方都可以向对方提出索赔要求。当一方向另一方提出索赔要求，被索赔方应采取适当的反驳、应对和防范措施，这称为反索赔。

7.4.1　施工合同索赔

一、索赔的依据

索赔的依据主要有合同文件，法律、法规，工程建设惯例等。

二、索赔的证据

索赔证据是当事人用来支持其索赔成立或与索赔有关的证明文件和资料。索赔证据作为索赔文件的组成部分，在很大程度上关系到索赔的成功与否。证据不全、不足或没有证据，索赔是很难获得成功的。

在工程项目实施过程中，会产生大量的工程信息和资料，这些信息和资料是开展索赔的重要证据。因此，在施工过程中应该自始至终做好资料积累工作，建立完善的资料记录和科学管理制度，认真系统地积累和管理合同、质量、进度以及财务收支等方面的资料。

常见的索赔证据主要有：

（1）各种合同文件，包括施工合同协议书及其附件、中标通知书、投标书、标准和技术规范、图纸、工程量清单、工程报价单或者预算书、有关技术资料和要求、施工过程中的补充协议等；

（2）经过发包人或者工程师（监理人）批准的承包人的施工进度计划、施工方案、施工组织设计和现场实施情况记录；

（3）施工日记和现场记录，包括有关设计交底、设计变更、施工变更指令，工程材料和机械设备的采购、验收与使用等方面的凭证及材料供应清单、合格证书，工程现场水、电、道路等开通、封闭的记录，停水、停电等各种干扰事件的时间和影响记录等；

（4）工程有关照片和录像等；

（5）备忘录，对工程师（监理人）或业主的口头指示和电话应随时用书面记录，并请给予书面确认；

（6）发包人或者工程师（监理人）签认的签证；

（7）工程各种往来函件、通知、答复等；

（8）工程各项会议纪要；

（9）发包人或者工程师（监理人）发布的各种书面指令和确认书，以及承包人的要求、请求、通知书等；

（10）气象报告和资料，如有关温度、风力、雨雪的资料；

（11）投标前发包人提供的参考资料和现场资料；

（12）各种验收报告和技术鉴定等；

（13）工程核算资料、财务报告、财务凭证等；

（14）其他，如官方发布的物价指数、汇率、规定等。

三、施工合同索赔的程序

工程施工中承包人向发包人索赔、发包人向承包人索赔以及分包人向承包人索赔的情况都有可能发生，以下主要说明承包人向发包人索赔的一般程序。

（一）索赔意向通知和索赔通知

在工程实施过程中发生索赔事件以后，或者承包人发现索赔机会，首先要提出索赔意向，即在合同规定时间内将索赔意向用书面形式及时通知发包人或者工程师（监理人），向对方表明索赔愿望、要求或者声明保留索赔权利，这是索赔工作程序的第一步。

索赔意向通知要简明扼要地说明以下四个方面的内容：

（1）索赔事件发生的时间、地点和简单事实情况描述；

（2）索赔事件的发展动态；

（3）索赔依据和理由；

（4）索赔事件对工程成本和工期产生的不利影响。

一般索赔意向通知仅仅表明索赔的意向，应该尽量简明扼要，涉及索赔内容，但不涉及索赔金额。承包人应在发出索赔意向通知书后28天内，向监理人正式递交索赔通知书。索赔通知书应详细说明索赔理由以及要求追加的付款金额和（或）延长的工期，并附必要的记录和证明材料；

（二）索赔资料的准备

在索赔资料准备阶段，主要工作有：

（1）跟踪和调查干扰事件，掌握事件产生的详细经过；

（2）分析干扰事件产生的原因，划清各方责任，确定索赔根据；

（3）损失或损害调查分析与计算，确定工期索赔和费用索赔值；

（4）收集证据，获得充分而有效的各种证据；

（5）起草索赔文件（索赔报告）。

（三）索赔文件的提交

提出索赔的一方应该在合同规定的时限内向对方提交正式的书面索赔文件。例如FIDIC合同条件和我国《建设工程施工合同（示范文本）》（GF－2017－0201）都规定，承包人必须在发出索赔意向通知后的28天内或经过工程师（监理人）同意的其他合理时间内向工程师（监理人）提交一份详细的索赔文件和有关资料。如果干扰事件对工程的影响持续时间长，承包人则应按工程师（监理人）要求的合理间隔（一般为28天），提交中间索赔报告，并在干扰事件影响结束后的28天提交一份最终索赔报告。否则将失去该事件请求补偿的索赔权利。

（四）索赔文件的审核

对于承包人向发包人的索赔请求，索赔文件应该交由工程师（监理人）审核。工程师（监理人）根据发包人的委托或授权，对承包人的索赔要求进行审核和质疑，其审核和质疑主要围绕以下几个方面：

(1) 索赔事件是属于业主、监理工程师的责任还是第三方的责任；

(2) 事实和合同的依据是否充分；

(3) 承包商是否采取了适当的措施避免或减少损失；

(4) 是否需要补充证据；

(5) 索赔计算是否正确、合理。

7.4.2 施工合同反索赔

反索赔的工作内容可以包括两个方面：一是防止对方提出索赔，二是反击或反驳对方。

一、防止对方提出索赔

要成功地防止对方提出索赔，应采取积极防御的策略。首先是自己严格履行合同规定的各项义务，防止自己违约，并通过加强合同管理，使对方找不到索赔的理由和根据，使自己处于不能被索赔的地位。其次，如果在工程实施过程中发生了干扰事件，则应立即着手研究和分析合同依据，收集证据，为提出索赔和反索赔做好两手准备。

如果对方提出了索赔要求或索赔报告，则自己一方应采取各种措施来反击或反驳对方的索赔要求。常用的措施有：

(1) 抓对方的失误，直接向对方提出索赔，以对抗或平衡对方的索赔要求以求在最终解决索赔时互相让步或者互不支付；

(2) 针对对方的索赔报告，进行仔细、认真研究和分析，找出理由和证据，证明对方索赔要求或索赔报告不符合实际情况和合同规定，没有合同依据和事实证据，索赔值计算不合理或不准确等问题，反击对方的不合理索赔要求，推卸或减轻自己的责任，使自己不受或少受损失。

二、对索赔的反击或反驳

对对方索赔报告的反击或反驳，一般可以从以下几个方面进行。

1. 索赔要求或报告的时限性

审查对方是否在干扰事件发生后的索赔时限内及时提出索赔要求或报告。

2. 索赔事件的真实性

3. 干扰事件的原因、责任分析

如果干扰事件确实存在，则要通过对事件的调查分析，确定原因和责任。如果事件责任属于索赔者自己，则索赔不能成立，如果合同双方都有责任，则应按各自的责任大小分担损失。

4. 索赔理由分析

分析对方的索赔要求是否与合同条款或有关法规一致，所受损失是否属于非对方负责的原因造成。分析对方所提供的证据是否真实、有效、合法，是否能证明索赔要求成立。证据不足、不全、不当、没有法律证明效力或没有证据，索赔不能成立。

如果经过上述的各种分析、评价，仍不能从根本上否定对方的索赔要求，则必须对索赔报告中的索赔值进行认真细致地审核，审核的重点是索赔值的计算方法是否合情合理，各种取费是否合理适度，有无重复计算，计算结果是否准确等。

1. 施工发承包模式与合同类型有哪些？

2. 如何进行施工合同管理?
3. 变更的范围有哪些?
4. 简述变更程序。
5. 简明扼要地说明索赔意向的内容。

任务八　施 工 信 息 管 理

在建设工程项目管理中，当前最薄弱的工作领域是信息管理。信息指的是用口头的方式、书面的方式或电子的方式传输（传达、传递）的知识、新闻，可靠的或不可靠的情报。声音、文字、数字和图像等都是信息表达的形式。建设工程项目的实施需要人力资源和物质资源，应认识到信息也是项目实施的重要资源之一。信息管理指的是信息传输的合理的组织和控制。施工方在投标过程中、承包合同洽谈过程中、施工准备工作中、施工过程中、验收过程中，以及在保修期工作中形成大量的各种信息。这些信息不但在施工方内部各部门间流转，其中许多信息还必须提供给政府建设主管部门、业主方、设计方、相关的施工合作方和供货方等，还有许多有价值的信息应有序地保存，可供其他项目施工借鉴。

8.1　施工信息管理的任务与方法

建设工程项目的信息包括在项目决策过程、实施过程（设计准备、设计、施工和物资采购过程等）和运行过程中产生的信息，以及其他与项目建设有关的信息，它有多种分类方法。建设工程项目信息管理的目的旨在通过有效的项目信息传输的组织和控制为项目建设增值服务。

8.1.1　施工信息管理的任务

一、信息管理手册的主要内容

施工方、业主方和项目参与其他各方都有各自的信息管理任务，为充分利用和发挥信息资源的价值、提高信息管理的效率以及实现有序的和科学的信息管理，各方都应编制各自的信息管理手册，以规范信息管理工作。信息管理手册描述和定义信息管理的任务、执行者（部门）、每项信息管理任务执行的时间和其工作成果等。它的主要内容包括：

（1）确定信息管理的任务（信息管理任务目录）。

（2）确定信息管理的任务分工表和管理职能分工表。

（3）确定信息的分类。

（4）确定信息的编码体系和编码。

（5）绘制信息输入输出模型（反映每一项信息处理过程的信息的提供者、信息的整理加工者、信息整理加工的要求和内容以及经整理加工后的信息传递给信息的接受者，并用框图的形式表示）。

（6）绘制各项信息管理工作的工作流程图（如信息管理手册编制和修订的工作流程；为形成各类报表和报告，收集信息、审核信息、录入信息、加工信息、信息传输和发布的工作流程；工程档案管理的工作流程等）。

（7）绘制信息处理的流程图（如施工安全管理信息、施工成本控制信息、施工进度信息、施工质量信息、合同管理信息等的信息处理的流程）。

（8）确定信息处理的工作平台（如以局域网作为信息处理的工作平台，或用门户网站作为信息处理的工作平台等）及明确其使用规定。

（9）确定各种报表和报告的格式，以及报告周期。

（10）确定项目进展的月度报告、季度报告、年度报告和工程总报告的内容及其编制原则和方法。

（11）确定工程档案管理制度。

（12）确定信息管理的保密制度，以及与信息管理有关的制度。

在当今的信息时代，在国际工程管理领域产生了信息管理手册，它是信息管理的核心指导文件。期望我同施工企业对此引起重视，并在工程实践中得以应用。

二、信息管理部门的主要任务

项目管理班子中各个工作部门的管理工作都与信息处理有关，它们也都承担一定的信息管理任务，而信息管理部门是专门从事信息管理的工作部门，其主要工作任务是：

（1）负责主持编制信息管理手册，在项目实施过程中进行信息管理手册的必要的修改和补充，并检查和督促其执行；

（2）负责协调和组织项目管理班子中各个工作部门的信息处理工作；

（3）负责信息处理工作平台的建立和运行维护；

（4）与其他工作部门协同组织收集信息、处理信息和形成各种反映项目进展和项目目标控制的报表和报告；

（5）负责工程档案管理等。

8.1.2　施工信息管理的方法

施工方信息管理手段的核心是实现工程管理信息化。

一、工程管理信息化

信息化指的是信息资源的开发和利用，以及信息技术的开发和应用。信息技术包括有关数据处理的软件技术、硬件技术和网络技术等。在国际社会中认为，一个社会组织的信息技术水平是衡量其文明程度的重要标志之一。

工程管理信息化指的是工程管理信息资源的开发和利用，以及信息技术在工程管理中的开发和应用。施工管理信息化是工程管理信息化的一个分支，其内涵是施工管理信息资源的开发和利用，以及信息技术在施工管理中的开发和应用。

工程管理的信息资源包括：

（1）组织类工程信息，如建筑业的组织信息、项目参与方的组织信息、与建筑业有关的组织信息和专家信息等；

（2）管理类工程信息，如与投资控制、进度控制、质量控制、合同管理和信息管理有关的信息等；

（3）经济类工程信息，如建设物资的市场信息、项目融资的信息等；

（4）技术类工程信息，如与设计、施工和物资有关的技术信息等；

（5）法规类信息等。

应重视以上这些信息资源的开发和利用，它的开发和利用将有利于建设工程项目的增值，即有利于节约投资成本，加快建设进度和提高建设质量。

二、信息技术在工程管理中的开发和应用

这包括在项目决策阶段的开发管理、实施阶段的项目管理和使用阶段的设施管理中开发和应用信息技术。

工程项目大量数据的处理，需要数据处理设备和网络进行信息管理。即在网络平台上（如局域网，或互联网）进行信息处理，中国未来建筑信息化发展将形成以建筑信息模型（Building Information Model，简称 BIM）为核心的产业革命。我国曾将 BIM 技术作为科技部“十一五”的重点研究项目，并被住房和城乡建设部确认为建筑信息化的最佳解决方案。BIM 在中国正快速发展，BIM 的理念正在深入人心。中国已有非常多的设计和施工单位开始使用 BIM 技术，BIM 应用引爆了工程建设信息化热潮。BIM 正在改变项目参与各方的工作协同理念和协同工作方式，使各方都能提高工作效率并获得收益。

《国家信息化发展战略纲要》（以下简称《纲要》）是为了以信息化驱动现代化，建设网络强国而制订的。2016 年 7 月，由中共中央办公厅、国务院办公厅印发，自 2016 年 7 月起实施。《纲要》是根据新形势对《2006—2020 年国家信息化发展战略》的调整和发展，是规范和指导未来 10 年国家信息化发展的纲领性文件，是国家战略体系的重要组成部分，是信息化领域规划、政策制定的重要依据。

在国际上，许多建设工程项目都专门设立信息管理部门（或称为信息中心），以确保信息管理工作的顺利进行；也有一些大型建设工程项目专门委托咨询公司从事项目信息动态跟踪和分析，以信息流指导物质流，从宏观上和总体上对项目的实施进行控制。

8.2 施工文件归档管理

8.2.1 施工文件归档管理的主要内容

建设工程文件是反映建设工程质量和工作质量状况的重要依据，是评定工程质量等级的重要依据，也是单位工程在日后维修、扩建、改造、更新的重要档案材料。

在 GB/T 50328—2014《建设工程文件归档规范》中明确建设工程文件指的是：“在工程建设过程中形成的各种形式的信息记录，包括工程准备阶段文件、监理文件、施工文件、竣工图和竣工验收文件，也可简称为工程文件。”其中：

（1）工程准备阶段文件，即工程开工以前，在立项、审批、征地、勘察、设计、招投标等工程准备阶段形成的文件；

（2）监理文件，即监理单位在工程设计、施工等监理过程中形成的文件；

（3）施工文件，即施工单位在工程施工过程中形成的文件；

（4）竣工图，即工程竣工验收后，真实反映建设工程项目施工结果的图样；

（5）竣工验收文件，即建设工程项目竣工验收活动中形成的文件。

在 GB/T 50328—2014《建设工程文件归档规范》中明确建设工程档案是“在工程建设活动中直接形成的具有归档保存价值的文字、图表、声像等各种形式的历史记录，也可简称工程档案。”

施工文档资料是城建档案的重要组成部分，是建设工程进行竣工验收的必要条件，是全面反映建设工程质量状况的重要文档资料。

一、各参建单位在建设工程档案管理中的职责

1. 建设项目的参与各方对于建设工程档案管理的通用职责

（1）工程各参建单位填写的工程档案应以工程合同、设计文件、工程质量验收标准、施

工及验收规范等为依据。

（2）工程档案应随工程进度及时收集、整理，并应按专业归类，认真书写，字迹清楚，项目齐全、准确、真实，无未了事项。表格应采用统一表格，特殊要求需增加的表格应统一归类。

（3）工程档案进行分级管理，各单位技术负责人负责本单位工程档案的全过程组织工作，工程档案的收集、整理和审核工作由各单位档案管理员负责。

（4）对工程档案进行涂改、伪造、随意抽撤、损毁、丢失等，应按有关规定予以处罚。

2. 建设单位对于建设工程档案管理的职责

（1）应加强对建设工程文件的管理工作，并设专人负责建设工程文件的收集、整理和归档工作。

（2）在与勘察、设计单位、监理单位、施工单位签订勘察、设计、监理、施工合同时，应对监理文件、施工文件和工程档案的编制责任、编制套数和移交期限做出明确规定。

（3）必须向参与建设的勘察设计、施工、监理等单位提供与建设项目有关的原始资料，原始资料必须真实、准确、齐全。

（4）负责在工程建设过程中对工程档案进行检查并签署意见。

（5）负责组织工程档案的编制工作，可委托总承包单位或监理单位组织该项工作；负责组织竣工图的绘制工作，可委托总承包单位或监理单位或设计单位具体执行。

（6）编制建设工程文件的套数不得少于地方城建档案部门要求，并应有完整建设工程文件归入地方城建档案部门及移交产权单位，保存期应与工程合理使用年限相同。

（7）应严格按照国家和地方有关城建档案管理的规定，及时收集、整理建设项目各环节的资料，建立、健全工程档案，并在建设项目竣工验收后，按规定及时向地方城建档案部门移交工程档案。

3. 施工单位对于建设工程档案管理的职责

（1）实行技术负责人负责制，逐级建立、健全施工文件管理岗位责任制。配备专职档案管理员，负责施工资料的管理工作。工程项目的施工文件应设专门的部门（专人）负责收集和整理。

（2）建设工程实行施工总承包的，由施工总承包单位负责收集、汇总各分包单位形成的工程档案，各分包单位应将本单位形成的工程文件整理、立卷后及时移交总承包单位。

建设工程项目由几个单位承包的，各承包单位负责收集、整理、立卷其承包项目的工程文件，并应及时向建设单位移交。各承包单位应保证归档文件的完整、准确、系统，能够全面反映工程建设活动的全过程。

（3）可以按照施工合同的约定，接受建设单位的委托进行工程档案的组织和编制工作。

（4）按要求在竣工前将施工文件整理汇总完毕，再移交建设单位进行工程竣工验收。

（5）负责编制的施工文件的套数不得少于地方城建档案管理部门要求，但应有完整的施工文件移交建设单位及自行保存，保存期可根据工程性质以及地方城建档案管理部门有关要求确定。如建设单位对施工文件的编制套数有特殊要求的，可另行约定。

二、施工文件档案管理的主要内容

施工文件档案管理的主要内容包括工程施工技术管理资料、工程质量控制资料、工程施工质量验收资料、竣工图四大部分。

（一）工程施工技术管理资料

1. 图纸会审记录文件

图纸会审记录是对已正式签署的设计文件进行交底、审查和会审，对提出的问题予以记录的文件。

2. 工程开工报告相关资料（开工报审表、开工报告）

开工报告是建设单位与施工单位共同履行基本建设程序的证明文件，是施工单位承建单位工程施工工期的证明文件。

3. 技术、安全交底记录文件

这是施工单位技术负责人把设计的内容，采取的施工措施，安全生产要求贯彻到基层乃至每个工人的一项技术管理方法。

4. 施工组织设计（项目管理规划）文件

承包单位在开工前为工程所做的施工组织、施工工艺、施工计划等方面的设计，用来指导拟建工程全过程中各项活动的技术、经济和组织的综合性文件。

5. 施工日志记录文件

施工日志是项目经理部的有关人员对工程项目施工过程中的有关技术管理和质量管理活动以及效果进行逐日连续完整的记录。

6. 设计变更文件

设计变更是在施工过程中，由于设计图纸本身差错，设计图纸与实际情况不符，施工条件变化，建设各方提出合理化建议，原材料的规格、品种、质量不符合设计要求等原因，需要对设计图纸部分内容进行修改而办理的变更设计文件。

7. 工程洽商记录文件

工程洽商是施工过程中一种协调业主与施工单位、施工单位和设计单位洽商行为的记录。工程洽商分为技术洽商和经济洽商两种，通常情况下由施工单位提出。

8. 工程测量记录文件

工程测量记录是在施工过程中形成的确保建设工程定位、尺寸、标高、位置和沉降量等满足设计要求和规范规定的资料统称。

9. 施工记录文件

施工记录是在施工过程中形成的，确保工程质量和安全的各种检查、记录的统称。主要包括工程定位测量检查记录、预检记录、施工检查记录、冬期混凝土搅拌称量及养护测温记录、交接检查记录、工程竣工测量记录等。

10. 工程质量事故记录文件

它包括工程质量事故报告和工程质量事故处理记录。

11. 工程竣工文件

它包括竣工报告、竣工验收证明书和工程质量保修书。

（二）工程质量控制资料

工程质量控制资料是建设工程施工全过程全面反映工程质量控制和保证的依据性证明资料，应包括原材料、构配件、器具及设备等的质量证明、合格证明、进场材料试验报告，施工试验记录，隐蔽工程检查记录等。

（三）工程施工质量验收资料

工程施工质量验收资料是建设工程施工全过程中按照国家现行工程质量检验标准，对施工项目进行单位工程、分部工程、分项工程及检验批的划分，再由检验批、分项工程、分部工程、单位工程逐级对工程质量做出综合评定的工程质量验收资料。但是，由于各行业、各部门的专业特点不同，各类工程的检验评定均有相应的技术标准，工程质量验收资料的建立均应按相关的技术标准办理。

（四）竣工图

竣工图是指工程竣工验收后，真实反映建设工程项目施工结果的图样。它是真实、准确、完整反映和记录各种地下和地上建筑物、构筑物等详细情况的技术文件，是工程竣工验收、投产或交付使用后进行维修、扩建、改建的依据，是生产（使用）单位必须长期妥善保存和进行备案的重要工程档案资料。竣工图的编制整理、审核盖章、交接验收按国家对竣工图的要求办理。承包人应根据施工合同约定，提交合格的竣工图。

8.2.2　施工文件的立卷

立卷是指按照一定的原则和方法，将有保存价值的文件分门别类整理成案卷，也称组卷。案卷是指由互相有联系的若干文件组成的档案保管单位。施工文件档案的立卷应遵循工程文件的自然形成规律，保持卷内工程前期文件、施工技术文件和竣工图之间的有机联系，便于档案的保管和利用。

（1）一个建设工程由多个单位工程组成时，工程文件按单位工程立卷。

（2）施工文件资料应根据工程资料的分类和“专业工程分类编码参考表”进行立卷。

（3）卷内资料排列顺序要依据卷内的资料构成而定，一般顺序为封面、目录、文件部分、备考表、封底。组成的案卷力求美观、整齐。

（4）卷内资料若有多种资料时，同类资料按日期顺序排列，不同资料之间的排列顺序应按资料的编号顺序排列。

8.2.3　施工文件的归档

归档指文件形成单位完成其工作任务后，将形成的文件整理立卷后，按规定移交相关管理机构。

一、施工文件的归档范围

对与工程建设有关的重要活动、记载工程建设主要过程和现状、具有保存价值的各种载体文件，均应收集齐全，整理立卷后归档。具体归档范围详见《建设工程文件归档整理规范》的要求。

二、归档文件的质量要求

（1）归档的文件应为原件。

（2）工程文件的内容及其深度必须符合国家有关工程勘察、设计、施工、监理等方面的技术规范、标准和规程。

（3）工程文件的内容必须真实、准确，与工程实际相符合。

（4）工程文件应采用耐久性强的书写材料，如碳素墨水、蓝黑墨水，不得使用易褪色的书写材料，如圆珠笔、复写纸、铅笔等。

（5）工程文件应字迹清楚，图样清晰，图表整洁，签字盖章手续完备。

（6）工程文件文字材料幅面尺寸规格宜为 A4 幅面（297mm×210mm）。图纸宜采用国家标准图幅。

（7）工程文件的纸张应采用能够长期保存的韧力大、耐久性强的纸张。图纸一般采用蓝晒图，竣工图应是新蓝图。计算机出图必须清晰，不得使用计算机出图的复印件。

（8）所有竣工图均应加盖竣工图章。

①竣工图章的基本内容应包括："竣工图"字样、施工单位、编制人、审核人、技术负责人、编制日期、监理单位、现场监理、总监理工程师。

②竣工图章尺寸为50mm×80mm。

③竣工图章应使用不易褪色的红印泥，应盖在图标栏上方空白处。

（9）利用施工图改绘竣工图，必须标明变更修改依据；凡施工图结构、工艺、平面布置等有重大改变，或变更部分超过图面1/3的，应当重新绘制竣工图。

三、施工文件归档的时间和相关要求

（1）根据建设程序和工程特点，归档可以分阶段分期进行，也可以在单位或分部工程通过竣工验收后进行。

（2）施工单位应当在工程竣工验收前，将形成的有关工程档案向建设单位归档。

（3）施工单位在收齐工程文件整理立卷后，建设单位、监理单位应根据城建档案管理机构的要求对档案文件完整、准确、系统情况和案卷质量进行审查。审查合格后向建设单位移交。

（4）工程档案一般不少于两套，一套由建设单位保管，一套（原件）移交当地城建档案馆（室）。

（5）施工单位向建设单位移交档案时，应编制移交清单，双方签字、盖章后方可交接。

1. 信息管理手册主要内容有哪些？
2. 工程管理的信息资源包括哪些？
3. 施工单位对于建设工程档案管理的职责有哪些？

参 考 文 献

[1] 李忠富．建筑工程施工组织与管理．3版．北京：机械工业出版社，2013.
[2] 中国建设监理协会．建设工程进度控制．北京：中国建筑工业出版社，2018.
[3] 筑龙网．安装工程施工组织设计范例精选．北京：中国电力出版社，2006.
[4] 全国二级建造师执业资格考试用书编写委员会．建设工程施工管理．北京：中国建筑工业出版社，2018.